© 2000 - 2nd Ed. (1993, 1st Ed.)



SOLUTIONS TO END OF CHAPTER.
DEFINITIONS (GLOSSARY) - 195

# Géométrie Projective

# Géométrie projective

## Cours, exercices et problèmes corrigés

**Jean-Claude Sidler**
Ancien maître de conférences à l'université Louis-Pasteur de Strasbourg

**2e édition**

DUNOD

Conseiller scientifique : Sinnou David

Document de couverture : *Illustration Lionel Auvergne*


ISBN 2 10 005234 9

# Table des matières

# Préface

Cet ouvrage est né d'un environnement géométrique de bon augure : Jean Frenkel, Jean Martinet, Jean-Pierre Jouanolou, Claude Godbillon et bien d'autres encore ont œuvré au département de mathématiques de l'université Louis Pasteur de Strasbourg pendant des années pour redonner à la géométrie et à son enseignement le prestige d'antan. Leur souhait : « Faire en sorte que les étudiants aiment cette discipline. » La beauté de l'art du géomètre n'occulte d'aucune manière l'utilité et l'actualité de cet art.

J.-C. Sidler était associé dès le début à l'entreprise ; il a observé le travail et la méthode de ses enseignants : compulser inlassablement les beaux et vénérables ouvrages de la bibliothèque, tirer sans cesse du neuf d'un trésor ancien. Notre auteur s'est piqué au jeu, a recueilli les perles trouvées ; il est devenu à son tour pêcheur de perles.

J. Frenkel, J. Martinet, C. Godbillon nous ont quitté. Il appartenait à l'un d'eux d'écrire une préface. Avec nostalgie et tristesse, j'essaie de les remplacer dans cette mission. Le titre du livre [1] — une fois n'est pas coutume — circonscrit avec précision le sujet traité, l'intention didactique. J'ai été en mon temps lecteur d'ouvrages très répandus, vers les années 1930, traitant d'involution, d'homographie, d'homologie, de points cycliques,... Ces ouvrages plaisaient ; certains auteurs étaient de prestigieux mathématiciens. Je craignis devant l'entreprise en général — et en raison de la genèse du livre en particulier — de retrouver surtout le « charme discret » d'une chose qui aura été et qui ne reviendra plus. Je craignais également une rupture avec la mathématique d'aujourd'hui.

1. Le titre initialement prévu était *Homographies*.

La réussite du livre tient, je crois, en ceci : il se lit facilement, tout comme les ouvrages évoqués se lisaient facilement. L'habileté de notre auteur tient des talents des auteurs évoqués. Le style, résolument moderne, se conforme aux exigences actuelles. Un tout petit nombre de principes simples permet d'ordonner le déploiement du cours. La classification des théorèmes en projectif, linéaire, métrique — si importante pour les géomètres qui l'ont établie — se trouve respectée dans toute son efficacité.

L'usage de la dualité, un des plus subtils pour de jeunes étudiants, est habilement et abondamment exploité. Le « cours » proprement dit permet dans sa concision d'aborder les nouveaux problèmes proposés. Le lecteur acquerra une formation pour aborder d'autres théories situées hors du cadre décrit par le titre, dont la géométrie de l'inversion par exemple.

Le constructeur d'automobiles Voisin n'hésitait pas — en des occasions heureusement rares — à déclarer un client chauffard « indigne de conduire une Voisin ». Le présent ouvrage donnera au lecteur-étudiant la conviction intime de sa dignité à conduire les mécaniques merveilleuses ayant pour nom : théorème de Pascal, théorème de Brianchon, théorème de Desargues...

Georges Reeb, ancien professeur

# Avant-propos

Les géomètres grecs, et notamment Apollonius pour les coniques, utilisaient les projections afin d'obtenir de nouvelles propriétés des figures.

Desargues le premier, dans sa recherche d'une méthode géométrique universelle, a essayé d'éviter ce détour par l'espace pour étudier les figures. Ayant certainement présent à l'esprit la ligne de fuite de la perspective, il en est arrivé à considérer les parallèles comme des droites « se coupant à l'infini » en un point — certes non représentable — mais *qu'il considère comme un point usuel*. Il travaillait plus ou moins explicitement dans un nouveau plan constitué par un plan ordinaire complété par une droite virtuelle, la *droite de l'infini*.

Ce modèle de plan projectif montre vite ses limites, en particulier parce qu'il utilise toujours d'anciennes notions et des objets incommodes. Surtout, il n'est pas apte à recevoir les idées nouvelles apparues au XIX^e^ siècle qui rattachent les propriétés des figures à des structures algébriques, spécialement à des groupes de transformation.

L'algèbre linéaire est le domaine approprié pour redéfinir proprement le plan projectif et ses transformations. Avant de développer ce point de vue, donnons quelques conseils pour une bonne utilisation de cet ouvrage.

– Une première partie regroupe en six chapitres les résultats fondamentaux sur lesquels le lecteur pourra s'appuyer pour guider sa recherche des solutions aux problèmes posés.

  Notons au passage qu'avec les outils de la géométrie affine ou euclidienne la phase heuristique de la résolution d'un problème n'est pas toujours facile ; le lecteur découvrira — espérons-le — que les notions projectives apportent plus de perspicacité et plus de clarté dans la conception des solutions.

À la fin des chapitres, sont proposés des exercices d'application qui peuvent en général se résoudre simplement à partir des éléments du cours. Il ne faut pas les négliger car certains d'entre eux donnent un autre regard sur le cours. Les solutions de ces exercices sont données en fin d'ouvrage.

- Le chapitre 7 est constitué d'*exercices de référence*. Tout en complétant le cours, ces exercices offrent ces petites astuces, ces « tours de main intellectuels », sans lesquels les démonstrations sont lourdes et inélégantes. Il est recommandé de les travailler en même temps que le cours, comme cela est indiqué au fil du texte.
- Une troisième partie (chapitre 8) recueille les énoncés et les solutions de quelques problèmes classiques de géométrie plane que le point de vue projectif éclaire et unifie. La mise en lumière de ces problèmes est la raison profonde de ce livre.
- Cet ouvrage se termine par quelques rappels des définitions utilisées et des théorèmes indispensables.

Ce livre a été élaboré à partir d'un cours de licence de mathématiques et rodé à l'IREM de Strasbourg. Il sera utile aux étudiants, aux capésiens et aux agrégatifs, voire aux ingénieurs qui ont besoin de s'initier aux méthodes projectives (dessin assisté par ordinateur, par exemple) ainsi qu'aux enseignants qui souhaitent cultiver ou remettre à l'honneur l'enseignement de la géométrie. C'est une tâche essentielle, car la géométrie n'est pas seulement un savoir, elle a un rôle important à jouer dans les processus de compréhension, offrant des modèles de représentations sans lesquels toute intellection est compromise. C'est cet aspect des mathématiques qui les rend irremplaçables.

Jean-Claude Sidler

# Avertissement au lecteur

Pour éviter des longueurs et des redites, la plupart des énoncés de problèmes sont rédigés dans le langage du plan affine réel ; naturellement, pour la résolution des problèmes, afin d'utiliser au mieux les magnifiques outils de la géométrie projective, nous plongeons le plan affine dans une carte du plan projectif et, si nécessaire, dans le complexifié. Généralement, le retour au problème initial sera laissé au soin du lecteur.

Chapitre **1**

# Généralités sur les espaces projectifs

Nous allons définir les espaces projectifs et les homographies en prolongeant les considérations développées dans l'introduction. Comme nous avons essentiellement en vue l'étude des plans projectifs réels et complexes, nous privilégierons les définitions relatives à ces objets.

## 1.1 ESPACE PROJECTIF

Soit $E$ un espace vectoriel de dimension $n+1$ (le corps de base étant $\mathbb{R}$ ou $\mathbb{C}$ dans cet ouvrage). On appelle *espace projectif* issu de $E$ et on note $\mathbb{P}(E)$, l'ensemble des droites vectorielles (*i.e.* l'ensemble des sous-espaces de dimension un) de $E$.

- Si $\dim E = 2$, l'espace $\mathbb{P}(E)$ s'appelle une *droite projective* (réelle ou complexe).
- Si $\dim E = 3$, l'espace $\mathbb{P}(E)$ s'appelle un *plan projectif* (réel ou complexe).
- Dans le cas général on dit que $\mathbb{P}(E)$ est un espace projectif de *dimension n*.
- Un élément de $\mathbb{P}(E)$ est appelé un *point*. Lorsque la dimension de $\mathbb{P}(E)$ est supérieure ou égale à 2, les *droites* de $\mathbb{P}(E)$ sont les droites projectives issues des sous-espaces vectoriels de dimension deux de $E$.

➤ Axiomes d'incidence dans un plan projectif

Dans un plan projectif, on démontre facilement les « axiomes d'incidence », à savoir :

- par deux points distincts d'un plan projectif, il passe une droite et une seule ;
- deux droites distinctes ont en commun un point et un seul.

Dans un plan projectif, il n'y a donc pas de parallèles.

***Remarque 1.1.*** Comme notre intuition a besoin de représentations, les axiomes d'incidence nous incitent à représenter physiquement les points et les droites projectives par des points et des lignes tracés à la règle. On fera cependant attention de ne pas tracer de parallèles !

## 1.2 COORDONNÉES HOMOGÈNES

Soient $E$ un espace vectoriel de dimension $n+1$ et $e_0, e_1, \ldots, e_n$ une base de $E$. Choisissons un point $M$ de $\mathbb{P}(E)$ et un vecteur $u$ de $E$ qui engendre la droite vectorielle $M$. Les coordonnées $(X_0, X_1, \ldots, X_n)$ du vecteur $u$ dans la base $e_0, e_1, \ldots, e_n$ de $E$ s'appellent les *coordonnées homogènes* du point $M$.

On remarquera que les scalaires $(X_0, X_1, \ldots, X_n)$ ne sont jamais tous nuls puisque ce sont les coordonnées d'un générateur d'une droite vectorielle de $E$. Réciproquement, si les nombres $(X_0, X_1, \ldots, X_n)$ ne sont pas tous nuls, ils définissent le vecteur $m = X_0u_0 + \cdots + X_nu_n \neq 0$. Par conséquent, ce sont les coordonnées homogènes de la droite vectorielle $M$ engendrée par $m$.

**Proposition 1.1.** *Les coordonnées homogènes $(X_0, X_1, \ldots, X_n)$ et $(Y_0, Y_1, \ldots, Y_n)$ définissent le même point $M$ de $\mathbb{P}(E)$ si et seulement si il existe un scalaire $\lambda \neq 0$ tel que l'on ait :*

$$(Y_0, Y_1, \ldots, Y_n) = \lambda(X_0, X_1, \ldots, X_n).$$

## 1.3 CARTES AFFINES

Nous allons maintenant justifier l'intuition de Desargues en montrant qu'une droite projective est une droite affine « avec un point à l'infini » et qu'un plan projectif est un plan affine « avec une droite de points à l'infini ».

### 1.3.1 Carte affine d'une droite projective

Soit $\mathbb{D} = \mathbb{P}(F)$ une droite projective issue de l'espace vectoriel $F$. Choisissons deux points distincts $U, V$ de $\mathbb{D}$ et deux générateurs $u, v$ des ces droites vectorielles. Considérons la *droite affine* $\Delta = U + v$ (figure 1.1). À tout point de $\mathbb{D}$ différent de $U$, associons le point d'intersection de la droite vectorielle $M$ et de la droite affine $\Delta$. Nous établissons ainsi une bijection $\Upsilon : \mathbb{D} \dot{-} \{U\} \longrightarrow \Delta$. (Les images des points $V, M, P, Q$ sont $o, m, p, q$ sur la figure.) Du point de vue intuitif, cette bijection suggère que la droite projective $\mathbb{D}$ s'obtient en « ajoutant le point $U$ » à la droite affine $\Delta$. Pour

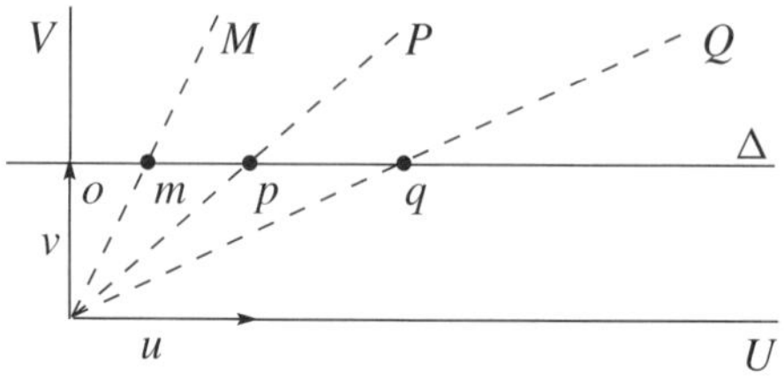


Figure 1.1.

cette raison, nous dirons que $U$ est « le point à l'infini de $\Delta$ ». La bijection $\Upsilon$ permet de transporter sur $\mathbb{D} \dot{-} \{U\}$ la structure affine de $\Delta$ grâce à la formule $\overrightarrow{PQ} = \overrightarrow{pq}$ (figure 1.1, page ci-contre). Nous pouvons alors considérer le couple $(V, u)$ comme un repère affine de $\mathbb{D} \dot{-} \{U\}$ correspondant au repère affine $(o, u)$ de la droite affine $\Delta$.

**Définition 1.1.** *Nous dirons que* $\mathbb{D} \dot{-} \{U\}$ *est une* carte affine *d'origine* $V$ *et de* point à l'infini $U$.

Si nous choisissons en outre des générateurs $u, v$ de $U, V$, nous disposons de coordonnées homogènes $(X, Y)$, les points de coordonnées $(X, 1)$ correspondant aux points d'abscisse $x = X$ dans le repère affine $(u, v)$ de $\Delta$.

### 1.3.2 Carte affine d'un plan projectif

Dans le plan projectif $\mathbb{P} = \mathbb{P}(E)$, choisissons une droite $\mathbb{D} = \mathbb{P}(F)$. En reprenant la démarche précédente, on montre que l'ensemble $\mathbb{P} \dot{-} \mathbb{D}$ est un plan affine isomorphe à un plan $\Pi$ parallèle à $F$ et dont la structure affine ne dépend que de $\mathbb{D}$ (figure 1.2).

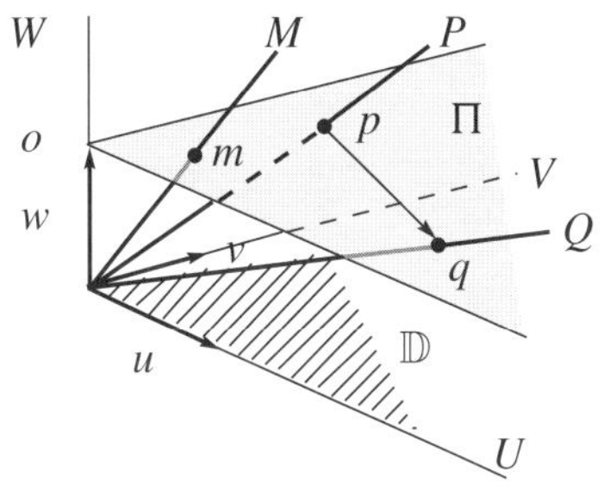


**Figure 1.2.**

Soit $d$ une droite du plan projectif, $U = d \cap \mathbb{D}$ et $\bar{d}$ sa trace sur $\mathbb{P} \dot{-} \mathbb{D}$. Alors $\bar{d}$ est la carte affine de $d$ dont le point à l'infini est $U$. Le résultat suivant est à la fois capital et évident.

**Proposition 1.2.** *Si $d, d'$ sont deux droites du plan projectif, on a l'équivalence :* $\bar{d} \mathbin{//} \bar{d}'$ *si et seulement si $d, d'$ se coupent sur* $\mathbb{D}$.

Remarquons qu'un point à l'infini d'une droite $d$ est une *direction* pour $\bar{d}$ ; d'un point de vue naïf, on pourra dire que « le plan projectif $\mathbb{P}$ est un plan affine auquel on a a jouté un point à l'infini dans chaque direction, ces points à l'infini formant la droite de l'infini ».

La donnée de trois points non alignés $M, P, Q$ de $\mathbb{P} \dot{-} \mathbb{D}$ définit un repère affine. Si nous choisissons une base de $E$ formée par les vecteurs $u = \overrightarrow{MP}$, $v = \overrightarrow{MQ}$ et $w$ qui engendre $M$, nous disposons de coordonnées homogènes $(X, Y, Z)$. Les points de coordonnées $(X, Y, 1)$ correspondent aux points d'abscisses $x = X$, $y = Y$ dans le repère affine $(M, P, Q)$ de la carte.

Réciproquement, si $(x, y)$ sont les coordonnées d'un point dans le repère affine, les coordonnées homogènes de ce point sont de la forme $(xZ, yZ, Z)$.

**Définition 1.2.** *Nous dirons que* $\mathbb{P} \mathbin{\dot{-}} \mathbb{D}$ *est une* carte affine *d'origine* $M$ *et de* droite à l'infini $\mathbb{D}$.

### 1.3.3 Du bon usage d'une carte affine

Considérons un quadrangle $ABCD$ d'un plan projectif (figure 1.3). Soient $U, V$ les points d'intersection des droites $AD, BC$ et $AB, CD$. Si nous choisissons une carte affine dont la droite de l'infini est la droite $UV$, nous obtenons le parallélogramme $ABCD$. Réciproquement, la donnée d'un parallélogramme $ABCD$ dans la carte définit un quadrangle dans l'espace projectif dont deux sommets appartiennent à la droite de l'infini.

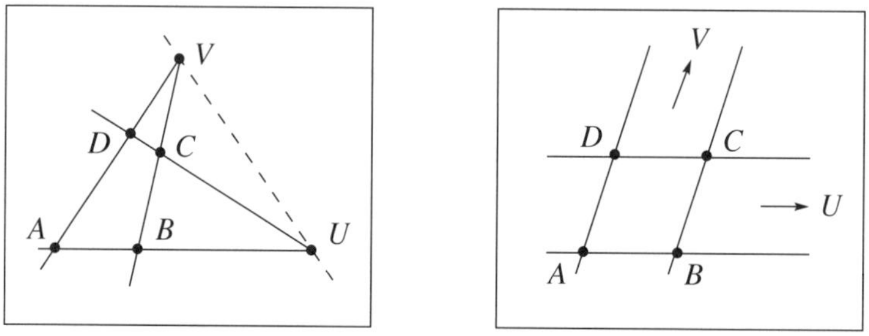


Dans l'espace projectif    Dans le plan affine

**Figure 1.3.** Du bon usage d'une carte affine.

Un choix judicieux de la droite de l'infini permet ainsi de traduire des énoncés projectifs en énoncés affines et réciproquement. Traditionnellement, on démontrait souvent des propriétés projectives à partir de propriétés affines. Pour notre part, nous privilégierons systématiquement la démarche opposée.

## 1.4 HOMOGRAPHIES

Soient $\mathbb{P}$ et $\mathbb{P}'$ deux espaces projectifs. Comme les droites constituent la structure de base d'un plan, les applications « naturelles » de $\mathbb{P}$ sur $\mathbb{P}'$ sont les applications qui conservent l'alignement.

**Définition 1.3.** *Soit* $\tilde{\alpha} : E \to E'$ *un* isomorphisme *d'espaces vectoriels. Comme* $\tilde{\alpha}$ *transforme toute droite vectorielle de* $E$ *en une droite vectorielle de* $E'$, *il induit une bijection* $\alpha : \mathbb{P}(E) \to \mathbb{P}(E')$. *On dit que* $\alpha$ *est une* homographie *de* $\mathbb{P}(E)$ *dans* $\mathbb{P}(E')$.

On remarquera que cette définition exige que les espaces projectifs $\mathbb{P}(E)$ et $\mathbb{P}(E')$ soient de même dimension et qu'une homographie est toujours une bijection.

### 1.4.1 Propriétés générales des homographies

Les résultats suivants découlent immédiatement de la définition d'une homographie :

**1.4.1.a.** Si $\alpha$ et $\beta$ sont deux homographies de $\mathbb{P}$ sur $\mathbb{P}'$, on a $\alpha = \beta$ si et seulement si on a $\tilde{\alpha} = \lambda\tilde{\beta}$, où $\lambda \neq 0$ est un scalaire.

**1.4.1.b.** La composée de deux homographies est une homographie.

**1.4.1.c.** Les homographies d'un espace projectif $\mathbb{P}$ sur lui-même forment un groupe appelé le *groupe projectif* de $\mathbb{P}$.

**1.4.1.d.** Une homographie conserve les alignements de points. Par conséquent, une homographie de $\mathbb{P}$ sur $\mathbb{P}'$ transforme toute droite de $\mathbb{P}$ en une droite de $\mathbb{P}'$.

### 1.4.2 Repère projectif

L'isomorphisme $\tilde{\alpha} : E \to E'$ qui définit l'homographie $\alpha : \mathbb{P}(E) \to \mathbb{P}(E')$ est déterminé par les images des vecteurs $(e_0, \ldots, e_n)$ d'une base de $E$. On pourrait croire que $\alpha$ est déterminée par les images des points correspondant aux $e_i$. Il n'en est rien, comme le lecteur pourra le vérifier sur un exemple simple. En revanche, c'est le cas si l'on introduit une contrainte supplémentaire.

**Définition 1.4.** *Dans l'espace projectif* $\mathbb{P} = \mathbb{P}(E)$ *de dimension* $n$, *nous dirons que* $n+2$ *points* $M_0, \ldots, M_{n+1}$ *forment un* repère projectif *de* $\mathbb{P}$ *si il existe une base* $(e_0, \ldots, e_n)$ *de* $E$ *qui vérifie les conditions :*

– *Les droites vectorielles* $M_0, \ldots, M_n$ *sont engendrées par* $e_0, \ldots, e_n$ *;*

– *la droite vectorielle* $M_{n+1}$ *est engendrée par* $e_0 + \cdots + e_n$.

***Remarques 1.2.***

➢ Dans une droite projective, trois points forment un repère projectif si et seulement si ils sont distincts.

➢ Dans un plan projectif, quatre points forment un repère projectif s'ils sont distincts et si trois quelconques d'entre eux ne sont pas alignés. Un tel repère projectif s'appelle un *quadrangle*.

**Théorème 1.1 (Théorème fondamental).** *Soient* $M_0, M_1, \ldots, M_{n+1}$ *et* $M'_0, M'_1, \ldots, M'_{n+1}$ *des repères projectifs de* $\mathbb{P}(E)$ *et de* $\mathbb{P}(E')$. *Il existe alors une homographie* $\alpha$ *et une seule de* $\mathbb{P}(E)$ *sur* $\mathbb{P}(E')$ *telle que* $\alpha(M_i) = M'_i$ *pour* $i = 0, \ldots, n+1$.

***Démonstration.*** Soient $e_0, \ldots, e_n$ une base de $E$ attachée au repère projectif $M_0, \ldots, M_{n+1}$ et $e'_0, \ldots, e'_n$ une base de $E'$ attachée au repère $M'_0, \ldots, M'_{n+1}$. Il est alors évident que l'isomorphisme $\tilde{\alpha} : E \to E'$ défini par $\tilde{\alpha}(e_i) = e'_i$ pour $i = 0, \ldots, n$ induit une homographie $\alpha : \mathbb{P}(E) \to \mathbb{P}(E')$ telle que $\alpha(M_i) = M'_i$. Vu la définition d'un repère projectif, il est clair que $\alpha(M_{n+1}) = M'_{n+1}$.

Réciproquement, considérons deux homographies $\alpha$ et $\beta$ qui satisfont aux conditions $\alpha(M_i) = \beta(M_i)$ pour $i = 0, \ldots, n+1$. En revenant à $\tilde{\alpha}$ et $\tilde{\beta}$, on voit que l'on peut écrire $\tilde{\alpha}(e_i) = \lambda_i \tilde{\beta}(e_i)$ avec $\lambda_i \neq 0$. En particulier, l'égalité $\tilde{\alpha}(e_{n+1}) = \lambda_{n+1}\tilde{\beta}(e_{n+1})$ s'écrit :

$$\tilde{\alpha}(e_{n+1}) = \sum_{i=0}^{n} \tilde{\alpha}(e_i) = \sum_{i=0}^{n} \lambda_i \tilde{\beta}(e_i) = \lambda_{n+1} \sum_{i=0}^{n} \tilde{\beta}(e_i)\,.$$

Comme les $\tilde{\beta}(e_i)$ forment une base de $E'$, on a nécessairement $\lambda_0 = \cdots = \lambda_n = \lambda_{n+1}$. On a donc $\tilde{\alpha} = \lambda_{n+1}\tilde{\beta}$, ce qui signifie $\alpha = \beta$. ∎

***Remarque 1.3.*** On démontre que le groupe projectif réel coïncide avec le groupe des collinéations, c'est-à-dire avec le groupe des bijections qui conservent l'alignement. Dans le cas général, le groupe des collinéations est un produit semi-direct du groupe des automorphismes du corps de base par le groupe projectif.

## 1.5 BIRAPPORT DE QUATRE POINTS ALIGNÉS

On sait que les applications affines conservent les rapports ; les homographies, elles, ne conservent pas les rapports, mais les *rapports de deux rapports* qu'on appelle des birapports. Le birapport est un invariant fondamental de la géométrie projective.

**Proposition 1.3.** *Soient $M_1, M_2, M_3, M_4$ quatre points* distincts *d'une droite projective $\mathbb{D} = \mathbb{P}(E)$ et $(X_i, Y_i)$ leurs coordonnées homogènes par rapport à une base $\mathcal{B}$ de E. L'expression*

$$(M_1, M_2, M_3, M_4)_{\mathcal{B}} = \frac{\begin{vmatrix} X_1 & X_3 \\ Y_1 & Y_3 \end{vmatrix}}{\begin{vmatrix} X_2 & X_3 \\ Y_2 & Y_3 \end{vmatrix}} \cdot \frac{\begin{vmatrix} X_2 & X_4 \\ Y_2 & Y_4 \end{vmatrix}}{\begin{vmatrix} X_1 & X_4 \\ Y_1 & Y_4 \end{vmatrix}},$$

*est indépendante du choix de la base $\mathcal{B}$ et ne dépend donc que du quadruplet $(M_1, M_2, M_3, M_4)$.*

***Démonstration.*** Si $(X'_i, Y'_i)$ sont les coordonnées des $M_i$ dans une deuxième base $\mathcal{B}'$, pour $i \neq j$ on a la relation bien connue

$$\begin{pmatrix} X_i & X_j \\ Y_i & Y_j \end{pmatrix} = P \begin{pmatrix} X'_i & X'_j \\ Y'_i & Y'_j \end{pmatrix},$$

où $P$ est la matrice de passage. Il en résulte les égalités :

$$\begin{vmatrix} X_i & X_j \\ Y_i & Y_j \end{vmatrix} = \det P \begin{vmatrix} X'_i & X'_j \\ Y'_i & Y'_j \end{vmatrix}.$$

Après simplification par le déterminant dans les birapports, on trouve :

$$(M_1, M_2, M_3, M_4)_{\mathcal{B}} = (M_1, M_2, M_3, M_4)_{\mathcal{B}'}.$$

∎

**Définition 1.5.** *L'expression $(M_1, M_2, M_3, M_4)_{\mathcal{B}}$ définie ci-dessus s'appelle le* birapport *ou encore le* rapport anharmonique *des quatre points $M_1, M_2, M_3, M_4$. On notera $(M_1, M_2, M_3, M_4)$ ce birapport.*

***Remarques 1.4.***

- La définition du birapport que nous venons de donner exige que les quatre points soient distincts. Il est possible d'élargir cette définition à trois points distincts seulement. Nous ne le ferons pas, car les nombreux cas particuliers rendent la manipulation du birapport trop technique.
- Un birapport ne peut jamais être égal à 0 ou à 1.
- Les vingt-quatre permutations de quatre points ne fournissent pas plus de six birapports distincts. En effet, on a les égalités :

$$(M_1M_2M_3M_4) = (M_2M_1M_4M_3) = (M_3M_4M_1M_2) = (M_4M_3M_2M_1) = \rho\,,$$
$$(M_1M_2M_4M_3) = (M_2M_1M_3M_4) = (M_4M_3M_1M_2) = (M_3M_4M_2M_1) = \frac{1}{\rho}\,,$$
$$(M_1M_3M_2M_4) = (M_3M_1M_4M_2) = (M_2M_4M_1M_3) = (M_4M_2M_3M_1) = 1-\rho\,,$$
$$(M_1M_3M_4M_2) = (M_3M_1M_2M_4) = (M_4M_2M_1M_3) = (M_2M_4M_3M_1) = \frac{1}{1-\rho}\,,$$
$$(M_1M_4M_3M_2) = (M_4M_1M_2M_3) = (M_3M_2M_1M_4) = (M_2M_3M_4M_1) = \frac{\rho}{1-\rho}\,,$$
$$(M_1M_4M_2M_3) = (M_4M_1M_3M_2) = (M_2M_3M_1M_4) = (M_3M_2M_4M_1) = \frac{\rho-1}{\rho}\,.$$

## 1.5.1 Formules utiles

Parmi les formules précédentes, on retiendra surtout les égalités :

$$\rho = (M_1, M_2, M_3, M_4) = (M_2, M_1, M_4, M_3)\,, \tag{1.1a}$$
$$\rho^{-1} = (M_1, M_2, M_4, M_3) = (M_2, M_1, M_3, M_4)\,. \tag{1.1b}$$

**Théorème 1.2.** *Une homographie conserve le birapport. Plus précisément, si* $\alpha : M \mapsto M'$ *est une homographie de* $\mathbb{P}(E)$ *sur* $\mathbb{P}(E')$*, quels que soient les points alignés et distincts* $M_1, M_2, M_3, M_4$*, les points* $M'_1, M'_2, M'_3, M'_4$ *sont alignés et distincts et on a l'égalité :*

$$(M'_1, M'_2, M'_3, M'_4) = (M_1, M_2, M_3, M_4).$$

***Démonstration.*** Nous avons déjà remarqué qu'une homographie transforme des points alignés distincts en des points alignés distincts. On se ramène ainsi à considérer une homographie entre deux droites projectives. Il suffit alors de remarquer que les coordonnées homogènes de $M$ dans une base de $E$ sont les mêmes que celles de $M'$ dans la base image par $\tilde{\alpha}$. ■

## 1.5.2 Quelques résultats utiles

Nous laissons au lecteur le soin de vérifier les quelques résultats suivants :

**1.5.2.a.** Si $(A, B, C, M) = (A, B, C, N)$, alors $M = N$. (1.2)

**1.5.2.b.** Si $(X, Y)$ et $(X', Y')$ sont les coordonnées homogènes de $M_3$ et de $M_4$ dans une base qui engendre $M_1$ et $M_2$, le calcul du birapport se simplifie :

$$(M_1, M_2, M_3, M_4) = \frac{\begin{vmatrix} 1 & X \\ 0 & Y \end{vmatrix}}{\begin{vmatrix} 0 & X \\ 1 & Y \end{vmatrix}} \cdot \frac{\begin{vmatrix} 0 & X' \\ 1 & Y' \end{vmatrix}}{\begin{vmatrix} 1 & X' \\ 0 & Y' \end{vmatrix}} = \frac{YX'}{Y'X} \cdot \tag{1.3}$$

**1.5.2.c.** Dans une carte affine, on peut exprimer le birapport à l'aide de mesures algébriques de segments :

$$(M_1, M_2, M_3, M_4) = \frac{\overline{M_1M_3}}{\overline{M_2M_3}} : \frac{\overline{M_1M_4}}{\overline{M_2M_4}} \cdot$$

En posant $(M_i, M_j, M_k) = \dfrac{\overline{M_iM_k}}{\overline{M_jM_k}}$, on obtient :

$$(M_1, M_2, M_3, M_4) = \frac{(M_1, M_2, M_3)}{(M_1, M_2, M_4)} \cdot$$

**1.5.2.d.** Si $M_4 = \infty_d$ est le point à l'infini de la droite $d$, en faisant $Y_4 = 0$ on trouve :

$$(M_1, M_2, M_3, \infty_d) = \frac{\overline{M_1M_3}}{\overline{M_2M_3}} = (M_1, M_2, M_3)\,.$$

## 1.6 RAPPORT HARMONIQUE DE QUATRE POINTS ALIGNÉS

**Définition 1.6.** *Lorsque le birapport $(A, B, C, D)$ est égal à $-1$, on dit qu'il est* harmonique. *On dit encore que les quatre points forment une* division harmonique *et que $A, B$ (resp. $C, D$) sont* conjugués *par rapport à $C, D$ (resp. $A, B$).*

Les égalités (1.1) montrent que l'on peut échanger $A, B$ ou $C, D$ sans détruire l'harmonicité. On peut de même échanger les couples $(A, B)$ et $(C, D)$.

Voici quelques propriétés classiques du rapport harmonique dans une carte affine.

**1.6.a.** Si $A, B, C$ sont dans la carte, on a l'équivalence :

$$(A, B, C, \infty_d) = -1 \iff C \text{ est le milieu du segment } AB.$$

**1.6.b.** Si $a, b, c, d$ sont des abscisses de $A, B, C, D$ dans un repère affine, on a l'équivalence :

$$(A, B, C, D) = -1 \iff 2(ab + cd) = (a + b)(c + d).$$

**1.6.c.** Si $O$ est le milieu de $AB$, on a l'équivalence :

$$(A, B, C, D) = -1 \iff \overline{OA}^2 = \overline{OB}^2 = \overline{OC} \cdot \overline{OD}\,.$$

**1.6.d.** Enfin, on a l'équivalence $(A, B, C, D) = -1 \iff \dfrac{2}{\overline{AB}} = \dfrac{1}{\overline{AC}} + \dfrac{1}{\overline{AD}} \cdot$

## 1.7 DUALITÉ DANS LE PLAN PROJECTIF

Une des plus belles possibilités qu'offre le plan projectif est la faculté de créer *automatiquement* de nouvelles figures et de nouveaux énoncés en échangeant les rôles des points et des droites. On peut présenter cette merveilleuse métamorphose des figures comme un jeu.

On dispose de deux feuilles de papier $F_1$ et $F_2$. On dessine une figure formée de points et de droites sur la feuille $F_1$. On transcrit ensuite cette figure sur la feuille $F_2$ en respectant les règles suivantes :

- chaque point $M$ de $F_1$ devient une droite $m$ de $F_2$ ;
- chaque droite $d$ de $F_1$ devient un point $D$ de $F_2$ ;
- si $M$ appartient à $d$, alors $m$ contient $D$ ;
- si $M, N$ sont deux points de $d$, alors $D = m \cap n$.

Voici un premier exemple de transcription.

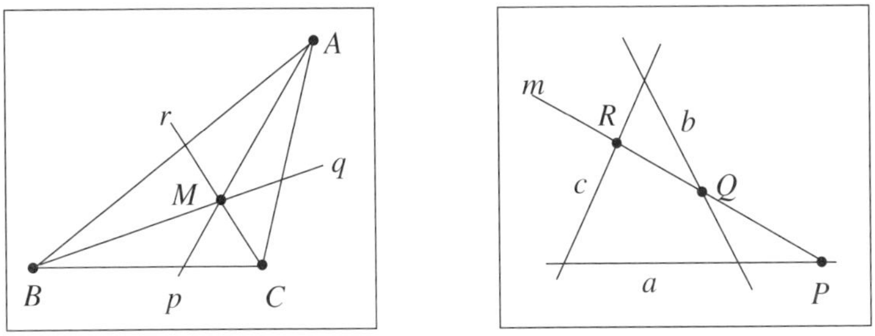


Feuille $F_1$ Feuille $F_2$

**Figure 1.4.** Une métamorphose.

***Remarque 1.5.*** Si on métamorphose la figure de la feuille $F_2$, on retrouve une figure « de même type » que celle de la figure $F_1$.

Notre deuxième exemple (figure 1.5) illustre la métamorphose du théorème de Pappus. Comme cet énoncé (que nous démontrerons plus tard) affirme que les points $P, Q, R$ sont alignés, les droites $p, q, r$ sont concourantes sur la feuille $F_2$.

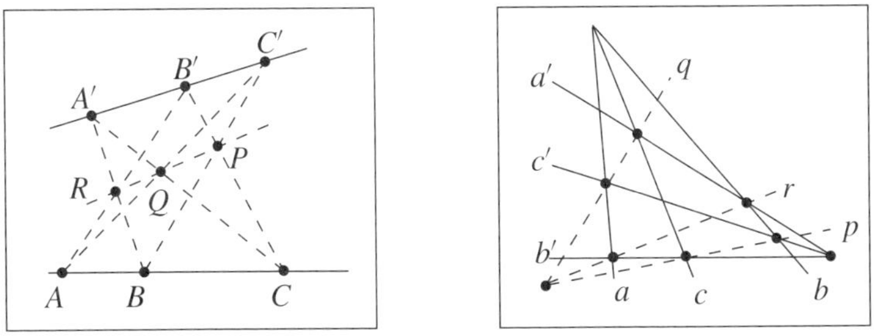


Feuille $F_1$ Feuille $F_2$

**Figure 1.5.** La métamorphose du théorème de Pappus.

Expliquons maintenant ce miracle. Le problème consiste à se convaincre de la cohérence de la transcription. Les feuilles $F_1$ et $F_2$ représentent deux plans projectifs $\mathbb{P}(E)$ et $\mathbb{P}(E^*)$, où $E^*$ est le *dual* de l'espace vectoriel $E$. On sait que les formes linéaires qui s'annulent sur un plan vectoriel de $E$ définissent une droite vectorielle de $E^*$ (l'équation du plan vectoriel) et que celles qui s'annulent sur une droite vectorielle de $E$ engendrent un plan vectoriel de $E^*$. Nous pouvons donc associer à tout point de $\mathbb{P}(E)$ une droite de $\mathbb{P}(E^*)$ et à toute droite de $\mathbb{P}(E)$ un point de $\mathbb{P}(E^*)$. Il est facile de s'assurer que les règles du jeu sont respectées. En outre, l'isomorphisme $E^{**} \simeq E$ explique pourquoi on retrouve la figure de départ après deux métamorphoses.

**Définition 1.7.** *Cette correspondance s'appelle une* dualité.

### 1.7.1 Corrélations

Pour « jouer » dans la même feuille, nous pouvons faire suivre la dualité d'une homographie de $\mathbb{P}(E^*)$ sur $\mathbb{P}(E)$. On obtient ainsi une « correspondance » qui échange les points et les droites de $\mathbb{P}(E)$ et qui conserve les incidences. Cette correspondance s'appelle une *corrélation*.

On obtient un exemple très simple de corrélation en choisissant une base de $E$. Associons à toute droite d'équation $UX + VY + WZ = 0$ le point de coordonnées homogènes $(U, V, W)$ et inversement. Points et droites ainsi associés sont corrélatifs.

Plus généralement, la polarité par rapport à une conique est une corrélation, l'exemple précédent n'étant qu'un cas particulier.

### 1.7.2 Propositions duales

Les considérations précédentes permettent de traduire *automatiquement* toute proposition concernant des positions relatives de points et de droites dans le plan projectif par une « proposition duale » obtenue en échangeant points et droites. Dans cet ouvrage, nous utiliserons systématiquement cette possibilité.

## 1.8 BIRAPPORT DE QUATRE DROITES CONCOURANTES

Soient $p, q, r, s$ quatre droites distinctes concourantes du plan $\mathbb{P}(E)$ et $(P, Q, R, S)$ les points correspondant (*i.e.* les équations) dans le plan $\mathbb{P}(E^*)$.

**Définition 1.8.** *Le birapport des quatre droites* $(p, q, r, s)$ *est par définition celui des quatre points* $P, Q, R, S$ :

$$(p, q, r, s) = (P, Q, R, S).$$

Le résultat suivant montre que l'on peut définir autrement le birapport de quatre droites.

**Théorème 1.3.** *Dans un plan projectif, soient* $a, b, c, d$ *quatre droites distinctes qui passent par un point* $O$. *Une sécante* $p$ *qui ne passe pas par* $O$ *coupe ces quatre droites en les points* $A, B, C, D$. *Les birapports des droites et des points sont égaux,* i.e. :

$$(a, b, c, d) = (A, B, C, D).$$

***Démonstration.*** Soient $u, v, w$ des vecteurs qui engendrent $A, B, O$ : ils forment une base de $E$. Soit $u^*, v^*, w^*$ la base duale. Dans la dualité, les droites $a$ et $b$ correspondent aux sous-espaces engendrés par $v^*$ et $u^*$. Soient alors $(X, Y)$ les coordonnées homogènes de $c$ dans la base $u^*, v^*$ et $(X', Y')$ celles de $C$ dans la base $u, v$. En écrivant que $C$ appartient à la droite $c$

$$(Xv^* + Yu^*)(X'u + Y'v) = XY' + X'Y = 0,$$

on obtient $(X', Y') = \lambda(X, -Y)$ avec $\lambda \neq 0$.

Soient $(Z, T)$ les coordonnées homogènes de $d$ dans la base $u^*, v^*$ et $(Z', T')$ celles de $D$ dans la base $u, v$. En procédant comme ci-dessus, on obtient $(Z', T') = \mu(Z, -T)$ avec $\mu \neq 0$.

En appliquant la formule (1.3), on constate que les deux birapports sont égaux. ■

***Remarque 1.6.*** Si $P', Q', R', S'$ sont les images de $p, q, r, s$ dans une corrélation, on a évidemment $(p, q, r, s) = (P', Q', R', S')$ puisqu'une homographie conserve les birapports des points et des droites.

## 1.9 COMPLEXIFICATION DU PLAN PROJECTIF RÉEL

On sait tout le bénéfice que l'on peut tirer de l'usage des racines complexes d'un polynôme réel. En géométrie, on trouve souvent des situations analogues : deux courbes algébriques qui ne se coupent pas alors que leurs équations ont des solutions communes complexes. Considérons le système d'équations :

$$Y - 2Z = 0\,, \tag{1.4}$$

$$X^2 + Y^2 - Z^2 = 0\,. \tag{1.5}$$

Dans le cas réel, ce système ne possède que la solution nulle ; dans le champ complexe, on a la solution nulle et les solutions $(X, Y, Z) = (\pm i\sqrt{3}, 2, 1, )$. Autrement dit, la droite d'équation (1.4) et la conique d'équation (1.5) n'ont aucun point en commun dans un plan projectif réel. En revanche, dans un plan projectif complexe, ce deux courbes se coupent en deux points.

De même que nous avons complété le plan affine par une droite de points à l'infini, éliminant ainsi les parallèles et leurs cas de figures, nous allons adjoindre au plan projectif réel des « points complexes ». Nous n'évoquerons pas toutes les subtilités de l'opération ; nous nous contenterons de l'esquisser dans le cas de $\mathbb{P}(\mathbb{R}^3)$.

Nous avons une injection naturelle $(X, Y, Z) \mapsto (X, Y, Z)$ de $\mathbb{R}^3$ dans $\mathbb{C}^3$ induite par l'inclusion de $\mathbb{R}$ dans $\mathbb{C}$. Cette injection permet d'identifier $\mathbb{P}(\mathbb{R}^3)$ à un sous-ensemble de $\mathbb{P}(\mathbb{C}^3)$.

**Définition 1.9.** *Nous dirons que* $\mathbb{P}(\mathbb{C}^3)$ *est le* complexifié *de* $\mathbb{P}(\mathbb{R}^3)$.

À tout point $M$ de $\mathbb{P}(\mathbb{C}^3)$ de coordonnées homogènes $(X, Y, Z)$ dans la base canonique de $\mathbb{C}^3$, associons le point $\bar{M} = (\bar{X}, \bar{Y}, \bar{Z})$. Nous dirons que le point $\bar{M}$

est le *conjugué* de point $M$ ; un point tel que $\bar{M} = M$ est appelé un *point réel* de $\mathbb{P}(\mathbb{C}^3)$. L'ensemble $\mathbb{P}(\mathbb{R}^3)$ apparaît ainsi comme le sous-ensemble des points réels de $\mathbb{P}(\mathbb{C}^3)$.

➤ Quelques propriétés utiles de la complexification

Précisons quelques particularités fréquemment invoquées dans les problèmes et que nous admettrons.

- Une droite réelle $d$ d'équation $UX + VY + WZ = 0$ est l'ensemble des points réels de la droite complexe $d_{\mathbb{C}}$ de même équation. On dit que $d_{\mathbb{C}}$ est la *complexifiée* de la droite réelle $d$.
- Si $M$ appartient au complexifié $d_{\mathbb{C}}$ d'une droite réelle $d$, alors $\bar{M}$ appartient à $d_{\mathbb{C}}$. En effet, soit $UX + VY + WZ = 0$ l'équation de $d$. Comme $U, V, W$ sont réels, on a $U\bar{X} + V\bar{Y} + W\bar{Z} = \overline{UX + VY + WZ} = 0$.
- De manière analogue, une conique réelle $\Gamma$ est l'ensemble des points réels de la conique complexe $\Gamma_{\mathbb{C}}$ de même équation. La conique $\Gamma_{\mathbb{C}}$ est stable par conjugaison.
- Une carte affine $\mathcal{P}$ de $\mathbb{P}(\mathbb{R}^3)$ est l'ensemble des points réels de la carte affine $\mathcal{P}_{\mathbb{C}}$. Un repère de la carte réelle est aussi un repère de la carte complexe.
- La droite de l'infini de $\mathcal{P}_{\mathbb{C}}$ est la complexifiée de la droite de l'infini de $\mathcal{P}$.
- Une homographie $\alpha$ de $\mathbb{P}(\mathbb{R}^3)$, de matrice $A$ relativement à la base canonique de $\mathbb{R}^3$, se prolonge en une homographie de $\mathbb{P}(\mathbb{C}^3)$ ayant même matrice dans la base canonique de $\mathbb{C}^3$.
- Voir aussi l'exercice 4.11 et sa correction.

Ce modèle suffira dans la plupart des cas. Les puristes trouveront en fin d'ouvrage une définition intrinsèque de l'opération de complexification. Le lecteur pourra aussi consulter le livre de M. Berger [B].

## 1.10 COMPLÉMENTS SUR LE PLAN PROJECTIF RÉEL

En considérant une sphère de centre $O$ dans $\mathbb{R}^3$, nous voyons immédiatement qu'il est possible de donner une autre définition du plan projectif réel : « Le plan projectif réel est une sphère où l'on identifie les points qui sont diamétralement opposés. »

Les droites sont les grands cercles (où les points diamétralement opposés sont identifiés, figure 1.6a, page ci-contre). Par passage au quotient, le plan projectif réel est naturellement muni d'une structure d'espace topologique compact, connexe et localement homéomorphe à $\mathbb{R}^2$. Les droites sont homéomorphes à un cercle.

Si on ne retient qu'une demi-sphère, cette définition devient (figure 1.6b, page ci-contre) : « Le plan projectif réel est une demi-sphère où l'on identifie les points du cercle équatorial diamétralement opposés. » Les droites correspondent aux demi-grands cercles.

En projetant la demi-sphère sur le plan équatorial (figure 1.6b, page ci-contre), on obtient une nouvelle définition : « Le plan projectif réel est un disque où l'on identifie les points du bord qui sont diamétralement opposés. » Dans ce modèle, les droites sont des demi-ellipses.

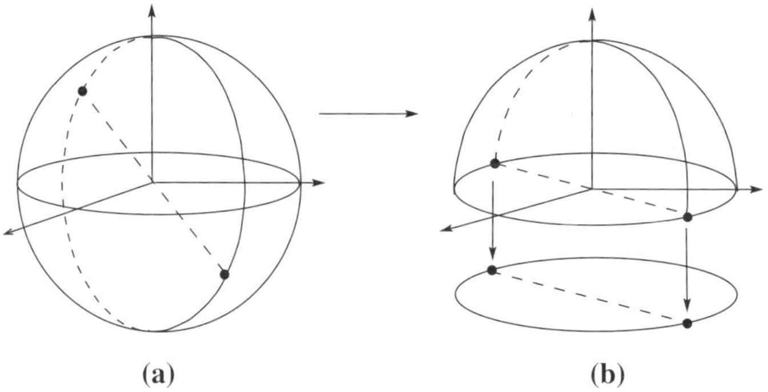


**Figure 1.6.**

Malgré la simplicité de ces définitions, un espace projectif est un objet étrange qui se laisse mal appréhender. En effet, il n'est pas possible de « plonger » le plan projectif réel dans notre espace usuel de représentation $\mathbb{R}^3$. Comme nous ne pouvons pas « voir » globalement cet espace, nous pouvons essayer de l'imaginer en regardant certains morceaux. Nous avons déjà vu qu'en enlevant une droite, il nous restait un plan affine, surface banale s'il en est ! Mais cette banalité apparente est trompeuse. Tout d'abord, une droite projective est — topologiquement parlant — un cercle. Ensuite, si l'on enlève un petit disque (formé par les deux « lunes » grises de la figure 1.7) au disque de la troisième définition (figure 1.6), il nous reste un ruban de Mœbius qui est une surface non orientable !

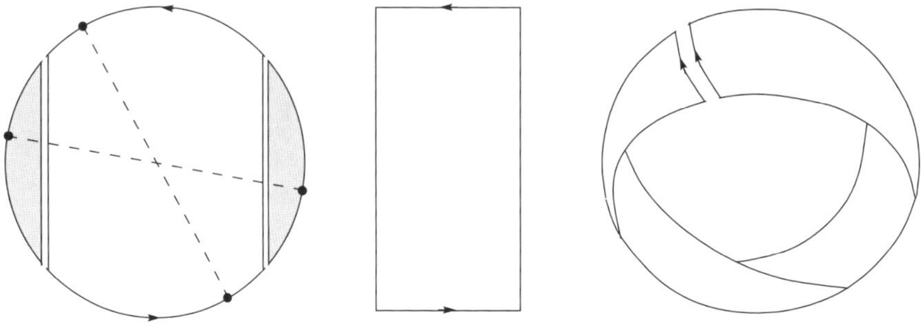

**Figure 1.7.**

La figure 1.8 explique pourquoi les deux lunes de la figure 1.7 sont homéomorphes à un disque.

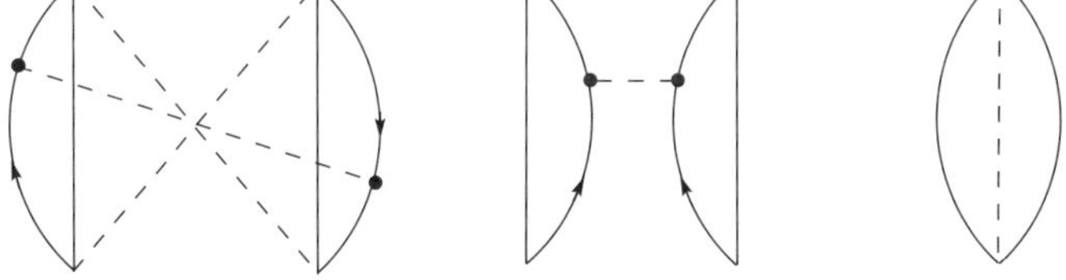

**Figure 1.8.**

Chapitre **2**

# Homographies entre droites projectives

## Premier théorème de Desargues, théorème de Pappus

Dans ce chapitre, nous allons découvrir le rôle joué par les homographies dans l'étude des figures. Nous allons étudier le cas le plus simple des homographies entre droites projectives. Le birapport jouera un rôle essentiel. L'étude des homographies particulières que sont les projections nous permettra d'établir ensuite deux résultats fondamentaux de la géométrie projective plane, les théorèmes de Desargues et de Pappus.

## 2.1 GÉNÉRALITÉS

➤ Détermination d'une homographie entre droites projectives

Un repère d'une droite projective est constitué de trois points distincts. Le théorème 1.1 prend alors la forme suivante :

**Théorème 2.1.** *Soient $A, B, C$ trois points distincts d'une droite projective $d$ et $A', B', C'$ trois points distincts d'une droite projective $d'$. Il existe alors une homographie et une seule $\alpha : d \to d'$ telle que :*

$$\alpha(A) = A', \quad \alpha(B) = B', \quad \alpha(C) = C'.$$

**Corollaire 2.1.** *Deux homographies entre droites projectives qui coïncident sur trois points distincts sont égales.*

Une particularité importante des homographies entre droites projectives est que le théorème 1.2 admet ici une réciproque :

**Théorème 2.2.** *Une bijection* $\alpha : d \to d'$ *entre deux droites projectives est une homographie si et seulement si elle conserve le birapport de quatre points quelconques.*

***Démonstration.*** Nous avons déjà remarqué (théorème 1.1) qu'une homographie conserve le birapport. Réciproquement, soient $A, B, C$ trois points distincts de $d$ et $A', B', C'$ leurs images par la bijection $\alpha$. D'après le théorème 2.1, il existe une homographie $\beta : d \to d'$ transformant $A$ en $A'$, $B$ en $B'$ et $C$ en $C'$. Puisque $\beta$ conserve le birapport, pour tout point $M$ de la droite $d$ et distinct de $A, B, C$, on a :

$$(A, B, C, M) = \big(A', B', C', \alpha(M)\big) = \big(A', B', C', \beta(M)\big).$$

d'où : $\alpha(M) = \beta(M)$ (*cf.* 1.5.2.a). ■

Dans les problèmes, on utilisera souvent le théorème 2.2 sous la forme suivante :

**Théorème 2.3.** *Une homographie* $\alpha : d \to d'$ *entre droites, définie par les conditions* $A \mapsto A'$, $B \mapsto B'$ *et* $C \mapsto C'$, *transforme le point* $M$ *en un point* $N$ *si et seulement si l'on a la relation :*

$$(A, B, C, M) = (A', B', C', N).$$

## 2.2 LES PROJECTIONS

Soient $d, d'$ deux droites projectives distinctes d'un plan projectif et $S$ un point de ce plan n'appartenant ni à $d$ ni à $d'$. L'application de $d$ sur $d'$ qui au point $M$ de $d$ associe le point $M' = SM \cap d'$ est appelée la *projection* de centre $S$ de $d$ sur $d'$. Cette application est évidemment une bijection ; elle conserve le birapport en vertu du théorème 1.3. D'après le théorème 2.2, c'est une homographie.

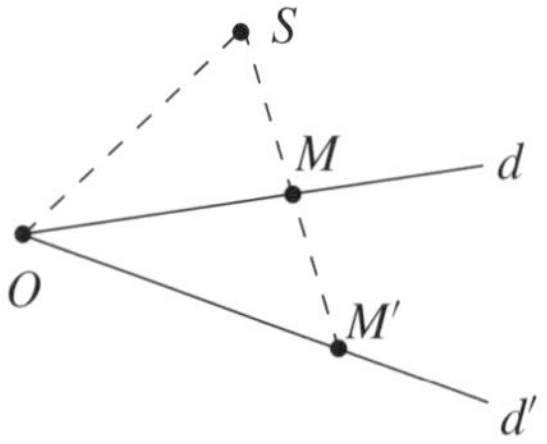


Figure 2.1.

**Proposition 2.1.** *Une projection est une homographie.*

La proposition suivante permet d'identifier facilement une projection.

**Proposition 2.2.** *Une homographie entre deux droites distinctes d'un plan projectif est une projection si et seulement si le point d'intersection de ces droites est transformé en lui-même.*

***Démonstration.*** Soit $\pi : d \to d'$ une projection. Posons $O = d \cap d'$. D'après la définition, il est évident que l'on a $\alpha(O) = O$ (figure 2.1, page ci-contre). Réciproquement, soit $\alpha : d \to d'$ une homographie telle que $\alpha(O) = O$. Considérons deux points distincts $A, B$ de $d$ et différents du point $O$ ; grâce à ce choix, leurs images $A', B'$ par $\alpha$ sont distinctes de $A, B$. Posons $S = AA' \cap BB'$ et considérons la projection $\pi : d \to d'$ de sommet $S$. Comme nous avons $\pi(A) = A'$, $\pi(B) = B'$, $\pi(O) = O$, nous voyons que les homographies $\alpha$ et $\pi$ sont égales, car elles coïncident sur un repère projectif. ■

Voici une application magistrale des projections et de la proposition 2.2.

**Théorème 2.4 (Premier théorème de Desargues).** *Soient $ABC$ et $A'B'C'$ deux triangles ayant des sommets et des côtés distincts. Les intersections des côtés pris deux à deux, c'est-à-dire les points $P = AB \cap A'B'$, $Q = BC \cap B'C'$, $R = CA \cap C'A'$ sont trois points alignés si et seulement si les droites $AA', BB'$ et $CC'$ sont concourantes.*

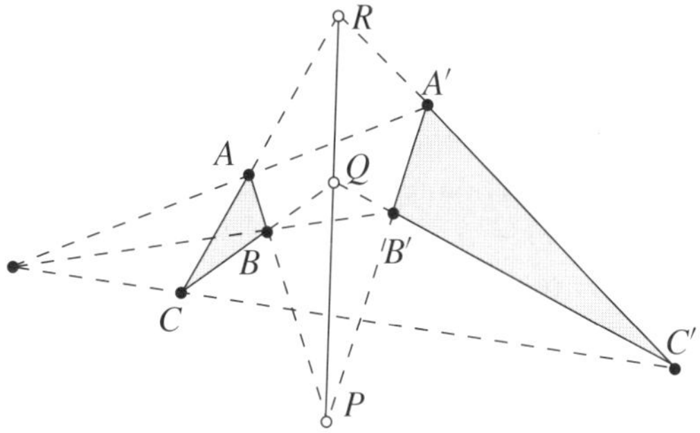


**Figure 2.2.** Le premier théorème de Desargues.

***Démonstration.*** Si les droites $AA'$, $BB'$ et $CC'$ sont concourantes (figure 2.2), la proposition 2.2 montre que l'homographie $\pi : AA' \to CC'$, composée de la projection $\pi_1 : AA' \to BB'$ à partir de $P$ et de la projection $\pi_2 : BB' \to CC'$ à partir de $Q$ est aussi une projection. De $C = \pi(A)$ et $C' = \pi(A')$, on déduit que le point $R = AC \cap A'C'$ est le centre de $\pi$. Par construction, les points $M_0 = PQ \cap AA'$ et $\pi(M_0)$ appartiennent à la droite $PQ$ ; comme la droite $M_0\pi(M_0)$ passe par $R$, le point $R$ appartient à la droite $PQ$. La réciproque n'est autre que la proposition duale 2.10. ■

### 2.2.1 Axe d'homographie

Le théorème suivant va nous permettre de décomposer une homographie en un produit de deux projections et par là, de construire géométriquement l'image d'un point donné.

**Théorème 2.5.** *Soit $M \mapsto M'$ une homographie $\alpha : d \to d'$ entre deux droites projectives distinctes.*

(1) *Si $\alpha$ est une projection, pour tout couple $(M, N)$ de points distincts de $d$, les droites $MN'$ et $NM'$ se coupent sur une droite fixe passant par $d \cap d'$.*

(2) *Si $\alpha$ n'est pas une projection, pour tout couple $(M, N)$ de points de d, les droites $MN'$ et $NM'$ se coupent sur la droite joignant les points $\alpha(d \cap d')$ et $\alpha^{-1}(d \cap d')$.*

**Définition 2.1.** *La droite des parties (1) ou (2) est appelée* l'axe *de l'homographie.*

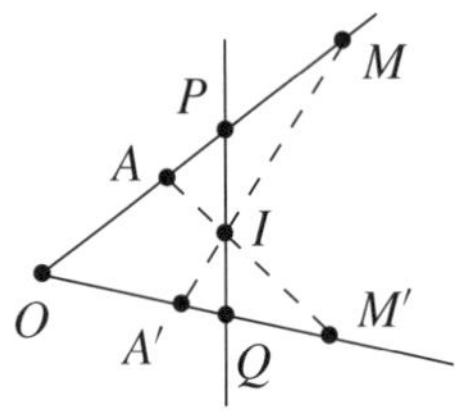


**Figure 2.3.**

***Démonstration.*** La solution de la partie (1) est immédiate quand on connaît les propriétés du quadrangle (voir l'exercice 7.1). Il est toutefois intéressant de remarquer qu'il s'agit d'un cas particulier du premier théorème de Desargues. Pour s'en convaincre, il suffit de considérer trois points $A, B, C$ et leurs images $A', B', C'$ par la projection $\alpha : d \to d'$ de centre $S$ et de considérer les triangles $AB'C$ et $A'BC$. (Voir plus loin la remarque qui suit le théorème de Pappus 2.6).

Dans la partie (2), posons $O = d \cap d'$ (figure 2.3). Si $\alpha$ n'est pas une projection, les points $P = \alpha^{-1}(O)$ et $Q = \alpha(O)$ sont distincts de $O$ en vertu de la proposition 2.2. Soit $A$ un point de $d$ distinct de $O$ et de $P$. Considérons alors, la projection $\pi_1$ : $d \to PQ$ de centre $A' = \alpha(A)$ et la projection $\pi_2 : PQ \to d'$ de centre $A$. Les homographies $\alpha$ et $\pi_2 \circ \pi_1$ coïncident sur les points $O, P, M$. D'après le corollaire 2.1, elles coïncident. En appliquant successivement $\pi_1$ et $\pi_2$ à un point $M$ quelconque de $d$ différent de $O$ et de $A$, on construit le point $M'$ et la proposition se trouve démontrée. ∎

La démonstration que nous venons de faire dégage le résultat suivant.

**Corollaire 2.2.** *Une homographie est, d'une infinité de manières, un produit de deux projections.*

### 2.2.2 Construction de l'axe d'une homographie entre droites projectives

Soit $M \mapsto M'$ une homographie définie par les conditions $A \mapsto A', B \mapsto B', C \mapsto C'$. On détermine l'axe de cette homographie en construisant les points $X = AB' \cap A'B$ et $Y = AC' \cap A'C$ (figure 2.4, page ci-contre). D'après le théorème 2.5, le point $Z = BC' \cap B'C$ est aligné avec les points $X, Y$ : c'est le théorème de Pappus.

**Théorème 2.6 (Théorème de Pappus).** *Soient $d, d'$ deux droites distinctes, $A, B, C$ trois points distincts de $d$ et $A', B', C'$ trois points distincts de $d'$. Les points $X = AB' \cap A'B$, $Y = AC' \cap A'C$ et $Z = BC' \cap B'C$ sont alignés.*

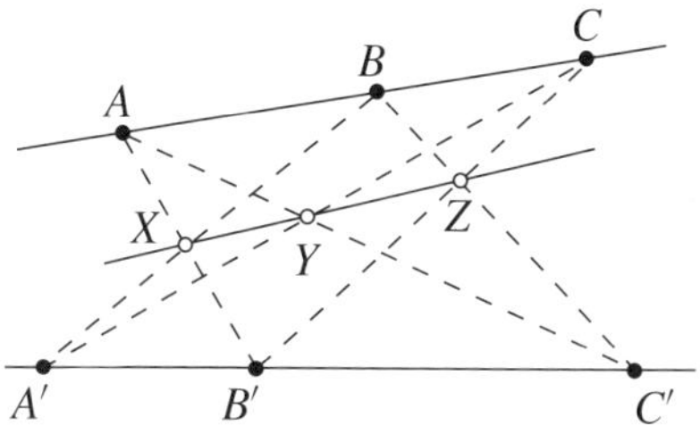


**Figure 2.4.** Le théorème de Pappus.

***Remarque 2.1.*** Les théorèmes de Desargues et de Pappus sont deux théorèmes fondamentaux de la géométrie projective, que l'on retrouve dans toute tentative de construction axiomatique du plan projectif. Il est intéressant de remarquer que le théorème de Pappus n'est vrai que dans une géométrie où le corps de base est *commutatif*. On peut le pressentir en se plaçant dans une carte où les points $X, Y, Z$ appartiennent à la droite de l'infini et en écrivant que les homothéties de centre $O$ telles que $C \mapsto A$ et $A \mapsto B$ doivent commuter.

## 2.3 EXPRESSIONS ANALYTIQUES

Soient $d, d'$ deux droites projectives et $d_0, d'_0$ deux cartes. En particularisant le théorème 2.3, on obtient la proposition suivante.

**Proposition 2.3.** *Soient $I$ un point de $d$, $J$ un point de $d'$ et $\alpha : d \to d'$ une bijection telle que :*

$$\alpha(I) = \infty_{d'} \quad et \quad \alpha(\infty_d) = J\,.$$

*Cette bijection est une homographie si et seulement si il existe une constante $k \neq 0$ telle que pour tout point $M$ de $d_0$ différent de $I$, le point $M' = \alpha(M)$ vérifie la relation :*

$$\overline{IM} \cdot \overline{JM'} = k\,.$$

***Démonstration.*** Choisissons sur $d_0$ un point $A$ différent de $I$. Si $\alpha$ est une homographie, pour tout point $M$ de $d_0$ distinct de $I$ et de $A$ , on a :

$$(A, M, I, \infty_d) = (A', M', \infty_{d'}, J)$$

c'est-à-dire $\overline{AI}/\overline{MI} = \overline{M'J}/\overline{A'J}$, relation qui permet d'écrire :

$$\overline{IM} \cdot \overline{JM'} = \overline{IA} \cdot \overline{JA'} = k\,.$$

Réciproquement, ayant choisi un point $A$ de $d_0$ distinct de $I$, définissons le point $A'$ par la condition $\overline{IA} \cdot \overline{JA'} = k$. Soit $\beta$ l'homographie définie telle que :

$$\beta(I) = \infty_{d'}\,, \quad \beta(\infty_d) = J\,, \quad \beta(A) = A'\,.$$

D'après la proposition directe, pour tout point $M$ de $d_0$ on a $\overline{IM} \cdot \overline{J\beta(M)} = k$. Mais comme on a aussi $\overline{IM} \cdot \overline{J\alpha(M)} = k$, on conclut que pour tout point $M$ :

$$\beta(M) = \alpha(M)\,.$$

■

**Théorème 2.7 (Formules classiques).** *Selon le choix des repères de $d_0$ et de $d'_0$, la relation $\overline{IM} \cdot \overline{JM'} = k$ prend l'une des formes suivantes, où $x$ et $x'$ sont les abscisses respectives des points $M$ et $M'$ :*

- *Si $I$ est l'origine du repère de $d_0$ et $J$ celle du repère de $d'_0$ on a $xx' = k$.*
- *Si $I$ est l'origine de $d_0$ et si l'origine $J$ du repère de $d'_0$ est quelconque, on a $x(x' - p) = k$, c'est-à-dire une expression de la forme :*

$$x' = p + \frac{k}{x} \cdot$$

- *Si les origines $I$ et $J$ sont quelconques, on a $(x - q)(x' - p) = k$ ou encore :*

$$x' = \frac{ax + b}{cx + d} \quad \textit{avec} \quad ad - BC \neq 0 .$$

***Remarque 2.2.*** Les matrices qui correspondent à ces différents choix sont :

$$\begin{pmatrix} 0 & k \\ 1 & 0 \end{pmatrix}, \quad \begin{pmatrix} p & k \\ 1 & 0 \end{pmatrix}, \quad \begin{pmatrix} a & b \\ c & d \end{pmatrix}.$$

## 2.4 FAISCEAUX DE DROITES D'UN PLAN PROJECTIF

**Définition 2.2.** *Dans un plan projectif, l'ensemble des droites qui passent par un point donné $A$ s'appelle un* faisceau de droites *qu'on désigne par $A^*$.*

D'après le paragraphe 1.7, un faisceau de droites s'identifie à une droite projective ; on peut donc appliquer aux faisceaux les résultats précédents concernant les homographies entre droites projectives. Voici les définitions et propositions que l'on obtient en « dualisant » respectivement les énoncés 2.1, 2.1 et 2.4 à 2.6.

**Théorème 2.8 (dual du théorème 2.1).** *Étant donné trois droites distinctes $a, b, c$ d'un faisceau $A^*$ et trois droites distinctes $a', b', c'$ d'un faisceau $B^*$, il existe une homographie unique $\alpha^* : A^* \to B^*$ telle que :*

$$\alpha^*(a) = a', \quad \alpha^*(b) = b', \quad \alpha^*(c) = c'.$$

**Théorème 2.9 (dual du théorème 2.2).** *Soit $\alpha^*$ une bijection entre les faisceaux $A^*$ et $B^*$. Alors $\alpha^*$ est une homographie si et seulement si elle conserve le birapport de quatre droites quelconques.*

### 2.4.1 Projections

Soient $A, B$ deux points et $s$ une droite ne contenant ni $A$ ni $B$. On dit qu'une bijection $\pi^*$ de $A^*$ sur $B^*$ est une *projection* d'axe $s$, si, pour toute droite $m$ de $A^*$, le point $m \cap \pi^*(m)$ appartient à $s$.

**Proposition 2.4.** *Toute projection de $A^*$ sur $B^*$ est une homographie.*

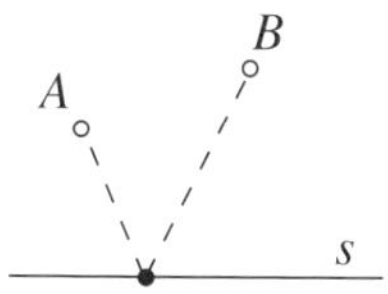


**Figure 2.5.**

**Proposition 2.5.** *Une homographie entre les faisceaux $A^*$ et $B^*$ est une projection si et seulement si elle transforme la droite AB en la droite BA, autrement dit, si la droite AB est transformée en elle-même.*

**Théorème 2.10 (Dual du premier théorème de Desargues).** *Soient deux triangles formés respectivement par les droites $a, b, c$ et $a', b', c'$ ; si les points $a \cap a'$, $b \cap b'$, $c \cap c'$ sont trois points alignés, alors les droites qui joignent respectivement les sommets $b \cap c$ et $b' \cap c'$, $a \cap c$ et $a' \cap c'$, $b \cap a$ et $b' \cap a'$ sont concourantes.*

Le théorème de Desargues étant auto-dual, en transformant par dualité la partie directe, on obtient la réciproque.

### 2.4.2 Centre d'homographie

**Théorème 2.11.** *Soit $\alpha^*$ une homographie du faisceau $A^*$ sur le faisceau $B^*$.*

- *Si $\alpha^*$ est une projection, pour tout couple $(m, n)$ de droites de $A^*$, la droite qui joint les points $m \cap \alpha^*(n)$ et $n \cap \alpha^*(m)$ passe par un point fixe de la droite AB.*
- *Si $\alpha^*$ n'est pas une projection, pour tout couple $(m, n)$ de droites de $A^*$, les droites qui joignent les points $m \cap \alpha^*(n)$ et $n \cap \alpha^*(m)$ passent par le point $\alpha^{*-1}(AB) \cap \alpha^*(AB)$. Ce point est appelé le centre de l'homographie.*

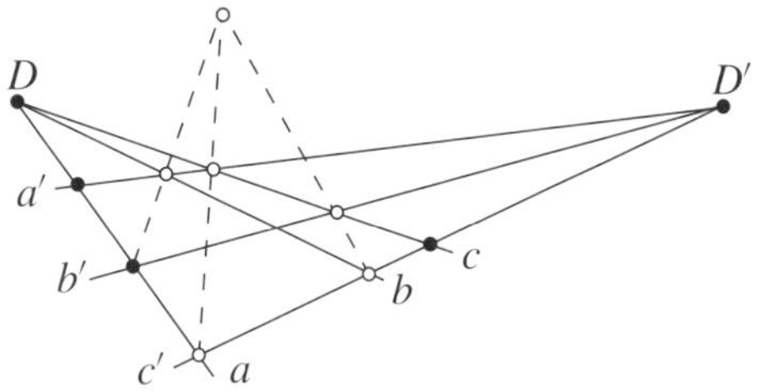


**Figure 2.6.** Le dual du théorème de Pappus.

**Théorème 2.12 (Dual du théorème de Pappus).** *Soient $a, b, c$ trois droites passant par un point D et $a', b', c'$ trois droites passant par un point D'. Les droites qui joignent les points $a \cap b'$ et $a' \cap b$, $a \cap c'$ et $a' \cap c$, $b \cap c'$ et $b' \cap c$ sont trois droites concourantes.*

### 2.4.3 Homographies entre droites projectives et faisceaux de droites

Dans un plan projectif, il existe une bijection canonique $\pi$ entre une droite projective donné $d$ et un faisceau donnée $A^*$ : à tout point $M$ de $d$, on associe la droite $AM$ de $A^*$ ; inversement, à toute droite $m$ de $A^*$, on associe le point $m \cap d$. Cette bijection qui conserve le birapport par construction est une homographie (théorème 2.2) ; on l'appellera *la projection* de $d$ sur $A^*$ et l'homographie réciproque sera la *projection de* A* *sur* d.

On vérifiera sans mal la proposition suivante :

**Proposition 2.6.** *L'application du groupe des homographies de la droite d dans le groupe des homographies du faisceau* A* *définie par :*

$$\alpha \longmapsto \pi \circ \alpha \circ \pi^{-1}$$

*est un isomorphisme de groupe.*

***Remarque 2.3.*** L'ensemble des droites d'un plan projectif s'identifie à l'espace projectif $\mathbb{P}(K)$, où $K$ est l'espace vectoriel des polynômes homogènes du premier degré à trois variables. L'élément $p$ de $\mathbb{P}(K)$, qui s'identifie à la droite $d$, est appelé l'*équation* de $d$.

## 2.5 EXERCICES

**2.1** Soit $ABCD$ un quadrangle et $P, Q, R, S$ des points situés sur les côtés $AB, BC, CD, DA$. Montrer que si $PQ \cap RS$ est sur le côté $AC$, alors $PS \cap QR$ est sur le côté $BD$. Donner un énoncé dual.

**2.2** On donne deux droites $d, d'$ et un point $O$ non situé sur ces droites. Soient $A, B$ deux points alignés avec $O$. Une droite $m$ passant par $O$ coupe $d$ en $P$ et $d'$ en $Q$. Déterminer le lieu du point $AP \cap BQ$ quand $m$ varie. Étudier la situation duale.

**2.3** On donne deux droites $p, q$ se coupant en $O$ et un point $A$. Deux droites passant par $A$, symétriques par rapport à $OA$, coupent $p, q$ en $P, Q$. Montrer que la droite $PQ$ passe par un point fixe.

**2.4** Soit $ABC$ un triangle. Par le pied $A'$ de la hauteur issue de $A$, on mène les perpendiculaires aux côtés $AB, AC$ qui coupent les perpendiculaires à $BC$ issues de $B$ et $C$ en $P$ et $Q$. Montrer que les points $P$ et $Q$ sont alignés avec l'orthocentre $H$ du triangle $ABC$.

**2.5** Des droites $p, p'$ issues d'un point $A$ et des droites $q, q'$ issues de $B$ forment un quadrilatère. Une droite $a$ passant par $A$ coupe $q, q'$ en $Q, Q'$ ; une droite $b$ passant par $B$ coupe $p, p'$ en $P, P'$. Déterminer le lieu des points $PQ \cap P'Q'$ et $PQ' \cap P'Q$.

**2.6** Soient $A, B, C$ trois points d'une droite $d$ et $A', B', C'$ trois points d'une droite $d'$. D'après le théorème de Pappus, les points $P = AB' \cap A'B$, $Q = AC' \cap A'C$ et $R = BC'$ sont alignés. Établir ce résultat en montrant que $P$ et $Q$ se correspondent dans une perspective de centre $R$.

**2.7** Une droite $d$ coupe les côtés $AB$, $BC$, $CA$ d'un triangle $ABC$ en $A'$, $B'$, $C'$ respectivement. Soient $L = AB' \cap BC'$, $M = BC' \cap CA'$ et $N = CA' \cap AB'$. Montrer que les droites $AM$, $BN$ et $CL$ sont concourantes.

**2.8** Soient $ABC$ un triangle, $E$ un point de $AB$ et $F$ un point de $AC$. La parallèle à $BF$ passant par $E$ coupe $AC$ en $H$ et la parallèle à $CE$ passant par $F$ coupe $AB$ en $G$. Montrer que la droite $GH$ est parallèle au côté $BC$.

**2.9** On donne un segment $AB$. Construire le milieu de $AB$ à l'aide d'une règle plate, à bords parallèles et sans aucune graduation.

**2.10** Lors d'un tracé « à la règle », deux droites se coupent hors de l'épure. Joindre ce point à un point donné de l'épure.

**2.11** Soit $\alpha : a \to b$ une homographie entre les droites $a$ et $b$ telle que $A_1 \mapsto B_1$, $A_2 \mapsto B_2$, $A_3 \mapsto B_3$ et $A_4 \mapsto B_4$. Montrer que les quatre points $A_1B_4 \cap A_3B_2$, $A_2B_4 \cap A_3B_1$, $A_1B_1 \cap A_2B_2$ et $A_4B_1 \cap A_2B_3$ sont alignés. Réciproque.

**2.12** Retrouver le théorème de Thalès à l'aide de la proposition 2.2 caractérisant une perspective.

Chapitre 3

# Groupe des homographies d'une droite projective

## Deuxième théorème de Desargues

Les propriétés des homographies d'une droite vont se retrouver dans la plupart des situations géométriques que nous allons rencontrer ; les involutions constitueront tout spécialement l'ossature de nombreuses propositions, particulièrement du deuxième théorème de Desargues, l'un des piliers de cet ouvrage. Naturellement, les théorèmes 2.1 et 2.2 relatifs aux homographies d'une droite sur une autre droite restent valables quand les droites sont confondues. Mais dans ce chapitre apparaît une notion nouvelle, celle de point fixe d'une homographie.

## 3.1 POINTS FIXES D'UNE HOMOGRAPHIE : DÉFINITIONS ET GÉNÉRALITÉS

Une homographie $\alpha : d \to d$ d'une droite projective $d = \mathbb{P}(E)$ sur elle-même est induite par l'automorphisme $\tilde{\alpha} : E \to E$ de l'espace vectoriel sous-jacent. D'après les définitions du chapitre 1, un point fixe de $\alpha$ est un *sous-espace propre de dimension* 1 de $\tilde{\alpha}$. Il est alors évident que l'on a la proposition suivante :

**Proposition 3.1.** *Une homographie d'une droite projective sur elle-même qui a trois points fixes distincts est l'identité.*

Une homographie d'une droite *distincte de l'identité* possède donc au plus deux points fixes et leur nombre dépend du corps sur lequel est défini l'espace $E$ :

- Si le corps est égal à $\mathbb{R}$, on aura zéro, un ou deux points fixes.
- Si le corps est égal à $\mathbb{C}$, on aura un ou deux points fixes.

**Définition 3.1.** *Une homographie d'une droite projective réelle est dite* elliptique, parabolique, hyperbolique *selon qu'elle possède zéro, un ou deux points fixes.*

## 3.2 INVOLUTIONS

On dit qu'une homographie $\sigma : d \to d$ d'une droite projective est une *involution* si elle est distincte de l'identité et si $\sigma \circ \sigma$ est l'application identique de $d$ ou, ce qui revient au même, si elle vérifie la condition $\sigma^{-1} = \sigma$. Si $\sigma$ est une involution et si $M' = \sigma(M)$, on a $M = \sigma(M')$ ; on dit alors que $\sigma$ *échange* les points $M$ et $M'$ ou encore que les points $M$ et $M'$ sont *homologues* dans l'involution.

***Remarques 3.1.***
- Le produit de deux involutions est une involution si et seulement si celles-ci commutent comme l'indiquent les égalités $(\beta \circ \alpha)^{-1} = \alpha \circ \beta = \beta \circ \alpha$.
- Nous démontrerons ultérieurement (théorème 3.4) qu'une involution possède zéro ou deux points fixes distincts : une involution est elliptique ou hyperbolique, jamais parabolique.

**Proposition 3.2.** *Une homographie $\alpha : d \to d$ est une involution si et seulement si il existe un point $P$ de $d$ tel que $\alpha(P) \neq P$ et $\alpha\big(\alpha(P)\big) = P$. Autrement dit, une homographie est une involution si et seulement si elle échange deux points distincts.*

***Démonstration.*** La partie directe découle immédiatement de la définition. Réciproquement, soient $P$ et $P'$ deux points distincts échangés par $\alpha$. Pour tout point $M$ différent de $P$ et de $P'$, posons $M' = \alpha(M)$ ; il s'agit de montrer que $\alpha(M') = M$. D'après le théorème 2.2, on a les égalités :

$$(P, P', M, M') = \big(P', P, M', \alpha(M')\big) = \big(P, P', \alpha(M'), M'\big).$$

La proposition 1.5.2.a implique alors $\alpha(M') = M$. ■

**Proposition 3.3.** *Soient $A_1, A_2, A_3$ et $A'_1, A'_2, A'_3$ des repères de deux droites projectives. Une homographie définie par les conditions $A_i \mapsto A'_i$ est une involution si et seulement si on a l'égalité $(A_1, A_2, A_3, A'_i) = (A'_1, A'_2, A'_3, A_i)$ pour au moins un indice $i \in \{1, 2, 3\}$.*

***Démonstration.*** Supposons d'abord que les points $A_1, A_2, A_3, A'_i$ sont distincts. Si l'homographie est une involution, les trois birapports sont égaux. Réciproquement, si l'on a $\rho = (A_1, A_2, A_3, A'_i) = (A'_1, A'_2, A'_3, A_i)$, on a encore $\rho = \big(A'_1, A'_2, A'_3, \alpha(A'_i)\big)$, ce qui montre que $\alpha$ échange $A_i$ et $A'_i$. On applique alors 1.5.2.a. Le cas où les points $A_1, A_2, A_3, A'_i$ ne sont pas distincts se traite directement. ■

**Théorème 3.1.** *Soient $A, B$ deux points distincts d'une droite $d$. Il existe une involution et une seule $\sigma : d \to d$ qui admet $A$ et $B$ comme points fixes. En outre, pour tout point $M$ appartenant à $d$ et différent de $A, B$, on a :*

$$\big(A, B, M, \sigma(M)\big) = -1.$$

*Réciproquement, cette formule définit une involution de points fixes $A$ et $B$.*

***Démonstration.*** Soient $C$ un point de $d$ différent de $A, B$ et $C'$ le point défini par la condition $(A, B, C, C') = -1$. Montrons que l'homographie $\sigma : d \to d$ définie par $A \mapsto A$, $B \mapsto B$ et $C \mapsto C'$ est une involution. Puisque $\sigma$ conserve le birapport, on peut écrire :

$$\rho = (A, B, C, C') = \big(\sigma(A), \sigma(B), \sigma(C), \sigma(C')\big) = \big(A, B, C', \sigma(C')\big) = -1\,.$$

Si on échange $C'$ et $\sigma(C')$ dans le dernier birapport, on obtient un nouveau birapport de valeur $1/\rho$, ce qui donne $(A, B, C', \sigma(C')) = (A, B, \sigma(C'), C') = -1$. Il résulte de cela que $(A, B, C, C') = (A, B, \sigma(C'), C')$, d'où l'on tire $\sigma(C') = C$. En vertu de la proposition 3.2, $\sigma$ est une involution. Montrons maintenant que $\sigma$ est unique. Pour cela, choisissons un point $M$ différent de $A$ et de $B$. Nous avons

$$\begin{aligned}\big(A, B, M, \sigma(M)\big) &= \Big(\sigma(A), \sigma(B), \sigma(M), \sigma\big(\sigma(M)\big)\Big)\\ &= \big(A, B, \sigma(M), M\big) = \frac{1}{(A, B, M, \sigma(M))}\,,\end{aligned}$$

ce qui donne $\big(A, B, M, \sigma(M)\big)^2 = 1$. Comme ces quatre points sont nécessairement distincts, on voit que le birapport est égal à $-1$ (car il n'est jamais égal à 1). Cela montre que $\sigma(M)$ est unique. ■

**Théorème 3.2.** *Soient $A, A', B, B'$ quatre points alignés sur une droite $d$. S'ils vérifient la condition*

$$\{A, A'\} \cap \{B, B'\} = \emptyset,$$

*il existe une involution et une seule $\sigma : d \to d$ telle que $\alpha(A) = A'$ et $\alpha(B) = B'$.*

***Démonstration.*** Nous distinguerons plusieurs cas de figure :

- Si $A$ et $A'$ sont distincts, les points $A, A', B$ forment un repère projectif de $d$. Il existe alors une homographie et une seule $\alpha : d \to d$ telle que $\sigma(A) = A'$, $\sigma(B) = B'$ et $\sigma(A') = A$. D'après la proposition 3.2, cette homographie est une involution.
- On traite de manière analogue le cas $B$ et $B'$ distincts.
- Enfin, le cas $A = A'$ et $B = B'$ relève du théorème précédent. ■

**Corollaire 3.1.** *Deux involutions d'une droite projective qui transforment de la même manière deux points distincts sont égales.*

**Théorème 3.3.** *Les involutions d'une droite projective engendrent le groupe des homographies de cette droite. Plus précisément, toute homographie $\alpha$ de la droite qui n'est pas une involution est un produit de deux involutions.*

***Démonstration.*** L'énoncé est évident si $\alpha$ est l'identité. Dans le cas contraire, soit $O$ un point tel que $O' = \alpha(O)$ soit différent de $O$. Posons encore $O'' = \alpha(O')$. Considérons une carte $C$ où l'origine $O$ des abscisses a pour image le point à l'infini $O'$. Dans cette carte, les abscisses $x, x'$ de $M$ et $M' = \alpha(M)$ sont liées par une relation du type $x' = a + b/x$, où $a$ est l'abscisse de $O''$ (voir la formule 2.7).

Considérons d'une part l'involution $\theta$ qui échange $O$ et $O'$ et qui a pour expression analytique $x' = -b/x$ dans la carte. Considérons d'autre part l'involution $\varphi$ qui possède $O'$ pour point fixe et qui a pour expression analytique $x' = a - x$ dans la carte ; on a donc $\varphi(O) = O''$. Par construction, $\varphi \circ \theta$ coïncide avec $\alpha$ dans la carte. D'autre part, on a $\varphi \circ \theta(O') = \varphi(O) = O'' = \alpha(O')$. ■

**Proposition 3.4.** *Le produit de deux involutions hyperboliques distinctes est une involution si et seulement si l'une échange les points fixes de l'autre.*

***Démonstration.*** Soient $\alpha$ et $\beta$ deux involutions hyperboliques (c'est-à-dire ayant deux points fixes). Soient $P, Q$ les points fixes de $\alpha$ et $U, V$ ceux de $\beta$. Si $\alpha$ et $\beta$ commutent, le schéma

$$\begin{array}{ccc|ccc} U & \overset{\beta}{\mapsto} U \overset{\alpha}{\mapsto} & U' & V & \overset{\beta}{\mapsto} V \overset{\alpha}{\mapsto} & V' \\ U & \overset{\alpha}{\mapsto} U' \overset{\beta}{\mapsto} & U' & V & \overset{\alpha}{\mapsto} V' \overset{\beta}{\mapsto} & V' \end{array}$$

montre que $U'$ et $V'$ sont des points fixes de $\beta$. On a nécessairement $U' = V$ et $V' = U$ (sinon $U$ et $V$ seraient points fixes de $\alpha$, contrairement à l'hypothèse). Réciproquement, si $\alpha$ et $\beta$ échangent leurs points fixes on a par exemple $\beta \circ \alpha(U) = V$ et $\beta \circ \alpha(V) = U$. D'après la proposition 3.2, $\beta \circ \alpha$ est une involution. (Voir aussi l'exercice 7.7.) ■

➤ Expression analytique d'une involution dans une carte

Soit $\sigma : d \to d$ une involution. Puisque $\sigma$ n'est pas l'identité, il existe un point $I$ différent de $I' = \sigma(I)$. Définissons une carte affine en considérant $I$ comme origine et $I'$ comme point à l'infini. Dans cette carte, l'expression analytique de $\sigma$ est :

$$\overline{IM} \cdot \overline{IM'} = k, \qquad k \neq 0$$

Le point $I$ s'appelle le *point central* de l'involution. Les points fixes de l'involution sont donnés par l'équation $\overline{IM}^2 = k$.

**Théorème 3.4.** *Une involution possède zéro ou deux points fixes distincts.*

- *Dans le cas réel, une involution est elliptique si l'on a $k < 0$ et elle est est hyperbolique si l'on a $k > 0$.*
- *Dans le cas complexe, une involution a toujours deux points fixes.*

## 3.3 PROPRIÉTÉS DES HOMOGRAPHIES HYPERBOLIQUES

**Proposition 3.5.** *Soit $\alpha : d \to d$ une bijection d'une droite projective qui admet deux points fixes $P, Q$ distincts. Cette bijection est une homographie si et seulement si pour tout point $M \in d$, différent de $P$ et de $Q$, on a la relation :*

$$\big(P, Q, M, \alpha(M)\big) = k, \qquad k \neq 0.$$

***Démonstration.*** Soit $\alpha$ une homographie de points fixes $P$ et $Q$. Soient $A$ et $M$ deux points distincts et différents de $P$ et de $Q$ ; posons $A' = \alpha(A)$ et $M' = \alpha(M)$. La conservation du birapport entraîne la relation $(P,Q,M,A) = (P,Q,M',A')$, ce qui peut encore s'écrire :

$$\frac{(PQM)}{(PQA)} = \frac{(PQM')}{(PQA')}.$$

On en déduit aussitôt $(PQM)/(PQM') = (PQA)/(PQA')$, ce qui donne finalement :

$$(P,Q,M,M') = (P,Q,A,A').$$

Réciproquement, soient $A$ un point distinct de $P$ et de $Q$ et $A'$ le point défini par la relation $(P,Q,A,A') = k$ avec $k \neq 0$. D'après le théorème 2.1, il existe une unique homographie $\beta$ telle que $P \mapsto P$, $Q \mapsto Q$ et $A \mapsto A'$. En appliquant la proposition directe, pour tout point $M$ de $d$, on a la relation $\big(P,Q,M,\beta(M)\big) = \big(P,Q,M,\alpha(M)\big)$, d'où $\alpha(M) = \beta(M)$. ∎

***Remarques 3.2.***

- Dans une carte affine d'origine $Q$ et de point à l'infini $P$, on a :

$$(P,Q,M,M') = \frac{\overline{QM'}}{\overline{QM}} = k.$$

L'homographie est alors une homothétie de centre $Q$ et de rapport $k$. Si $k = 1$, l'homographie $\alpha$ est l'identité. Si $k = -1$, l'homographie est une symétrie centrale.

- Dans une base de vecteurs propres, la matrice de $\alpha$ a la forme :

$$\begin{pmatrix} \lambda & 0 \\ 0 & \mu \end{pmatrix}.$$

En reprenant les résultats du théorème 3.1, on peut énoncer le corollaire suivant.

**Corollaire 3.2.** *Une bijection $\alpha$ d'une droite $d$ est une involution de points fixes $P$ et $Q$ si et seulement si pour tout point $M$ de $d$ distinct de $P$ et de $Q$, on a la relation :*

$$\big(P,Q,M,\alpha(M)\big) = -1.$$

La première des remarques 3.2 rend évidente la proposition suivante que nous démontrons directement à titre d'exercice.

**Théorème 3.5.** *Soit $d$ une droite projective sur un corps $K$ égal à $\mathbb{R}$ ou $\mathbb{C}$. Les homographies de la droite qui ont pour points fixes deux points distincts $P$ et $Q$ forment un groupe isomorphe au groupe multiplicatif $K - \{0\}$.*

***Démonstration.*** Dans une carte où $P$ est point à l'infini, on retrouve les homothéties de même centre (9.1). La proposition 3.5 établit directement la bijection ; il nous suffira alors de montrer que si $\alpha$ et $\beta$ sont caractérisées respectivement par les nombres $k$ et $\ell$, l'homographie $\beta \circ \alpha$ est caractérisée par le nombre $k\,\ell$. En effet :

$$\begin{aligned}\big(P,Q,M,\beta\circ\alpha(M)\big) &= \frac{(P,Q,M)}{(P,Q,\beta(\alpha(M))} \cdot \frac{(P,Q,\alpha(M)}{(P,Q,\alpha(M)} \\ &= \big(P,Q,M,\alpha(M)\big)\big(P,Q,\alpha(M)\beta\alpha(M)\big) \\ &= k\,\ell.\end{aligned}$$

∎

On veillera à ne pas confondre l'énoncé qui suit avec l'énoncé 3.4 concernant les involutions qui commutent.

**Théorème 3.6.** *Soient $\alpha$ et $\beta$ deux homographies d'une droite projective (réelle ou complexe) et ayant chacune deux points fixes distincts. On suppose en outre que $\alpha$ n'est pas une involution. Ces homographies commutent si et seulement si elles ont les mêmes points fixes.*

***Démonstration.*** Si $\alpha$ et $\beta$ ont mêmes points fixes, elles commutent d'après le théorème 3.5. Réciproquement, soient $P, Q$ les points fixes d'une homographie $\alpha$. Si $\alpha$ et $\beta$ commutent, on voit tout de suite que $\beta(P)$ et $\beta(Q)$ sont points fixes de $\alpha$.

- Si $\beta(P) = P$, on a $\beta(Q) = Q$ et le théorème est démontré.
- Montrons que l'on ne peut pas avoir $\beta(P) = Q$. En effet, on aurait les relations $\beta(P) = Q$ et $\beta(Q) = P$, d'où $\alpha\circ\beta(P) = Q$ et $\alpha\circ\beta(Q) = P$. Il résulte de cela que $\beta$ et $\alpha\circ\beta$ sont des involutions (proposition 3.2), ce qui permet d'écrire

$$\alpha = \alpha\circ\beta\circ\beta = \beta\circ\alpha\circ\beta = \beta\circ(\alpha\circ\beta)^{-1} = \beta\circ\beta\circ\alpha^{-1} = \alpha^{-1},$$

contrairement à l'hypothèse faite sur $\alpha$. ■

## 3.4 HOMOGRAPHIES PARABOLIQUES

Une homographie parabolique $\alpha$ n'ayant qu'un seul point fixe, l'endomorphisme $\tilde{\alpha}$ associé possède une réduite de Jordan du type :

$$\begin{pmatrix} 1 & \lambda \\ 0 & 1 \end{pmatrix}.$$

Dans la carte affine correspondante, les abscisses d'un point $M$ et de son image $M'$, sont donc liées par la relation :

$$x' = x + \lambda\,.$$

Il résulte de cela que l'homographie $\alpha$ est une translation.

Les énoncés qui suivent deviendront évidents dans le cadre des homographies d'une conique, au chapitre 5.

**3.4.a.** Étant donné trois points distincts $P, A, A'$ d'une droite projective, il existe une unique homographie qui admet $P$ pour seul point fixe et qui transforme $A$ en $A'$.

**3.4.b.** Soit $P$ un point fixe d'une homographie $\alpha$ d'une droite projective ; on pose $M' = \alpha(M)$ et $M'' = \alpha(M')$. Le point $P$ est l'unique point fixe de $\alpha$ si et seulement si on a la relation :

$$(P, M', M, M'') = -1\,.$$

**3.4.c.** Les homographies ayant un point $P$ donné pour seul point fixe forment un groupe commutatif isomorphe à celui du corps de base.

**3.4.d.** Toutes les homographies n'ayant qu'un seul point fixe sont équivalentes (*i.e.* $\beta = \varphi\circ\alpha\circ\varphi^{-1}$).

## 3.5 HOMOGRAPHIES ELLIPTIQUES D'UNE DROITE PROJECTIVE RÉELLE

Une homographie $\alpha : \mathbb{P}(E) \to \mathbb{P}(E)$ sans point fixe est induite par un isomorphisme $\tilde{\alpha} : E \to E$ n'admettant aucun vecteur propre réel. On sait qu'en se plaçant dans le complexifié de $E$, l'isomorphisme $\tilde{\alpha}$ a des vecteurs propres $w, \bar{w}$ qui correspondent aux valeurs propres $a \pm ib$. Dans la base $u = \frac{1}{2}(w + \bar{w}), v = \frac{1}{2}(i\bar{w} - iw)$, la matrice de $\tilde{\alpha}$ est égale à $\begin{pmatrix} a & -b \\ b & a \end{pmatrix}$. Cela montre que l'on passe de la droite vectorielle $M$ à la droite vectorielle $M' = \alpha(M)$ par une similitude directe (proposition 4.4).

**Proposition 3.6.** *L'homographie $\alpha$ est une involution si et seulement si l'angle de la similitude est un angle droit, c'est-à-dire lorsque la matrice est égale à* $\lambda \begin{pmatrix} 0 & -1 \\ 1 & 0 \end{pmatrix}$.

## 3.6 CONSTRUCTIONS GÉOMÉTRIQUES

Soit $\alpha$ une homographie d'une droite $d$ définie par trois points $A, B, C$ et leurs images $A', B', C'$. Si cette droite est contenue dans un plan, il est possible de construire à la règle l'image d'un point quelconque de $d$.

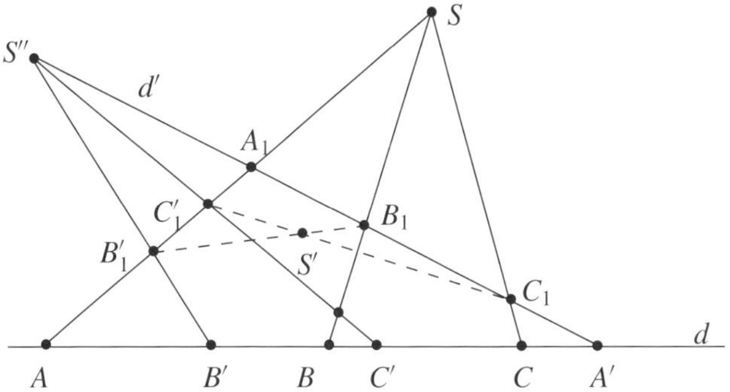


**Figure 3.1.** Une homographie sur une droite est un produit de trois perspectives planes.

Pour cela, il suffit de décomposer $\alpha$ en un produit de trois perspectives. Choisissons une projection $\pi : d \to d'$ à partir d'un centre $S$. L'homographie $\beta = \alpha \circ \pi^{-1}$ se décompose à son tour en un produit de deux projections (théorème 2.5). Cette décomposition *n'est pas unique*. On vérifiera sans peine sur la figure 3.1 que le produit $\pi$ des perspectives de centres $S, S', S''$ transforme les points $A, B, C$ en $A', B', C'$. La construction géométrique de $M'$ à partir de $M$ n'est plus qu'une formalité. (Voir les exercices 3.1 et 3.2 du chapitre 3 pour plus de détails.)

## 3.7 THÉORÈMES DUAUX

Nous invitons le lecteur à écrire les formes duales des énoncés précédents où il suffit de changer « point » en « droite », « droite » en « point » et « points alignés » en « droites concourantes ». Par exemple, le théorème 3.1 devient :

**Théorème 3.7.** *Soient a et b deux droites qui se coupent en P. Il existe une involution unique du faisceau de droites $P^*$ admettant a et b comme droites fixes. En outre, deux droites d et d′ sont homologues par cette involution si et seulement si on a la relation :*

$$(a, b, d, d') = -1 .$$

## 3.8 DEUXIÈME THÉORÈME DE DESARGUES

Voici un premier exemple capital du rôle fondamental joué par les involutions.

**Théorème 3.8 (Deuxième théorème de Desargues).** *Soit d une droite ne passant pas par les sommets d'un quadrangle. Les côtés opposés du quadrangle coupent alors la droite en des points qui se correspondent dans une même involution.*

***Démonstration.*** Soit $ABCD$ le quadrangle (figure 3.2(a)). Les côtés opposés sont $AB, CD$ puis $BC, AD$ et $BD, AC$ ; ils coupent $d$ en $P, P'$ puis $Q, Q'$ et $R, R'$. Pour montrer que ces points sont homologues dans une même involution, nous utiliserons le critère de la proposition 3.3. Il nous suffira donc de montrer l'égalité :

$$(P, Q, R, R') = (P', Q', R', R) .$$

Pour cela, projetons $d$ sur $AC$ à partir de $B$, puis $AC$ sur $d$ à partir de $D$. Par conservation du birapport, nous obtenons les égalités :

$$(P, Q, R, R') = (BA, BC, BD, BR') = (DA, DC, DB, DR') = (Q', P', R, R').$$

En échangeant $P', Q'$ avec $R, R'$, il vient $(Q', P', R, R') = (P', Q', R', R)$. ■

***Remarque 3.3.*** Le deuxième théorème de Desargues peut encore se démontrer en considérant la perspective $\pi_1 : d \to AC$ de centre $B$, la perspective $\pi_2 : AC \to DB$ de centre $P'$ et la perspective $\pi_3 : DB \to d$ de centre $A$. On vérifie immédiatement que l'homographie $\pi_3 \circ \pi_2 \circ \pi_1$ transforme $P$ en $P'$, $Q$ en $Q'$, $R$ en $R'$ et $R'$ en $R$.

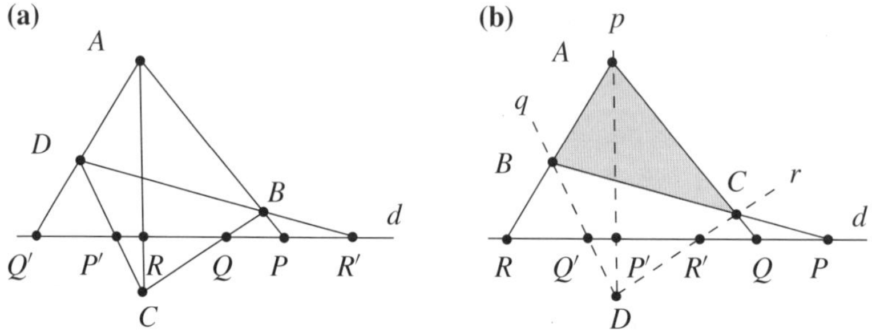


**Figure 3.2.** Le deuxième théorème de Desargues.

Il est utile de traduire l'énoncé précédent en termes de triangles, car cette configuration intervient fréquemment dans la pratique.

**Théorème 3.9.** *Une droite $d$ ne passant pas par les sommets d'un triangle $ABC$ coupe les côtés $BC$, $CA$, $AB$ de ce triangle en $P, Q, R$. Trois droites $p, q, r$, issues de $A, B$ et $C$ coupent $d$ en $P'$, $Q'$ et $R'$. Dans ces conditions, les droites $p, q, r$ sont concourantes si et seulement si les points $P$ et $P'$, $Q$ et $Q'$, $R$ et $R'$ sont homologues dans une même involution.*

***Démonstration.*** Supposons les droites $p, q, r$ concourantes en $D$ (figure 3.2b, page ci-contre). Il suffit d'appliquer le théorème de Desargues au quadrangle $ABCD$. Réciproquement, si les points $P, P'$, $Q, Q'$ et $R, R'$ sont homologues dans une involution $\delta : d \to d$, les droites $p, q, r$, sont concourantes. En effet, soit $D = p \cap q$ ; la droite $CD$ coupe $d$ en $R''$. D'après la partie directe, les couples $P, P'$, $Q, Q'$ et $R, R''$ sont homologues dans une involution qui n'est autre que $\delta$ puisqu'une involution est définie par deux couples de points homologues (théorème 3.2). On a donc $R'' = R' = \delta(R)$ et la droite $DC$ coïncide avec $r$. ■

**Théorème 3.10 (dual du deuxième théorème de Desargues).** *Soient $ABCD$ un quadrilatère complet et $D$ un point non situé sur les côtés du quadrilatère. Les trois couples de droites qui joignent $D$ à deux sommets opposés sont homologues dans une même involution du faisceau de droites $D^*$ (figure 3.3a).*

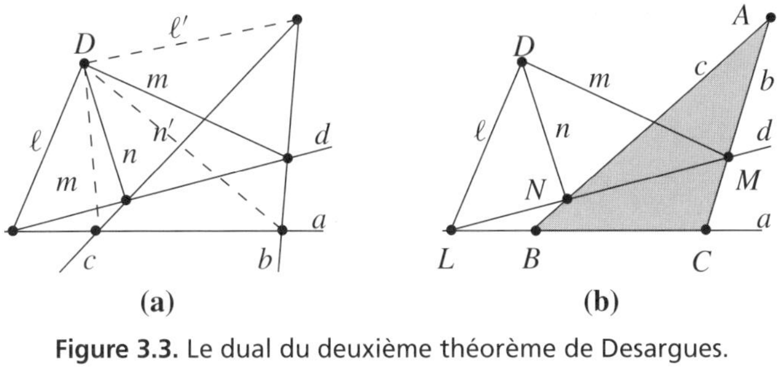


**Figure 3.3.** Le dual du deuxième théorème de Desargues.

**Théorème 3.11 (dual du théorème 3.9).** *Soient $ABC$ un triangle et $D$ un point non situé sur les côtés $a = BC$, $b = AC$ et $c = AB$ du triangle. Soient $\ell, m, n$ trois droites de $D^*$ coupant $a, b, c$ en $L, M, N$. Les points $L, M, N$ sont alignés si et seulement si l'homographie de $D^*$ définie par $\ell \mapsto DA$, $m \mapsto DB$ et $n \mapsto DC$ est une involution (figure 3.3b).*

## 3.9 EXERCICES

**3.1** On connaît un point fixe $U$ et les images $A', B'$ de deux points $A, B$ d'une homographie sur une droite. Construire à la règle le deuxième point fixe (s'il existe). Discuter.

**3.2** Montrer le premier point de l'exercice 7.2 en utilisant des involutions.

**3.3** Une involution de points fixes $P, Q$ échange $A, C$ ainsi que $B, D$. Montrer qu'il existe une involution qui transforme $P, A, C$ en $Q, B, D$ et qu'il existe une autre involution qui transforme $P, A, B$ en $Q, D, C$.

**3.4** Soit $\alpha$ une homographie d'une droite projective réelle distincte de l'identité. Montrer que s'il existe un entier $n > 2$ tel que $\alpha^n$ soit l'identité et tel que $\alpha^i$ soit différente de l'identité pour $0 < i < n$, alors $\alpha$ est nécessairement elliptique.

**3.5** Soient $A, B, C$ trois points d'une droite réelle $d$ et $A', B', C'$ les points de cette droite définis par les égalités $(A', A, B, C) = (B', B, C, A) = (C', C, A, B) = -1$. Montrer que l'homographie $\alpha : d \to d$ définie par $A \mapsto A', B \mapsto B', C \mapsto C'$ est une involution elliptique.

**3.6** En établissant entre les côtés d'un triangle, pris deux à deux, une perspective dont le centre appartient au troisième côté et en faisant le produit de ces perspectives, on obtient une involution du côté considéré.

**3.7** On considère un triangle de côtés $a, b, c$ et trois points alignés $I, J, K$. Inscrire dans le triangle $abc$ un triangle dont les côtés passent respectivement par $I$, $J$ et $K$.

**3.8** Les côtés $BC, CA, AB$ d'un triangle $ABC$ coupent une droite $d$ d'un plan affine en $P, Q, R$. Soient $P'$, $Q'$, $R'$ trois points de $d$ tels que les segments $PP'$, $QQ'$, $RR'$ aient un même milieu $I$. Montrer que les droites $AP'$, $BQ'$ et $CR'$ sont concourantes.

**3.9** Des points $L, M, N$ sont sur les côtés $BC, CA, AB$ d'un triangle $ABC$ ; $L', M', N'$ sont les symétriques de $L, M, N$ par rapport aux milieux $A', B', C'$ respectivement.

Montrer que si les points $L, M, N$ sont alignés, les points $L', M', N'$ le sont aussi.

**3.10** Soit $ABC$ un triangle. Une droite $d$ coupe $BC, CA, AB$ en $P, Q, R$. On désigne par $a, b, c, p, q, r$ des droites parallèles qui passent par les points $A, B, C, P, Q, R$. Trois points $P', Q', R'$ situés sur les droites $p, q, r$ forment un triangle. Montrer que les points $a \cap Q'R'$, $b \cap P'R'$ et $c \cap P'Q'$ sont alignés (voir le problème 8.19).

**3.11** Soient $ABC$ un triangle et $S$ un point non situé sur les côtés du triangle. Les perpendiculaires à $SA, SB, SC$ passant par $S$, coupent $BC, CA, AB$ en $P, Q, R$. Montrer que les points $P, Q, R$ sont alignés.

**3.12** Une droite $d$ coupe les côtés $BC, CA, AB$ d'un triangle $ABC$ en $I, J, K$. Soient $A', B', C'$ les milieux de $JK, KI, IJ$. Montrer l'alignement des points $L = AA' \cap BC$, $M = BB' \cap CA$ et $N = CC' \cap AB$.

**3.13** Démontrer le premier théorème de Desargues 2.4 à partir du deuxième théorème de Desargues 3.8.

Chapitre 4

# Homographies du plan projectif

Après la présentation des homographies d'un plan projectif (réel ou complexe), nous identifierons les transformations affines à un sous-groupe du groupe projectif. Ce point de vue facilitera la compréhension et l'utilisation des propriétés de ce groupe. Nous jetterons ensuite un « regard euclidien » sur le plan projectif.

## 4.1 DÉTERMINATION D'UNE HOMOGRAPHIE PLANE

Rappelons qu'une homographie du plan projectif transforme une droite projective en une droite projective et conserve le birapport de quatre points alignés. Deux homographies du plan qui coïncident sur les quatre sommets d'un quadrangle sont égales (théorème 1.1).

### 4.1.1 Points fixes d'une homographie

Un point fixe $P$ de l'homographie $\alpha : \mathbb{P}(E) \to \mathbb{P}(E)$ correspond à une droite vectorielle du sous-espace propre de l'application linéaire sous-jacente $\tilde{\alpha} : E \to E$. Sur le corps des nombres complexes, le polynôme caractéristique de $\tilde{\alpha}$ possède trois valeurs propres, simples ou multiples. Sur le corps des nombres réels, le polynôme caractéristique, qui est de degré trois, possède au moins une racine réelle.

**Théorème 4.1.** *Une homographie d'un plan projectif (réel ou complexe) admet toujours un point fixe.*

## 4.1.2 Classification des homographies d'un plan projectif réel

Une étude des réduites de Jordan des application linéaires en dimension 3 fournit le tableau ci-dessous qui donne une classification des homographies d'un plan projectif réel d'après le nombre et la nature de leurs points fixes. En supprimant le cas VI, on obtient une classification des homographies d'un plan projectif complexe.

TABLEAU 4.1.

| Type | Réduites de Jordan | Points fixes et droites stables | Commentaires |
|---|---|---|---|
| I | $\begin{pmatrix} a & & \\ & b & \\ & & c \end{pmatrix}$ | 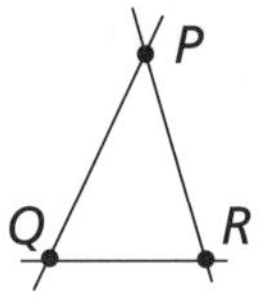 | • Trois points fixes $P$, $Q$, $R$ formant un triangle.<br>• Les côtés sont stables par $\alpha$.<br>• La restriction de $\alpha$ aux côtés est hyperbolique. |
| II | $\begin{pmatrix} a & & \\ & b & -c \\ & c & b \end{pmatrix}$ | 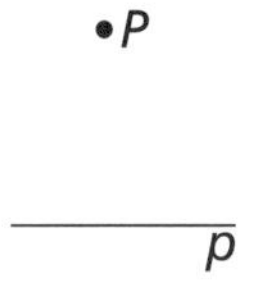 | • Un point fixe $P$.<br>• Une droite stable $p$ ne contenant pas $P$.<br>• La restriction de $\varphi$ à $p$ est elliptique.<br>• Remarque : dans le complexifié, c'est le cas I où $Q$ et $R$ sont complexes conjugués. |
| III | $\begin{pmatrix} a & & \\ & b & \\ & & b \end{pmatrix}$ | 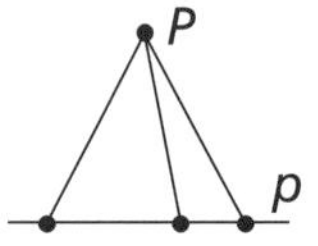<br>*homologie générale* | • Un point fixe $P$.<br>• Une droite stable $p$.<br>• La restriction de $\varphi$ à $p$ est l'identité.<br>• Toute autre droite passant par $P$ est stable et la restriction à cette droite est hyperbolique. |
| IV | $\begin{pmatrix} a & & \\ & a & 1 \\ & & a \end{pmatrix}$ | 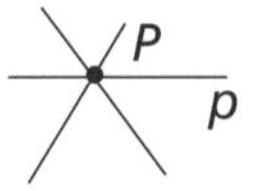<br>*homologie spéciale* | • Un point fixe $P$.<br>• Une droite stable $p$ contenant $P$.<br>• La restriction de $\varphi$ à $p$ est l'identité.<br>• Toute autre droite passant par $P$ est stable et la restriction à cette droite est parabolique. |
| V | $\begin{pmatrix} b & & \\ & b & 1 \\ & & b \end{pmatrix}$ | 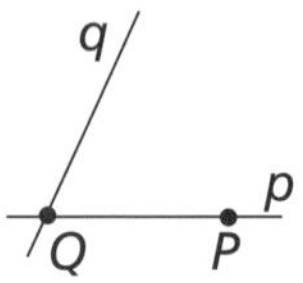 | • Deux points fixes $P$, $Q$.<br>• Deux droites stables $p$, $q$.<br>• La restriction de $\varphi$ à $p$ est hyperbolique.<br>• La restriction de $\varphi$ à $q$ est parabolique. |
| VI | $\begin{pmatrix} a & 1 & \\ & a & 1 \\ & & a \end{pmatrix}$ | 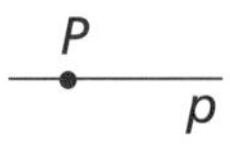 | • Un point fixe $P$.<br>• Une droite stable $p$ contenant $P$.<br>• La restriction de $\varphi$ à $p$ est parabolique. |

### 4.1.3 Droites invariantes d'une homographie plane

Un examen minutieux du tableau 4.1, page ci-contre, montre qu'à tout point fixe d'une homographie correspond une droite invariante par cette homographie et réciproquement. Un cas particulier intéressant à étudier géométriquement est celui où l'homographie possède une droite de points fixes, situation qui évoque les affinités du plan affine.

Avant d'en commencer l'étude, donnons quelques évidences (proposées à titre d'exercices) qu'il faut garder en mémoire pour comprendre les pages suivantes :

(1) Soit $\alpha$ une homographie ayant une droite $\Delta$ de points fixes.
- Si un point $A$ est différent de son image $A'$, la droite $AA'$ est globalement invariante.
- Si $d$ est une droite distincte de son image $d'$, alors le point $d \cap d'$ appartient à $\Delta$.
- Le complémentaire de $\Delta$ possède au plus un point fixe.

(2) Si une homographie possède trois points fixes alignés, alors la droite qui contient ces points est une droite de points fixes.

(3) Si deux droites distinctes $p, q$ sont globalement invariantes, le point $O = p \cap q$ est un point fixe de l'homographie.

(4) Soit $\alpha$ une homographie de point fixe $O$ telle que toute droite $p$ passant par $O$ soit stable par $\alpha$. Alors, pour toute droite $q$ différente de $q'$, le point $q \cap q'$ est un point fixe.

## 4.2 LES HOMOLOGIES

On sait que les affinités engendrent le groupe affine. Comme nous pouvons considérer un plan affine comme une partie d'un plan projectif, il est naturel de se demander si les affinités peuvent se prolonger au plan projectif en des homographies particulières. La définition qui va suivre est légitimée par le fait qu'une affinité est caractérisée par la présence d'une droite de points fixes

**Définition 4.1.** *On appelle* homologie *une homographie d'un plan projectif qui n'est pas l'application identique et qui possède une droite* $\Delta$ *de points fixes. Cette droite s'appelle l'*axe *de l'homologie.*

**Théorème 4.2.** *Une homographie* $M \mapsto M'$ *est une homologie si et seulement si il existe un point* $O$ *tel que, pour tout point* $M$ *distinct de* $O$*, la droite* $MM'$ *passe par* $O$*. Ce point* $O$ *est appelé le* centre *de l'homologie.*

***Démonstration.*** Considérons les hypothèses suivantes : (i) $\Delta$ est une droite de points fixes, (ii) toute droite passant par $O$ est stable. En s'appuyant sur les évidences du paragraphe précédent, on voit facilement que si (i) ou (ii) est vérifié, il existe des points $A, B, C$ formant un triangle tel que le triangle $A'B'C'$ ait des sommets distincts et des côtés distincts de ceux du triangle $ABC$.

Considérons alors $\varphi$ une homologie d'axe $\Delta$. Nous allons montrer que la droite $MM'$ passe par un point fixe en appliquant le théorème de Desargues. En effet, si $\Delta$ est une droite de points fixes, les points $R = AB \cap A'B'$, $P = BC \cap B'C'$, $Q = CA \cap C'A'$ sont alignés. Les droites $AA', BB', CC'$ passent donc par un point $O$ qui est nécessairement un point fixe de $\varphi$. Plus généralement, si $M$ est un point différent de $O$ et qui n'appartient pas à $\Delta$, les points $M, A, B$ ou $M, A, C$ forment un triangle, ce qui ramène au cas précédent.

Réciproquement, si les droites $AA', BB', CC'$ passent par un point fixe $O$, les points $P, Q, R$ sont alignés. Comme ce sont des points fixes, la droite qui les contient est une droite de points fixes. ■

***Remarque 4.1.*** Le centre d'une homologie peut appartenir à l'axe. Dans un tel cas, on dit que l'homologie est *spéciale*.

### 4.2.1 Construction géométrique de l'image d'un point par une homologie

Considérons une homologie $\varphi$ d'axe $\Delta$ et de centre $O$. Choisissons un point $A$ différent de $O$ et non situé sur l'axe. Si un point $M$ satisfait aux conditions $M \neq O$ et $M \notin \Delta$, on peut construire son image $M'$ de la manière suivante.

- Si $M$ n'appartient pas à la droite $AA'$, on trace la droite $AM$ qui coupe l'axe en un point $I$. Le point $M'$ est à l'intersection des droites $IA'$ et $OM$ (figure 4.1a).
- Si $M$ appartient à la droite $AA'$, on se ramène au cas précédent en choisissant un point auxilliaire $B$ non situé sur la droite $AA'$.

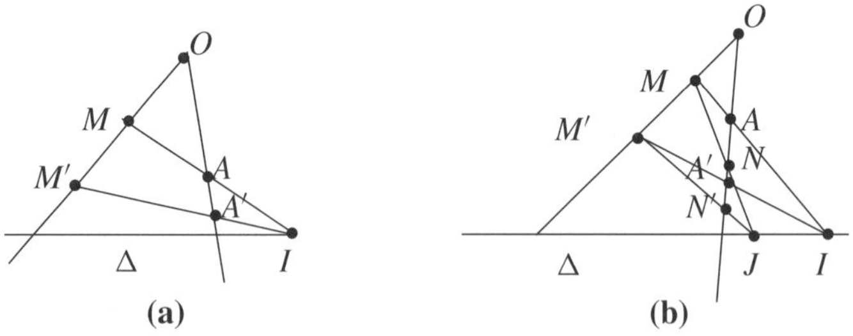


Figure 4.1.

***Remarque 4.2.*** Soit $d$ une droite qui passe par le centre $O$ de l'homologie ; cette droite coupe l'axe $\Delta$ en un point $I$. (Dire pourquoi $d$ est stable.) La restriction de $\varphi$ à $d$ est une homographie de points fixes $O$ et $I$. Elle est donc caractérisée par son birapport (proposition 3.5). La figure 4.1b « montre » que ce birapport ne dépend pas de $d$.

### 4.2.2 Les homologies dans une carte affine

Plaçons-nous dans une carte affine de droite à l'infini $d$. Considérons une homologie $\varphi$ d'axe $\Delta$ et de centre $O$. Si $\varphi$ conserve la carte, elle conserve la droite de l'infini et réciproquement. En outre, nous avons nécessairement $\Delta = d$ ou $O \in d$.

### a) *Premier cas : $\Delta = d$*

– Si le centre de l'homologie $O$ est à distance finie (c'est-à-dire dans la carte) on obtient une *homothétie de centre* O. En effet, dans la construction géométrique donnée au paragraphe précédent, on constate que les droites $MA$ et $M'A'$ sont parallèles puisqu'elles se coupent sur la droite de l'infini. On retrouve la construction classique de l'image d'un point dans une *homothétie* de centre $O$.

– Si $O$ appartient à l'axe $\Delta$ (l'homologie est donc spéciale), la construction géométrique fait apparaître une *translation*.

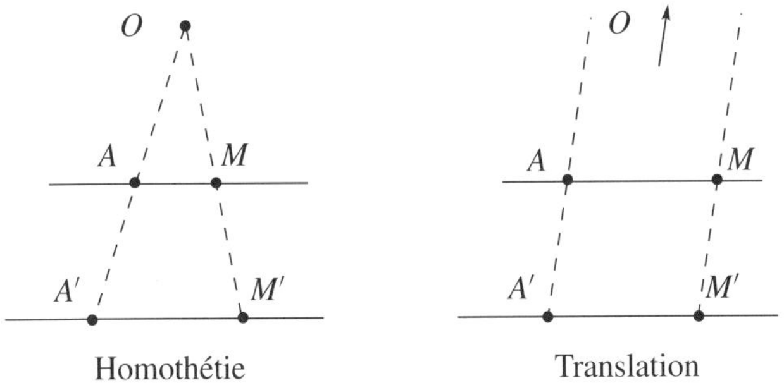


**Figure 4.2.**

### b) *Deuxième cas : $\Delta \neq d$ et $O \in d$*

– Si le centre $O$ n'appartient pas à $\Delta$, la construction géométrique du point $M'$ fait apparaître une *affinité* d'axe $\Delta$ et de direction $O$.

– Si le centre $O$ appartient à $\Delta$ (*i.e.* si $O$ est le point à l'infini de $\Delta$), la construction géométrique du point $M'$ fait apparaître une *transvection* d'axe $\Delta$.

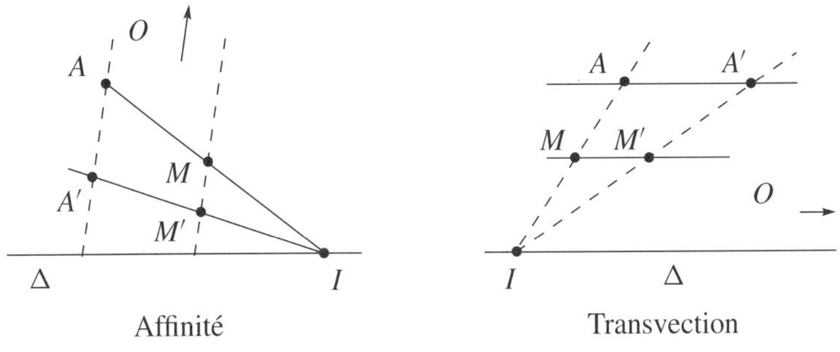


**Figure 4.3.**

## 4.3 LES TRANSFORMATIONS AFFINES

Soit $\alpha$ une homographie du plan qui laisse globalement invariante une droite $d$. Cette homographie laisse également invariante le complémentaire de $d$, *i.e.* la carte associée à $d$. Montrons que la restriction de $\alpha$ à cette carte est une transformation affine. En effet, si l'on choisit des coordonnées dans la carte, on vérifie sans peine que les matrices des homographies qui laissent invariante la droite $d$ sont de la forme :

$$H = \begin{pmatrix} a & b & p \\ c & d & q \\ 0 & 0 & 1 \end{pmatrix}.$$

Un point $M$, de coordonnées $(x, y)$ dans la carte affine définie par $Z = 1$, se transforme en le point $M'$ de coordonnées :

$$\begin{pmatrix} x' \\ y' \end{pmatrix} = \begin{pmatrix} a & b \\ c & d \end{pmatrix} \begin{pmatrix} x \\ y \end{pmatrix} + \begin{pmatrix} p \\ q \end{pmatrix}.$$

La réciproque va de soi. En d'autres termes, nous avons le résultat suivant.

**Théorème 4.3.** *Le groupe des homographies d'un plan projectif qui laissent invariante une droite donnée est isomorphe au groupe des transformations affines d'un plan affine.*

***Remarques 4.3.***

- La restriction à la droite $d$ de l'homographie de matrice $H$ est l'homographie de matrice $A = \begin{pmatrix} a & b \\ c & d \end{pmatrix}$ dans la carte considérée.
- La formule de multiplication

$$\begin{pmatrix} A_1 & V_1 \\ 0 & 1 \end{pmatrix} \begin{pmatrix} A_2 & V_2 \\ 0 & 1 \end{pmatrix} = \begin{pmatrix} A_1A_2 & A_1V_2 + V_1 \\ 0 & 1 \end{pmatrix}$$

fait apparaître le groupe affine comme produit semi-direct de $GL(\mathbb{R}^2)$ et de $\mathbb{R}^2$.

## 4.4 LES INVOLUTIONS DU PLAN PROJECTIF

**Définition 4.2.** *On appelle* involution *du plan projectif une homographie distincte de l'identité qui, composée avec elle-même, donne l'identité du plan (figure 4.4, page ci-contre).*

Comme dans le cas des involutions des droites projectives, une homographie $\sigma$ d'un plan projectif est une involution si et seulement si $\sigma \circ \sigma$ est l'application identique du plan ou encore si elle vérifie la condition $\sigma^{-1} = \sigma$.

**Théorème 4.4.** *Toute involution du plan projectif est une homologie de birapport égal à $-1$ et réciproquement.*

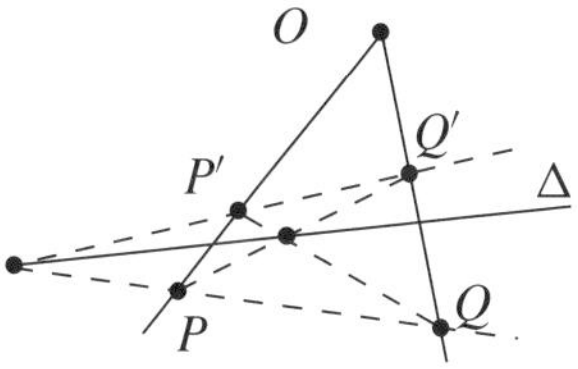


**Figure 4.4.** Homologie involutive.

***Démonstration.*** Soit $\sigma$ une involution. Il existe au moins une droite $d$ telle que $\sigma(d)$ soit différente de $d$ (sinon $\sigma$ serait l'identité). On peut donc trouver deux points distincts $P, Q$ du plan tels que leurs images $P', Q'$ ne soient pas sur la droite $PQ$. Posons alors $O = PP' \cap QQ', U = PQ' \cap P'Q, V = PQ \cap P'Q'$ (figure 4.5). Soit $\varphi$ l'homologie de centre $O$ et d'axe $UV$ transformant $P$ en $P'$. D'après le paragraphe 4.1, les homographies $\sigma$ et $\varphi$ coïncident sur $P, Q, P', Q'$ : on a donc $\sigma = \varphi$.

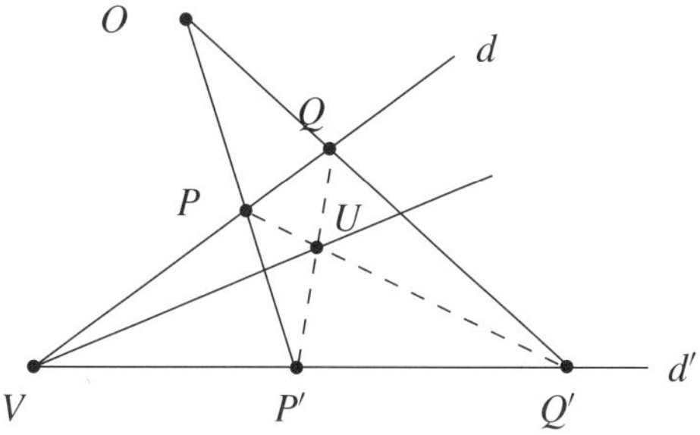


**Figure 4.5.**

Réciproquement, le paragraphe 4.2.1 montre que la donnée d'un point $O$ et d'une droite $d$ ne passant pas par $O$ définit une unique homologie de birapport $-1$ qui est manifestement une involution (voir 7.1). ■

**Proposition 4.1.** *Le produit de deux involutions du plan projectif est une involution si et seulement si le centre de l'une est sur l'axe de l'autre et réciproquement (exercice 4.1 et exercice 7.7).*

## 4.5 GÉNÉRATEURS DU GROUPE PROJECTIF

**Théorème 4.5.** *Le groupe projectif est engendré par les homologies. Plus précisément, toute homographie différente d'une homologie est le produit de deux homologies.*

***Démonstration.*** Soient $\alpha$ une homographie différente d'une homologie et $O$ un point fixe de $\alpha$. Comme $\alpha$ n'est pas une homologie, il existe une droite $d$ passant par $O$ et distincte de la droite $d' = \alpha(d)$.

Par restriction, $\alpha$ induit une homographie $\alpha : d \to d'$ entre les droites $d$ et $d'$. Comme $O$ est fixe, cette homographie est une projection d'après la proposition 2.2 ; elle possède donc un centre $O'$. Considérons une droite $p$ passant par $O$, différente de $d$ et de $d'$ et ne passant pas par $O'$. Soit $\beta$ l'homologie de centre $O'$, d'axe $p$ et transformant $d$ en $d'$. Comme $\alpha$ et $\beta$ coïncident sur $d$, la restriction de $\alpha \circ \beta^{-1}$ à la droite $d'$ est l'identité. Par définition même, $\beta' = \alpha \circ \beta^{-1}$ est une homologie. Il en résulte que $\alpha = \beta' \circ \beta$ est le produit de deux homologies. ■

**Proposition 4.2.** *Deux homologies ayant des centres et des axes distincts commutent si et seulement si le centre de l'une est situé sur l'axe de l'autre (exercice 4.1).*

## 4.6 QUELQUES PROPRIÉTÉS CLASSIQUES

Il est bon de connaître les résultats suivants :

- Les homographies du plan ayant en commun trois points fixes non alignés engendrent un groupe commutatif ; les éléments de ce groupe sont de type I ou V.
- Les homographies de type II et VI ayant en commun l'axe qui contient les deux points fixes et la droite invariante engendrent un groupe commutatif.
- Les homologies spéciales ayant le même axe engendrent un groupe commutatif.
- Les homographies de type III et IV de point fixe $S$ et d'axe $s$ commutent avec les homologies de centre $S$ et d'axe $s$ de type V.
- Les homologies ayant même centre forment un groupe.
- Dualement, les homologies ayant même axe forment un groupe.

On démontrera ces énoncés géométriquement ou à l'aide d'un simple calcul matriciel.

## 4.7 ORTHOGONALITÉ

Plaçons-nous dans une carte euclidienne d'un plan projectif réel et soit $\mathbb{D}$ sa droite de l'infini.

### 4.7.1 Involution canonique

Pour montrer que deux droites $p, q$ de vecteurs directeurs $u, v$ (c'est-à-dire de points à l'infini $U = Ku$ et $V = Kv$ si $K$ est le corps de base) sont orthogonales, on utilise principalement deux méthodes :

- montrer que le produit scalaire $u \cdot v$ est nul,
- trouver une similitude d'angle $\frac{1}{2}\pi$ qui amène le vecteur $u$ sur le vecteur $v$.

Exploitons la seconde méthode. Toutes ces similitudes ont pour matrice $\lambda \begin{pmatrix} 0 & -1 \\ 1 & 0 \end{pmatrix}$.

Or nous avons vu au paragraphe 3.5 qu'elles induisent une involution elliptique $\sigma$ de la droite $\mathbb{D}$. Les droites $p$ et $q$ sont donc orthogonales si et seulement si $\sigma$ échange les points à l'infini $U, V$ de ces droites.

Réciproquement, le paragraphe 3.5 montre que la donnée d'une involution elliptique $\sigma$ de $\mathbb{D}$ met en évidence une base qui définira l'orthogonalité. Cette orthogonalité s'exprime à l'aide de la relation $p \perp q$ si $V = \sigma(U)$.

En pratique, nous définirons l'orthogonalité dans un plan affine réel (plongé dans un plan projectif) par le choix d'une involution elliptique de la droite de l'infini. Cette involution portera le nom d'*involution canonique*.

### 4.7.2 Points cycliques

Dans le complexifié de la droite $\mathbb{D}$, l'involution canonique $\sigma$ a deux points fixes $I$ et $J$. D'après le théorème 3.1, on a $V = \sigma(U)$ si et seulement si :

$$(I, J, U, V) = -1 .$$

Nous utiliserons souvent cette équivalence pour démontrer que deux droites sont orthogonales.

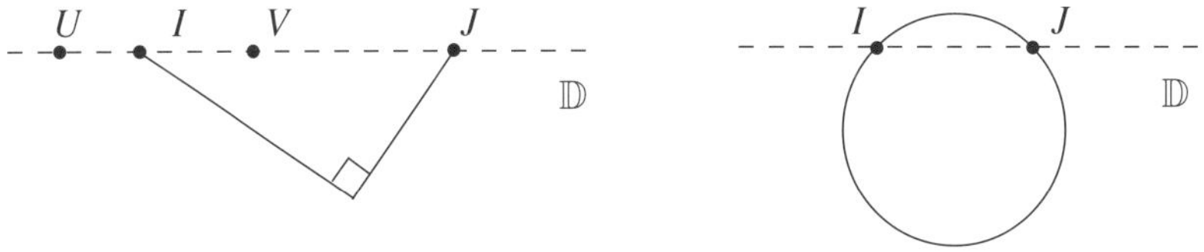


**Figure 4.6.** Les points cycliques.

**Proposition 4.3.** *On peut définir l'orthogonalité dans un plan affine réel, identifié à une carte d'un plan projectif, à l'aide d'une involution elliptique de la droite de l'infini :*

- *Deux droites sont orthogonales si et seulement si l'involution échange leurs points à l'infini.*
- *Si $I$ et $J$ sont les points fixes de cette involution dans le complexifié, deux droites sont orthogonales si et seulement leurs points à l'infini $U, V$ vérifient la relation $(I, J, U, V) = -1$.*

***Remarques 4.4.***

- Dans une carte euclidienne, les coordonnées des vecteurs propres d'une matrice de similitude d'angle $\frac{1}{2}\pi$ sont $(1, i)$ et $(1, -i)$. Les coordonnées homogènes des points cycliques sont donc $(1, i, 0)$ et $(1, -i, 0)$.
- Si $M, M'$ sont deux points de la droite de l'infinie complexifiée, le birapport $(I, J, M, M')$ est égal à $e^{2i\theta}$. Cette relation nous apprend : (i) que l'involution canonique est liée à la notion d'angle de droites, (ii) que les points $M, M'$ ne peuvent être conjugués harmoniques par rapport aux points cycliques que s'ils sont réels.
- Les points fixes $I, J$ de l'involution canonique s'appellent les *points cycliques* du plan parce que toute conique réelle du plan projectif qui passe par ces points est un cercle. En effet, soient $\Gamma(X, Y, Z) = 0$ l'équation d'une conique de $\mathbb{P}(\mathbb{R}^3)$ contenue dans $\mathbb{P}(\mathbb{C}^3)$. Si la conique passe par $I$ et $J$, cela signifie que l'équation $\Gamma(X, Y, 0) = 0$ a pour solution $Y = \pm iX$, ce qui montre que $\Gamma(X, Y, 0) = \lambda(X^2 + Y^2)$. En faisant $Z = 1$ pour se retrouver dans la carte affine, on obtient $\Gamma(x, y, 1) = \lambda(x^2 + y^2) + ax + by + c$. Autrement dit, la trace de la conique sur la carte est un cercle. La réciproque est évidente.

## 4.8 SIMILITUDES

Nous allons à présent caractériser les similitudes à l'aide de l'involution canonique.

**Proposition 4.4.** *Soit* $\alpha$ *une homographie qui laisse invariante une carte d'un plan projectif réel. La restriction de* $\alpha$ *à cette carte est une similitude si et seulement si la restriction de* $\alpha$ *à la droite de l'infini commute avec l'involution canonique.*

***Démonstration.*** Soit $\alpha$ une homographie de matrice

$$\begin{pmatrix} a & c & p \\ b & d & q \\ 0 & 0 & 1 \end{pmatrix}$$

par rapport au repère orthonormé choisi. Les homographies $\alpha$ et $\sigma$ commutent sur la droite de l'infini si et seulement si

$$\begin{pmatrix} 0 & -1 \\ 1 & 0 \end{pmatrix}\begin{pmatrix} a & c \\ b & d \end{pmatrix} = \lambda \begin{pmatrix} a & c \\ b & d \end{pmatrix}\begin{pmatrix} 0 & -1 \\ 1 & 0 \end{pmatrix},$$

relation qui conduit facilement aux matrices de la forme

$$\begin{pmatrix} a & -b \\ b & a \end{pmatrix} \quad \text{et} \quad \begin{pmatrix} a & b \\ b & -a \end{pmatrix}$$

qui représentent respectivement des similitudes directes et indirectes dans la carte euclidienne. ∎

L'exercice 4.15 développe un aspect géométrique de ce paragraphe.

### 4.8.1 Angle de deux droites. Bissectrices

On sait que les similitudes directes forment un groupe isomorphe au groupe des angles de droites. La proposition 4.4 nous autorise à poser la définition suivante.

**Définition 4.3.** *Deux couples de droites* $(p, p')$, $(q, q')$ *ont le même* angle *si il existe une homographie de la droite de l'infini qui commute avec l'involution canonique et qui transforme les points à l'infini de* $p, q$ *en ceux de* $p', q'$.

Soient $a, a', b, b'$ quatre droites d'un faisceau $A^*$. On dit classiquement que les droites $b, b'$ sont les bissectrices du couple $(a, a')$ si $b, b'$ sont des axes de symétries orthogonales qui échangent $a$ et $a'$. Traduisons cela en langage projectif.

**Définition 4.4.** *On dit que les droites* $b, b'$ *sont les* bissectrices *du couple* $(a, a')$ *si les droites* $b$ *et* $b'$ *sont orthogonales et conjuguées par rapport aux droites* $a, a'$.

***Remarques 4.5.***

- En termes d'involution, les droites $b, b'$ sont bissectrices du couple $(a, a')$ si $a$ et $a'$ sont homologues dans l'involution de $A^*$ qui a pour droites fixes $b$ et $b'$.
- Dans le complexifié d'un plan réel on retiendra l'énoncé suivant : « Soient $I$ et $J$ les points cycliques. Si une involution $\theta$ de $A^*$ échange les droites $AI$ et $AJ$, alors les droites fixes de $\theta$ sont les bissectrices de tout couple de droites homologues pour $\theta$. »
- D'après l'exercice 4.11, un couple de droites $(a, a')$ admet toujours des bissectrices.

### 4.8.2 Déplacements

Un déplacement est le produit d'un nombre pair de symétries orthogonales.

Un antidéplacement est le produit d'un nombre impair de symétries orthogonales.

**Proposition 4.5.** *Étant donné deux couples de points* $(A, B)$ *et* $(A', B')$ *tels que* $d(A'B') = d(A, B) \neq 0$, *il existe un unique déplacement et un unique antidéplacement transformant* $A$ *en* $A'$ *et* $B$ *en* $B'$.

(Se reporter aux exercices 4.12 et 4.13.)

***N.B.*** Nous rappelons ces résultats, très importants en géométrie classique, pour inciter le lecteur à les revoir à la lumière de ce chapitre.

Nous donnons en exercice quelques problèmes bien connus, pour montrer la place que peuvent tenir les transformations dans leur résolution.

## 4.9 EXERCICES

**4.1** Soient $\alpha, \beta$ deux homologies planes de centres $A, B$ distincts et d'axes respectifs $a, b$ distincts. Montrer que $\alpha$ et $\beta$ commutent si et seulement si $A$ appartient à $b$ et $B$ appartient à l'axe $a$.

**4.2** Soit $\varphi$ une homographie du plan projectif admettant trois points fixes distincts $U, V, W$. Montrer que $\varphi$ se décompose en produit d'une homologie de centre $U$ et d'axe $VW$ et d'une homologie de centre $V$ et d'axe $UW$.

**4.3** Soient $\alpha$ une homographie plane, $A$ un point fixe de $\alpha$ et $a$ une droite stable par $\alpha$, ne contenant pas $A$. Montrer que les homologies de centre $A$ et d'axe $a$ commutent avec $\alpha$.

**4.4** Montrer que le produit de deux homologies de même axe (resp. de même centre) est une homologie dont le centre (resp. l'axe) est aligné avec les centres des deux homologies (resp. passe par l'intersection des axes).

**4.5** Montrer qu'une transformation affine, distincte de l'identité et possédant deux points fixes à distance finie est une homologie.

**4.6** Comparer deux transformations affines dont les restrictions à la droite de l'infini coïncident.

**4.7** On projette les sommets d'un triangle $ABC$ parallèlement à une direction donnée sur une droite $d$. Par chaque point obtenu, on mène une parallèle au côté opposé au sommet projeté. Montrer que l'on construit ainsi un triangle symétrique de $ABC$ dans une symétrie centrale.

**4.8** Soient $ABCD$ un quadrangle et $\alpha$ une transformation affine du plan telle que $A \mapsto B \mapsto C \mapsto D \mapsto A$. Montrer que cette transformation a nécessairement un point fixe. Donner une condition sur le quadrangle $ABCD$ pour qu'il existe une telle application $\alpha$.

**4.9** Un triangle $ABC$ est transformé en $A'B'C'$ par la transformation affine $\varphi$. On suppose en outre que $\overrightarrow{AA'} = \overrightarrow{BB'}$. Discuter la nature de $\varphi$ suivant la position du point $C'$ (utiliser le tableau 4.1, page 38).

**4.10** Dans une carte affine, on compose une symétrie oblique et une translation de vecteur parallèle à l'axe de la symétrie. Quelle est la restriction de cette application à la droite de l'infini ?

**4.11** Dans le complexifié d'un plan projectif réel, on donne un quadrangle $U, \bar{U}, I, \bar{I}$ où $\bar{U}$ et $\bar{I}$ sont les conjugués des points imaginaires $U$ et $I$. Quels sont les côtés et les points diagonaux de ce quadrangle qui sont réels ?

**4.12** Dans un plan euclidien où la distance entre deux points $P$ et $Q$ est notée $d(P, Q)$, soient des points $A, B, A', B'$ non alignés tels que $d(A', B') = d(A, B)$. Montrer qu'il existe un unique déplacement et un unique antidéplacement transformant $A$ en $A'$ et $B$ en $B'$.

**4.13** Montrer qu'un antidéplacement sans point fixe est une « symétrie glissée », c'est-à-dire le produit d'une symétrie et d'une translation parallèle à l'axe.

### 4.14 Théorème de Stéphanos

Trois figures $\mathcal{F}$, $\mathcal{F}'$, $\mathcal{F}''$ sont images l'une de l'autre : $\mathcal{F}'$ est l'image de $\mathcal{F}$ dans une rotation $r$ de centre $A$, $\mathcal{F}''$ l'image de $\mathcal{F}'$ dans une rotation $r'$ de centre $A'$ et $\mathcal{F}$ l'image de $\mathcal{F}''$ dans une rotation $r''$ de centre $A''$. Montrer qu'il existe une figure $\mathcal{F}_0$ qui soit l'image de $\mathcal{F}$, de $\mathcal{F}'$ et de $\mathcal{F}''$ dans une symétrie par rapport aux côtés $AA'', AA', A'A''$ du triangle $AA'A''$.

**4.15** Construire le centre de la similitude directe qui ransforme $A$ en $A'$ et $B$ en $B'$. En déduire que ce centre est aussi celui de la similitude directe qui envoie $A$ en $B$ et $A'$ en $B'$.

### 4.16 Théorème de Ptolémée

Soit un quadrangle $ABCD$ ; montrer l'inégalité :

$$AC \cdot BD \leq AB \cdot AC + AD \cdot BD$$

(expression qui, pour les premiers géomètres, jouait le rôle de certaines formules trigonométriques.)

**4.17** Trois points $A', B', C'$ sont situés sur les côtés $BC, CA, AB$ d'un triangle $ABC$ ; on suppose que $A$ est le milieu de $BC'$, $B$ le milieu de $CA'$ et $C$ celui de $AB'$. Construire $A, B, C$ connaissant uniquement $A', B', C'$.

**4.18** Des pirates ont saisi le plan d'une île sur lequel est indiquée la cache d'un trésor : « près de la plage, se trouvent une potence $(P)$, un arbre $(A)$, une stèle $(S)$ ; pour trouver le trésor, aller de la potence à l'arbre en comptant ses pas, faire un quart de tour à droite et marcher tout droit en comptant le même nombre de pas. Là, planter un piquet $M$. Faire de même en se dirigeant de $P$ vers la stèle mais en effectuant un quart de tour à gauche et l'on plante un piquet $M'$ ; le trésor se trouve entre $M$ et $M'$, au milieu.

Quand les pirates arrivent sur l'île, ils ne trouvent aucune trace de la potence ; comment cependant trouver le trésor ?

**4.19** Soit $ABCD$ un parallélogramme ; deux points $E$ et $F$ extérieurs à celui-ci sont tels que les triangles $EBC$ et $FCD$ sont équilatéraux.

Montrer que le triangle $AEF$ est équilatéral.

**4.20** On donne un triangle $ABC$ sur lequel on construit un triangle $AEF$ tel que

$$(AB, AE) = -\frac{\pi}{2} \quad \text{et} \quad (AC, AF) = \frac{\pi}{2} \cdot$$

Montrer que la hauteur issue de $A$ dans le triangle $ABC$ est une médiane du triangle $AEF$.

Chapitre 5

# Homographies et coniques

## Théorème de Chasles-Steiner, théorème de Pascal

## 5.1 DESCRIPTION GÉOMÉTRIQUE D'UNE CONIQUE

Nous définissons (voir les rappels en fin d'ouvrage) les coniques au moyen de formes quadratiques et la polarité au moyen des formes bilinéaires associées. Dans ce chapitre, nous nous proposons de donner une description géométrique de ces courbes. Cette description repose sur le théorème fondamental de Chasles-Steiner qu'on peut énoncer succinctement : « Une homographie entre deux faisceaux de droites définit une conique et réciproquement. » Nous allons expliciter ce théorème en deux temps.

**Théorème 5.1 (Théorème de Chasles-Steiner ; partie directe).** *Soient $\Gamma$ une conique propre, $A$ et $B$ deux points distincts de $\Gamma$ et $O$ le pôle de la droite $AB$ par rapport à $\Gamma$ (figure 5.1, page suivante). La bijection $\alpha$ de $A^*$ sur $B^*$ définie par $OA \mapsto BA$, $AB \mapsto BO$ et, pour tout point $M$ différent de $A$ et de $B$ par $AM \mapsto BM$, est une homographie.*

**Théorème 5.2 (Théorème de Chasles-Steiner ; réciproque).** *Soient $A$ et $B$ deux points distincts et $\alpha : A^* \to B^*$ une homographie entre les faisceaux de droites $A^*$ et $B^*$. On suppose que $\alpha$ n'est pas une projection et on désigne par $O$ son centre d'homographie. Dans ces conditions, pour toute droite $d$ de $A^*$, le lieu du point $d \cap \alpha(d)$ est une conique $\Gamma$, tangente en $A$ à la droite $AO$ et en $B$ à la droite $BO$.*

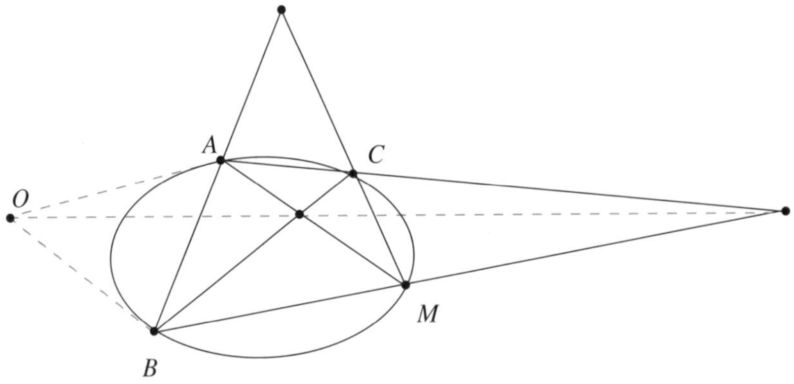


Figure 5.1.

***Démonstration (du théorème direct).*** Soit $C$ un point de $\Gamma$ distinct de $A$ et de $B$. Nous savons qu'il existe une unique homographie $\alpha' : A^* \to B^*$, de centre $O$, qui transforme la droite $AC$ en la droite $BC$ en vertu du théorème 2.11.

Pour tout point $M$ de $\Gamma$, distinct de $A$, $B$ et $C$, les points $O$, $AM \cap BC$, $BM \cap AC$ sont alignés car ils sont tous trois sur la polaire du point $AB \cap CM$ par rapport à $\Gamma$. Il résulte alors de la construction donnée dans la figure 5.1 que $BM$ est l'image de $AM$ dans l'homographie $\alpha$ (théorème 2.11). D'autre part il est clair que $\alpha = \alpha'$. ■

***Démonstration (du théorème réciproque).*** Soient $d$ une droite de $A^*$ et $d' = \alpha(d)$ son image par $\alpha$. Pour ne pas allonger la démonstration, nous admettrons provisoirement qu'il existe une unique conique $\Gamma$, tangente en $A$ à $OA$, tangente en $B$ à $OB$ et passant par le point $C = d \cap d'$ (voir la remarque 5.1 et la proposition 6.1). Il est alors aisé de vérifier que l'homographie $\alpha$ coïncide avec l'homographie définie dans le théorème direct à partir de la conique $\Gamma$ et des points $A$ et $B$. ■

***Remarque 5.1.*** Le théorème réciproque 5.2 peut se démontrer directement en identifiant $A^*$ et $B^*$ à leurs équations ; il suffit de vérifier que si $p$ et $q$ sont les équations de deux droites quelconques de $A^*$ et si $p'$ et $q'$ sont les équations de leurs images, alors l'expression $(pq' - p'q)$ est l'image d'une conique qui répond à la question. On peut alors démontrer directement que cinq points définissent génériquement une conique.

### 5.1.1 Cas particulier où la conique est dégénérée

Si la conique $\Gamma$ dégénère en deux droites $p$ et $q$, soient $A, B$ deux points de $p$. Dans ce cas, la droite $q$ est l'axe d'une projection de $A^*$ sur $B^*$. Réciproquement, une projection de $A^*$ sur $B^*$ d'axe $q$ définit la conique dégénérée formée par les droites $p = AB$ et $q$.

### 5.1.2 Autres formulations du théorème de Chasles-Steiner

Pour la résolution des problèmes, il est bon de connaître d'autres formulations de ce théorème.

**5.1.2.a.** Dans un plan projectif, soit $\alpha : d \to d$ une *bijection* ; pour tout couple de points distincts $A$ et $B$ non situés sur $d$, le point $AM \cap B\alpha(M)$ appartient à une conique passant par $A$ et $B$, si et seulement si $\alpha$ est une homographie (se reporter à l'exercice 7.11).

**5.1.2.b.** Pour que les points $A, B, C, D, E, F$ appartiennent à une même conique, il faut et il suffit que l'on ait l'égalité :

$$(AC, AD, AE, AF) = (BC, BD, BE, BF)\,.$$

**5.1.2.c.** Voir aussi l'exercice 7.11.

### 5.1.3 Tangentes à une conique définie par une homographie

- D'après le théorème 5.2, les droites $AO = \alpha^{-1}(BA)$ et $BO = \alpha(AB)$ (figure 5.2) sont respectivement les tangentes en $A$ et en $B$ à la conique définie par une homographie $\alpha : A^* \to B^*$, de centre $O$.
- Si $C$ est un point défini par $BC = \alpha(AC)$, la tangente en $C$ à la conique est la droite conjuguée de la droite $CO$ par rapport aux droites $CA$ et $CB$ ; c'est une simple question de polarité (voir l'exercice 7.4).

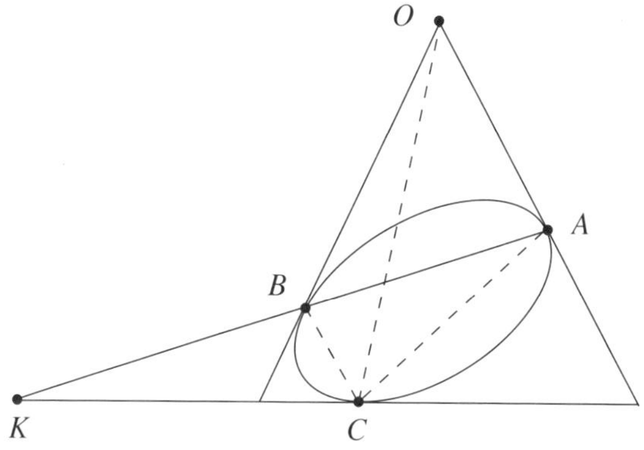


**Figure 5.2.**

### 5.1.4 Birapport de quatre points d'une conique propre

**Définition 5.1.** *On appelle* birapport *de quatre points distincts $M_1, M_2, M_3, M_4$ d'une conique propre $\Gamma$ le birapport des droites $P(M_1, M_2, M_3, M_4)$, où $P$ est un point quelconque de $\Gamma$ (figure 5.3a, page suivante).*

- Cette définition est cohérente puisque la formulation 5.1.2.b montre que le birapport $P(M_1, M_2, M_3, M_4)$ est indépendant du point $P$ choisi sur $\Gamma$.
- Ce birapport sera noté $(M_1, M_2, M_3, M_4)_\Gamma$ ou encore $(M_1, M_2, M_3, M_4)$ lorsqu'il n'y a pas de confusion possible.

***Remarque 5.2.*** Si le point $P$ coïncide avec un des points $M_i$, la droite $PM_i$ est la tangente à $\Gamma$ en $M_i$ (figure 5.3b, page suivante).

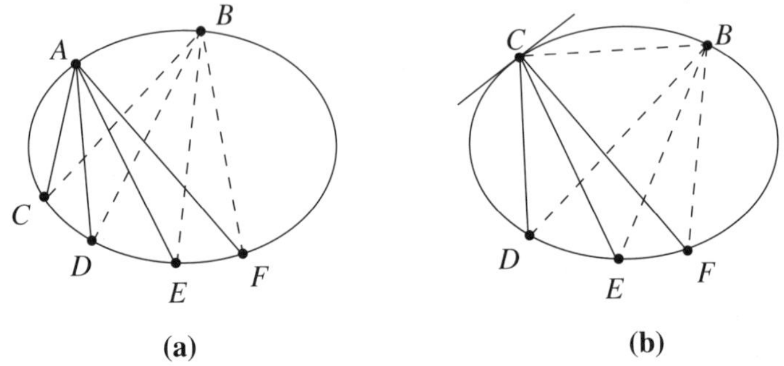


Figure 5.3.

### 5.1.5 Points conjugués harmoniques sur une conique

**Définition 5.2.** *Lorsque le birapport de quatre points distincts $A, B, C, D$ d'une conique est égal à $-1$, on dit que les points $A, B$ (resp. $C, D$) sont* conjugués *par rapport aux points $C, D$ (resp. $A, B$).*

Voici une caractérisation géométrique du rapport harmonique de quatre points d'une conique qui évite le calcul du birapport.

**Proposition 5.1.** *Soient $A, B, C, D$ quatre points distincts d'une conique propre. Les points $A, B$ sont conjugués par rapport aux points $C, D$ si et seulement si la droite $CD$ passe par le pôle de la droite $AB$.*

(Se reporter à l'exercice 7.6 pour la démonstration.)

## 5.2 HOMOGRAPHIE D'UNE CONIQUE SUR ELLE-MÊME

Nous allons maintenant montrer que, d'une certaine manière, une conique propre peut être considérée comme une droite projective.

**Définition 5.3.** *On appelle* homographie *d'une conique propre $\Gamma$ sur elle-même une* bijection *de $\Gamma \to \Gamma$ qui laisse invariant le birapport de quatre points quelconques de $\Gamma$.*

### 5.2.1 Projection d'une conique sur une droite

Soient $S$ un point d'une conique propre $\Gamma$ et $d$ une droite ne passant pas par $S$ (figure 5.4, page ci-contre). Soit $M$ un point de $\Gamma$ ; la droite $SM$ coupe $d$ en $M'$ (si $M$ est en $S$, la droite $SM$ est naturellement la tangente à $\Gamma$ en $S$). On obtient de cette manière une bijection $\pi : \Gamma \to d$. Il est clair que cette bijection laisse invariant le birapport de quatre points.

**Définition 5.4.** *On appelle* projection *de $\Gamma$ sur $d$ à partir d'un point $S$ la bijection définie ci-dessus. Nous dirons encore que cette projection est une* homographie *de $\Gamma$ sur $d$. On appelle encore* projection *de $d$ sur $\Gamma$ à partir de $S$ la bijection $\pi^{-1} : d \to \Gamma$.*

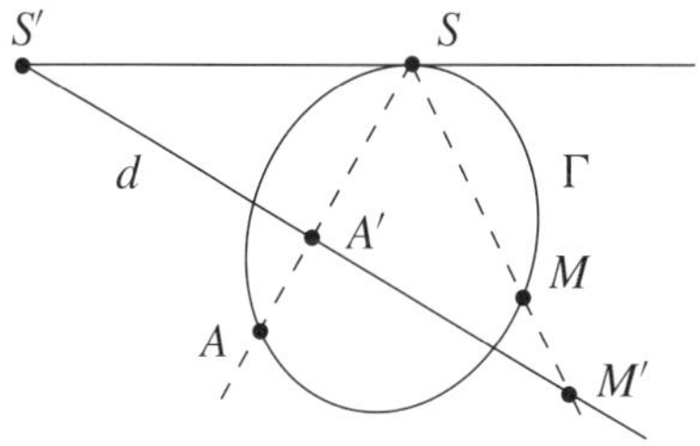


**Figure 5.4.** Projection d'une conique sur une droite.

Il est clair qu'une projection laisse invariant le birapport.

Considérons maintenant une homographie $\alpha$ de $\Gamma$. L'application $\pi \circ \alpha \circ \pi^{-1}$ définit une homographie de $d$. Réciproquement, si $\alpha'$ est une homographie de $d$, la bijection $\pi^{-1} \circ \alpha' \circ \pi$ est une homographie de $\Gamma$. Il est immédiat que l'application $\alpha \mapsto \pi \circ \alpha \circ \pi^{-1}$ définit un isomorphisme du groupe $G(\Gamma)$ sur le groupe $G(d)$ des homographies de $d$. On a ainsi la proposition suivante.

**Proposition 5.2.** *Soient $S$ un point d'une conique propre $\Gamma$ et $d$ une droite ne contenant pas $S$. La bijection $\alpha \mapsto \pi \circ \alpha \circ \pi^{-1}$, où $\pi$ est la projection de $\Gamma$ sur $d$ à partir de $S$, définit un isomorphisme entre le groupe des homographies de $\Gamma$ et le groupe des homographies de $d$.*

***Remarques 5.3.***

- On définit de manière analogue la projection de $\Gamma$ sur le faisceau $S^*$, le point $S$ étant choisi sur $\Gamma$. Cela permet, comme ci-dessus, de définir un isomorphisme entre $G(\Gamma)$ et le groupe $G(S^*)$ des homographies de $S^*$.
- La proposition ci-dessus permet d'appliquer aux homographies de $\Gamma$ les résultats généraux du chapitre 3 relatifs aux homographies d'une droite. En particulier, il a été établi qu'une homographie d'une droite sur elle-même peut se décomposer en produit de deux involutions ; nous avons donc immédiatement la proposition suivante.

**Proposition 5.3.** *Toute homographie d'une conique propre sur elle-même peut se décomposer en produit de deux involutions.*

(Une involution d'une conique $\Gamma$ est naturellement définie comme une homographie de $\Gamma$ différente de l'identité et dont le carré est l'identité.)

### 5.2.2 Homographies d'une conique et homographies planes

**Théorème 5.3.** *Soit $\Gamma$ une conique propre du plan projectif. Toute homographie plane qui laisse invariante la conique $\Gamma$ définit par restriction une homographie de $\Gamma$. Réciproquement, toute homographie de $\Gamma$ se prolonge de manière unique en une homographie plane laissant $\Gamma$ invariante.*

***Démonstration.*** Soit $\alpha$ une homographie du plan projectif $\mathbb{P}$ laissant $\Gamma$ invariante. Montrons que la restriction $\alpha_{|\Gamma}$ de $\alpha$ à $\Gamma$ est une homographie de $\Gamma$ en vérifiant que $\alpha_{|\Gamma}$ conserve le birapport. Soient $A$ et $M_1, M_2, M_3, M_4$ des points de $\Gamma$, $A'$ et $M'_1, M'_2, M'_3, M'_4$ leurs images par $\alpha_{|\Gamma}$. L'homographie $\alpha$ conserve le birapport de quatre droites concourantes ; on a donc

$$A(M_1, M_2, M_3, M_4) = A'(M'_1, M'_2, M'_3, M'_4),$$

relation qui montre, en vertu de la remarque 5.1.2.b, la conservation du birapport par l'application $\alpha_{|\Gamma}$.

Compte tenu de la proposition 5.3, il nous suffira de montrer la réciproque dans le cas d'une involution de $\Gamma$. Soit donc $\alpha$ une involution de $\Gamma$, transformant les points $A$ et $B$ en les points $A'$ et $B'$. Posons $S = AA' \cap BB'$ et soit $s$ la polaire de $S$ par rapport à $\Gamma$ (figure 5.5). Considérons alors l'involution $\sigma : \mathbb{P} \to \mathbb{P}$, de centre $S$ et d'axe $s$. Il est facile de vérifier :

– que $\sigma$ laisse $\Gamma$ invariante, pour des raisons liées à la polarité ;
– que sa restriction à $\Gamma$ est une involution qui échange les points $A, A'$ et $B, B'$.

Comme les involutions $\alpha$ et $\sigma_{|\Gamma}$ coïncident sur deux couples de points distincts, on en déduit qu'elles sont égales. ■

En particularisant la démonstration précédente, nous obtenons le résultat suivant.

**Théorème 5.4 (Théorème de Frégier).** *Une homographie $\sigma$ d'une conique propre $\Gamma$ est une involution si et seulement si la droite $M\sigma(M)$ passe par un point fixe quel que soit le point $M$ de $\Gamma$ (figure 5.5).*

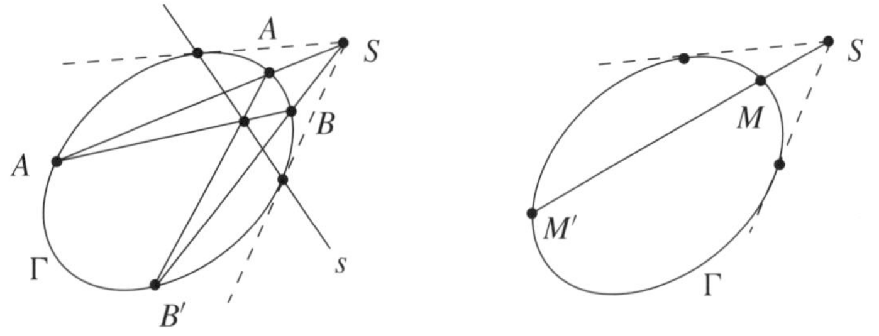


**Figure 5.5.** Le théorème de Frégier.

## 5.3 DÉCOMPOSITION D'UNE HOMOGRAPHIE. AXE D'HOMOGRAPHIE

**Théorème 5.5 (Théorème et définition).** *Soit $\alpha : \Gamma \to \Gamma$ une homographie d'une conique propre, distincte de l'identité. Si $M, N$ sont deux points distincts de la conique et si $M', N'$ sont leurs images par l'homographie, le point $MN' \cap M'N$ appartient à une droite fixe $\Delta$ qui ne dépend que de $\alpha$. Cette droite s'appelle l'*axe *de l'homographie $\alpha$.*

***Démonstration.*** Soit $A$ un point de $\Gamma$ distinct de son image $A'$ par l'homographie. Comme la correspondance $A'M \mapsto AM'$ de $A'^*$ sur $A^*$ laisse invariant le birapport, c'est une homographie. Dans cette homographie $A'A$ a pour image $AA'$, et ainsi, d'après la proposition 2.5, le lieu du point $AM' \cap A'M$ est une droite $d_A$.

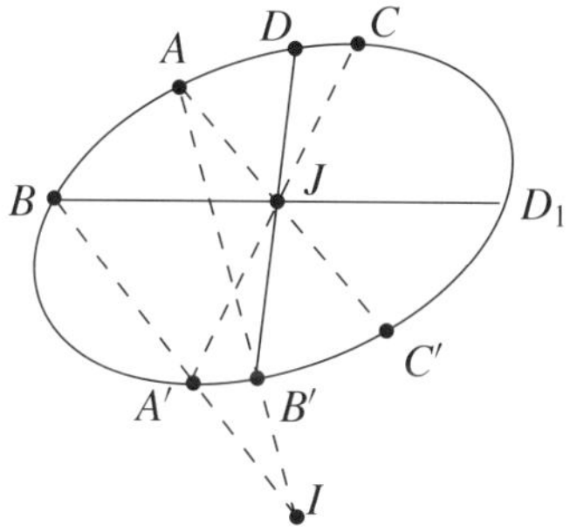


**Figure 5.6.**

En prenant un point $B$ différent de $A$, on voit de manière analogue que le lieu des points $B'M \cap BM'$ est une droite $d_B$. Nous allons montrer que $d_A = d_B$ en exhibant deux points communs :

- Il est clair que le point $I = AB' \cap BA'$ appartient à $d_A$ (figure 5.6).
- Considérons le point $J = AC' \cap A'C$, où $C$ est un point de $\Gamma$ distinct de $A$ et de $B$. Il est clair que $J$ appartient à $d_A$. Montrons que $J$ appartient à $d_B$. Soient $D$ l'image de $B'$ et $D_1$ l'image de $B$ dans l'involution de $\Gamma$ de centre de $J$. Montrons que $D_1 = \alpha(D) = D'$. En effet, $\alpha$ et l'involution conservent le birapport, ce qui nous donne les égalités $(A, B, C, D) = (A', B', C', D_1)$ et $(A, B, C, D) = (C', D_1, A', B') = (A', B', C', D_1)$. On a donc $(A', B', C', D') = (A', B', C', D_1)$, relation qui implique que $D' = D_1$ d'après la proposition 1.5.2.a. ■

***Remarque 5.4.*** Dans un plan projectif complexe, ce théorème peut se démontrer autrement. En appliquant la proposition 5.2, on sait que l'homographie $\alpha$ a deux points fixes $P, Q$. Soient alors $M, N$ des points de $\Gamma$ et leurs images $M', N'$. On a $(P, Q, M, N) = (P, Q, M', N')$ ou encore $(N'P, N'Q, N'M, N'N) = (NP, NQ, NM', NN')$. En posant $NN' \cap pq = K$, $N'M \cap pq = L$ et $M'N \cap pq = L'$, on trouve l'égalité $(P, Q, L, K)_{(PQ)} = (P, Q, L', K)_{(PQ)}$, d'où $L = L'$ : le point $N'M \cap NM'$ appartient à la droite $PQ$.

**Proposition 5.4.** *Avec les hypothèses et les notations précédentes :*

- *Toute décomposition de $\alpha$ en produit de deux involutions est de la forme $\alpha = \tau \circ \sigma$ où les centres $S, T$ des involutions $\sigma, \tau$ appartiennent à l'axe d'homographie de $\alpha$. En outre, l'un des points $S$ ou $T$ peut être choisi arbitrairement sur l'axe de l'homographie.*
- *L'axe d'homographie est globalement invariant par $\tilde{\alpha}$ (théorème 5.3) et son pôle $O$ est un point fixe de $\tilde{\alpha}$.*
- *Les points fixes de $\alpha$ sont les points d'intersection de $\Gamma$ avec l'axe d'homographie de $\alpha$.*

***Démonstration.*** Soit $\alpha = \tau \circ \sigma$ une décomposition de $\alpha$ en un produit d'involutions de $\Gamma$ de centres $S$ et $T$. On a donc $\tau = \alpha \circ \sigma$. Si $A_0 \in \Gamma$, on peut écrire

$$\tau \begin{cases} A_0 \overset{\sigma}{\longmapsto} A \overset{\alpha}{\longmapsto} A', \\ A' \overset{\sigma}{\longmapsto} A_1 \overset{\alpha}{\longmapsto} A'_1 \end{cases}$$

puisque $\tau$ échange $A_0$ en $A'$. Il en résulte $A'_1 = A_0$. Comme $A' = \alpha(A)$ et $A_0 = \alpha(A_1)$, le point $A'A_1 \cap AA_0$ est sur l'axe d'homographie $\Delta$. Mais d'après le théorème de Frégier, le point $S = AA_1 \cap A'A_0 =$ appartient à $\Delta$.

On montre de même, en écrivant $\sigma = \tau \circ \alpha$, que $T$ appartient à l'axe.

Le point $S$ peut être choisi arbitrairement. En effet, soient $S$ un point de l'axe $\Delta$ et $A$ un point $\Gamma$ différent de son image $A'$. D'après la définition de l'axe $\Delta$, la droite $SA'$ recoupe $\Gamma$ en $B$ et $SA$ recoupe $\Gamma$ en $B' = \alpha(B)$. On a alors :

$$\alpha \circ \sigma(A') = \alpha(B) = B', \quad \alpha \circ \sigma(B') = \alpha(A) = A'.$$

Il suffit de se rappeler qu'une homographie qui échange deux points est une involution (proposition 3.2).

L'involution $\tau = \alpha \circ \sigma$ est donc l'involution qui échange $A'$ et $B'$ et dont le centre $T$ appartient à l'axe $\Delta$. Le point $S$ étant donné, la construction de $T$ est immédiate.

Les autres énoncés découlent directement de la décomposition de $\alpha$ en un produit d'involutions. ■

**Corollaire 5.1.** *Une homographie d'une conique propre $\Gamma$ est déterminée par la donnée de son axe d'homographie, d'un point $A$ et de son image $A' \neq A$.*

Pour déterminer l'image d'un point $M$ quelconque de $\Gamma$, on adopte la construction suivante : on trace la droite $MA'$ qui coupe l'axe $d$ en $L$ ; la droite $LA$ recoupe $\Gamma$ en $M'$ (cela résulte immédiatement de la définition de l'axe).

### ➤ Détermination des points fixes d'une homographie d'une droite d'un plan projectif

Soit $\alpha$ une homographie d'une droite $d$ dont on veut construire les points fixes. Traçons une conique $\Gamma$ (en général un cercle) et choisissons un point $S$ de $\Gamma$, non situé sur $d$. La projection $\pi$ de $d$ sur $\Gamma$ induit sur $\Gamma$ une homographie $\alpha' = \pi \circ \alpha \circ \pi^{-1}$ (prop. 5.2) ; on construit l'axe de l'homographie $\alpha'$ dont l'intersection avec $\Gamma$ donne les points fixes de $\alpha'$ qui, par projection sur $d$, donnent les points fixes de $\alpha$.

***Remarque 5.5.*** Soit $\alpha$ une homographie d'une conique $\Gamma$. Alors, $\alpha$ et $\alpha^{-1}$ ont même axe d'homographie. Écrivons $\alpha = \tau \circ \sigma$, où $\sigma, \tau$ sont des involutions de centre $S, T$ appartenant à l'axe de $\alpha$. Il en résulte aussitôt $\alpha^{-1} = \sigma \circ \tau$, ce qui montre que l'axe de $\alpha^{-1}$ est la droite $ST$.

**Théorème 5.6 (Le théorème de Pascal).** *Les côtés opposés d'un hexagone inscrit dans une conique propre se coupent en trois points alignés et réciproquement (figure 5.7, page ci-contre).*

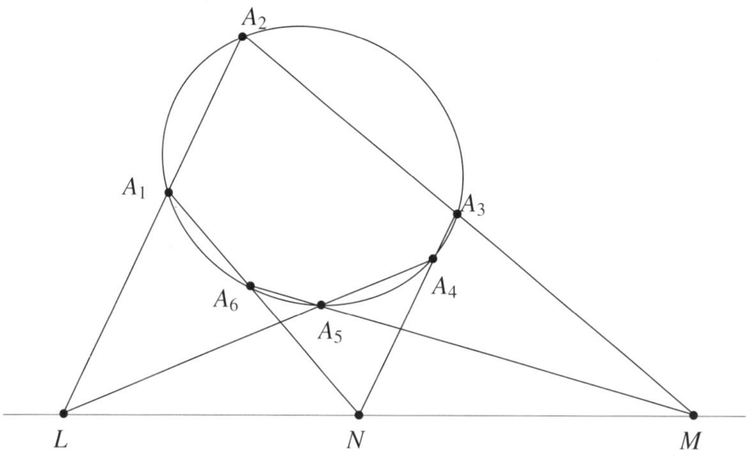


**Figure 5.7.** L'hexagramme mystique de Pascal [1].

***Remarques 5.6.***

- Dans l'énoncé du théorème de Pascal, deux points consécutifs peuvent être confondus ; le côté correspondant est alors la tangente en ce point.
- Un hexagone est la donnée de six points ordonnés.

***Démonstration.*** Si $A_1, \ldots, A_6$ est un hexagone inscrit, et si l'on convient d'utiliser les indices modulo 6, les droites $A_i, A_{i+1}$ sont les côtés $c_i$ et deux côtés opposés sont les côtés $c_i$ et $c_i + 3$. Posons $L = A_1A_2 \cap A_4A_5$, $M = A_2A_3 \cap A_5A_6$ et $N = A_3A_4 \cap A_6A_1$.

Il s'agit de montrer que $L, M, N$ sont alignés. Pour cela, considérons l'unique homographie $\alpha$ de $\Gamma$ qui transforme les points $A_1, A_3, A_5$ en les points $A_4, A_6, A_2$. D'après le théorème 5.5, les points $L, M, N$ appartiennent à l'axe d'homographie de $\alpha$.

Réciproquement, considérons six points $A_1, \ldots, A_6$ non alignés trois à trois et tels que les points $L = A_1A_2 \cap A_4A_5$, $M = A_2A_3 \cap A_5A_6$ et $N = A_3A_4 \cap A_6A_1$ soient alignés. Nous savons qu'il existe une unique conique $\Gamma$ qui contient les points $A_1, \ldots, A_5$. Soit $X$ le deuxième point d'intersection de la droite $A_1A_6$ avec cette conique et considérons l'hexagone inscrit $A_1A_2A_3A_4A_5X$. D'après la partie directe du théorème, les points $L = A_1A_2 \cap A_4A_5$, $M' = A_2A_3 \cap A_5X$ et $N' = A_3A_4 \cap XA_1$ sont alignés. Le point $M'$ coïncide avec le point $M$ et la droite $A_5X$ avec la droite $A_5A_6$. Comme les droites $A_1X$ et $A_1A_6$ sont égales par construction de $X$, on a $X = A_6$. ∎

1. Dans son traité des coniques achevé en 1648, Pascal appelait cette figure « hexagramme mystique ». Ce traité est perdu et nous ne le connaissons que par l'analyse qu'en a fait Leibniz dans une lettre à Périer. À propos de ce théorème, celui-ci écrit que Pascal « par le moyen des projections a fait voir que tout hexagramme mystique convient à une conique, et que toute section conique donne un hexagramme mystique ». Mais la grande originalité de Pascal, son coup de génie comme le souligne Joseph Bertrand, a été de prendre « cette propriété universelle, que ses contemporains dénommaient déjà la Pascale, comme axiome d'où il tire quatre cents corollaires ».

***Autres démonstrations du théorème de Pascal.***

- On peut démontrer le théorème de Pascal à partir du deuxième théorème de Desargues (voir à ce sujet l'exercice 6.13).
- On peut démontrer l'énoncé équivalent : « Le produit de trois involutions d'une conique $\Gamma$ est une involution si et seulement si les centres de ces involutions sont alignés. » (exercice 7.8)
- Le théorème de Pascal est encore une conséquence immédiate de l'exercice 7.14. ■

## 5.4 CONIQUES AFFINES

La classification des formes quadratiques montre qu'il n'y a qu'un seul type de conique propre dans un plan projectif (réel ou complexe). La trace d'une conique sur une carte affine s'appelle une *conique affine*. Une conique affine est une *ellipse*, une *parabole* ou une *hyperbole* selon qu'elle coupe la droite de l'infini en zéro, un ou deux points. On trouvera en appendice les définitions relatives à ces coniques (centre, diamètre, diamètres conjugués, etc.).

D'après le paragraphe 4.7, un cercle est une conique qui passe par les points cycliques du complexifié. Le théorème de Chasles-Steiner offre une nouvelle définition qui permet de rester dans le champ réel : « Un cercle est une conique à centre pour laquelle l'involution définie par la conjugaison sur la droite de l'infini est l'involution canonique ».

### 5.4.1 Arc capable

À l'aide des définition précédentes et du théorème de Chasles-Steiner, on obtient les propositions suivantes, connues sous le nom de « théorème de l'arc capable ».

**Proposition 5.5.** *Un cercle passant par les points $A$ et $B$ est le lieu des points $M$ tels que l'angle des droites $AM$ et $BM$ est constant. (Voir exercice 7.23.)*

**Proposition 5.6.** *Quatre points $A, B, C, D$ sont cocycliques si et seulement si on a l'égalité angulaire :*

$$(AC, AD) = (BC, BD)$$

### 5.4.2 Les rotations

Appliqué au cercle, la proposition 5.4 nous apprend que les transformations affines qui laissent invariant un cercle de centre $O$ sont les symétries orthogonales ou le produit de deux symétries dont les axes se coupent en $O$.

Les transformations qui sont le produit de deux symétries sont les *rotations* ; d'après la proposition 5.4, une rotation se décompose en produit de deux symétries d'une infinité de manières, l'une des symétries étant choisie arbitrairement.

### 5.4.3 La géométrie de Lobatchevsky

Beltrami et Klein ont les premiers montré que l'ensemble des points intérieurs à un disque pouvait donner un modèle de la géométrie non euclidienne, géométrie que Lobatchevsky n'avait pas réussi à imposer : belle illustration de cette remarque de René Thom disant que faute de pouvoir se représenter des idées abstraites, l'homme sombre dans l'indifférence ou dans la magie.

Le groupe des homographies du plan qui laissent invariante une conique propre est isomorphe au groupe fondamental de la *géométrie hyperbolique*.

Indiquons brièvement comment on peut démontrer ce théorème à l'aide du modèle de Beltrami et Klein. Après avoir montré que toute homographie du plan qui laisse invariant un cercle laisse aussi invariant le disque des points intérieur, on définit une distance dans ce disque en posant

$$d(A, B) = \left|\log(A, B, U, V)\right|$$

si $U$ et $V$ sont les intersections de la droite $AB$ avec le cercle $\Gamma$. (Le point délicat est l'inégalité triangulaire.) On démontre alors que le groupe des isométries du disque pour la distance $d$ est le groupe des homographies qui laissent invariant le cercle $\Gamma$ (pour plus de détails, voir [K] et [Y] ; voir aussi l'exercice 5.24).

## 5.5 CONIQUES TANGENTIELLES

Soit $\mathcal{D}$ un ensemble de droites du plan projectif $\mathbb{P}(E)$ que l'on identifie à un sous-ensemble $\mathcal{D}^*$ du plan dual $\mathbb{P}(E^*)$.

**Définition 5.5.** *On dit que les droites de* $\mathcal{D}$ enveloppent *la conique* $\Gamma$ *ou que* $\Gamma$ *est leur* enveloppe *si* $\mathcal{D}$ *est l'ensemble des tangentes à* $\Gamma$. *Dans ce cas, on écrit* $\mathcal{D} = \Gamma^*$.

**Théorème 5.7.** *Un ensemble* $\mathcal{D}$ *de droites de* $\mathbb{P}(E)$ *enveloppe une conique* $\Gamma$ *de* $\mathbb{P}(E)$ *si et seulement si son image* $\mathcal{D}^*$ *est une conique de* $\mathbb{P}(E^*)$.

***Démonstration.*** Soit $\Gamma$ une conique de $\mathbb{P}(E)$ définie par la forme quadratique

$$\Gamma(X, Y, Z) = (X, Y, Z)Q\begin{pmatrix} X \\ Y \\ Z \end{pmatrix},$$

où $Q$ est une matrice symétrique.

Une droite $d$ d'équation $UX + VY + WZ = 0$ est tangente à $\Gamma$ si et seulement si $d$ est la polaire d'un point $P_0 = (X_0 Y_0 Z_0)$ de $\Gamma$, c'est-à-dire si et seulement si on a :

$$\begin{pmatrix} U \\ V \\ W \end{pmatrix} = Q\begin{pmatrix} X_0 \\ Y_0 \\ Z_0 \end{pmatrix}, \quad (X_0 Y_0 Z_0)Q\begin{pmatrix} X_0 \\ Y_0 \\ Z_0 \end{pmatrix} = 0\,.$$

On en tire $(UVW)^t(Q^{-1})\,QQ^{-1\,t}(U,V,W) = 0$, ce qui s'écrit encore :

$$(U,V,W)\,Q^{-1}\begin{pmatrix} U \\ V \\ W \end{pmatrix} = 0\,.$$

C'est l'équation d'une conique dans $\mathbb{P}(E^*)$.

Réciproquement, si l'on se donne dans $\mathbb{P}(E^*)$ une conique d'équation

$$(U,V,W)\,Q^{-1}\begin{pmatrix} U \\ V \\ W \end{pmatrix} = 0$$

où $Q$ est symétrique, on vérifie immédiatement que la droite $UX + VX + WZ = 0$ est tangente à la conique de $\mathbb{P}(E)$ d'équation

$$(X,Y,Z)Q\begin{pmatrix} X \\ Y \\ Z \end{pmatrix} = 0$$

au point $(X_0, Y_0, Z_0)$ défini par $\begin{pmatrix} X_0 \\ Y_0 \\ Z_0 \end{pmatrix} = Q^{-1}\begin{pmatrix} U \\ V \\ W \end{pmatrix}$. ■

**Corollaire 5.2.** *Une dualité du plan transforme les points d'une conique $\Gamma$ en des droites enveloppant une conique $\Gamma'$. Elle transforme les tangentes à une conique $\Gamma'$ en les points d'une conique $\Gamma$.*

### 5.5.1 Transformation par polaire réciproque

Soit $\Gamma$ une conique du plan projectif $\mathbb{P}$. Si à chaque point de $\mathbb{P}$ (respectivement à chaque droite de $\mathbb{P}$) on associe sa polaire par rapport à $\Gamma$ (respectivement son pôle), on définit une corrélation appelée *transformation par polaire réciproque* de conique directrice $\Gamma$ (voir l'exercice 7.37).

### 5.5.2 Homographies et coniques tangentielles

Nous allons appliquer aux énoncés précédents les principes de dualité présentés au chapitre 1. Nous traduirons ici les principaux résultats en nous plaçant dans $\mathbb{P}(E)$.

**Théorème 5.8 (Théorème fondamental ; dual du théorème de Steiner).** *Soient $a, b$ deux tangentes à une conique propre $\Gamma$. La polaire $p$ du point $a \cap b$ coupe les tangentes $a, b$ en les points $A, B$. Une tangente variable, distincte de $a$ et de $b$, coupe $a, b$ en $M, M'$. Dans ces conditions, la bijection de $a$ sur $b$ définie par : $A \mapsto a \cap b$, $a \cap b \mapsto B$ et $M \mapsto M'$ est une homographie d'axe $p$.*

*Réciproquement, soit $\alpha : a \to b$ une homographie entre droits projectives. L'axe $p$ de cette homographie qui coupe $a, b$ en $A, B$. Alors, pour tout point $M$ de $a$, la droite $M\alpha(M)$ enveloppe une conique $\Gamma$ tangente en $A, B$ à $a, b$.*

*a) Cas de dégénérescence*

La conique ci-dessus dégénère si et seulement si $\alpha$ est une projection de $a$ sur $b$ à partir d'un point $P$. Dans ce cas, la conique est constituée par la réunion des faisceaux de droites $P^*$ et $Q^*$ où $Q = a \cap b$.

### 5.5.3 Tangentes à la conique

D'après le théorème précédent, la conique $\Gamma$ est tangente en $A = \alpha^{-1}(a \cap b)$ à la droite $a$ et en $B = \alpha(a \cap b)$ à la droite $b$. Si la droite $C\alpha(C)$ est une autre tangente à $\Gamma$, le point de contact $T$ (figure 5.8) est le conjugué harmonique du point $CC' \cap p$ par rapport aux points $C$ et $C'$ ($p$ étant l'axe de l'homographie).

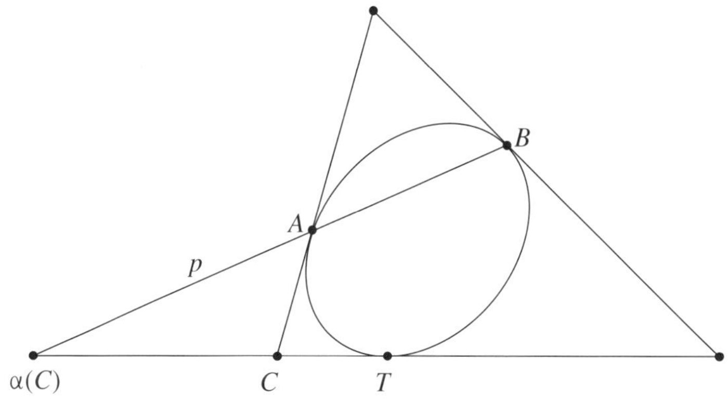


**Figure 5.8.**

### 5.5.4 Birapport de quatre tangentes à une conique

**Proposition 5.7.** *Si $a$, $b$, $c$, $d$ sont quatre tangentes à une conique $\Gamma$, pour toute tangente $t$ à $\Gamma$, le birapport des quatre points $(a \cap t,\ b \cap t,\ c \cap t,\ d \cap t)$ est constant.*

**Définition 5.6.** *Ce nombre s'appelle le* birapport *des quatre tangentes $a, b, c, d$ et se note $(a, b, c, d)$.*

### 5.5.5 Homographie entre les tangentes à une même conique propre

**Définition 5.7.** *Soit $\Gamma^*$ l'ensemble des tangentes à une même conique propre $\Gamma$. Nous dirons qu'une bijection $\alpha : \Gamma^* \to \Gamma^*$ est une* homographie *si elle conserve le birapport de quatre tangentes.*

**Théorème 5.9 (dual du théorème de Frégier).** *Une bijection entre les tangentes à une même conique $\Gamma$ est une involution si et seulement si toute tangente à $\Gamma$ coupe son image sur une droite fixe $s$.*

La droite $s$ est l'axe de l'involution ; les tangentes doubles sont les tangentes à $\Gamma$ issues du pôle $S$ de $s$ par rapport à $\Gamma$.

**Théorème 5.10 (dual du théorème 5.7).** *Soit $\alpha$ une homographie, distincte de l'identité, définie entre les tangentes à une même conique propre $\Gamma$.*

- *Si $m, n$ sont deux tangentes à $\Gamma$ et $m', n'$ leurs images par l'homographie, alors la droite $(m \cap n', m' \cap n)$ passe par un point fixe $A$ appelé* centre *de l'homographie.*
- *Toute décomposition de $\alpha$ en produit de deux involutions est de la forme $\alpha = \tau \circ \sigma$ où les axes $t$ et $s$ des involutions $\tau$ et $\sigma$ se coupent au centre d'homographie. En outre, l'une des droites $s$ ou $t$ peut être choisie arbitrairement.*

**Théorème 5.11 (Théorème de Brianchon ; dual du théorème de Pascal).** *Les diagonales qui joignent les sommets opposés d'un hexagone sont trois droites concourantes si et seulement si l'hexagone est circonscrit à une conique $\Gamma$ (figure 5.9).*

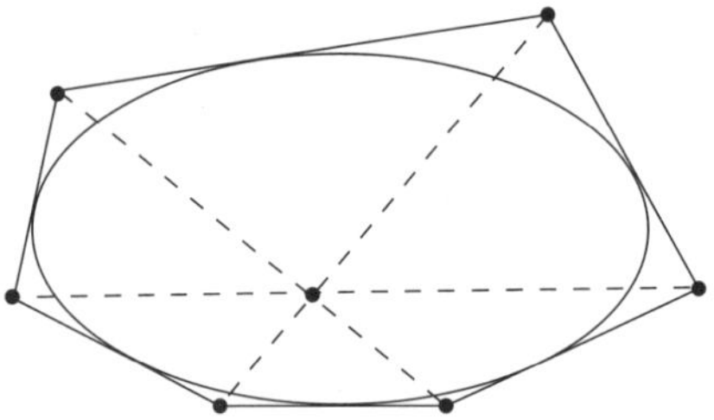

**Figure 5.9.** Le théorème de Brianchon.

## 5.6 EXERCICES

**5.1** On donne deux points fixes $A, B$ et une droite $d$. Soient $J$ un point de $d$ et $\sigma$ la symétrie de centre $J$. Déterminer le lieu du point $AM \cap BM'$ où $M'$ est le symétrique de $M$ sur $d$.

**5.2** Soient un cercle $\Omega$, deux points $A$ et $B$ de ce cercle. Une droite variable passant par le pôle $T$ de $AB$ coupe $\Omega$ en $P$ et en $Q$. Déterminer $P$ pour que les droites $AP$ et $BQ$ soient parallèles.

**5.3** Soient $a, b$ deux droites, $I$ un point appartenant à $b$ et $F$ le milieu d'un segment $IJ$ où $J$ appartient à $a$. À tout point $M$ de $a$, on associe le point $M'$ de $b$, symétrique de $FM \cap b$ par rapport à $I$. Étudier l'enveloppe de la droite $MM'$.

**5.4** Soient $ABC$ un triangle rectangle en $A$ et $H$ le pied de la hauteur issue de $A$. Les côtés d'un angle droit de sommet $H$ coupent $AB, AC$ en $P, Q$. Déterminer l'enveloppe de la droite $PQ$ quand l'angle droit tourne autour de $H$.

**5.5** On se donne une droite $d$ et deux points $B$ et $C$ non situés sur $d$.

On demande quel est le lieu de l'orthocentre du triangle $ABC$ quand le point $A$ se déplace sur la droite $d$.

**5.6** Deux droites $p, q$ se coupent en $O$. Une droite $d$ passant par un point fixe $A$ coupe $p, q$ en $P, Q$. Déterminer le lieu du milieu du segment $PQ$.

**5.7** On donne une conique $\Gamma$, un point $A$ et une droite $d$ ne passant pas par $A$. Une droite $p$ passant par $A$ coupe $\Gamma$ en $M, M'$ et $d$ en $P$. Déterminer le lieu des points $Q$ qui appartiennent à $p$ et qui vérifient $(P, Q, M, M') = -1$.

**5.8** Soit un cercle $\Omega$, deux points $A$ et $B$ de ce cercle et le pôle $T$ de $AB$ par rapport à $\Omega$. Une droite variable issue de $T$ coupe $\Omega$ en $P$ et $Q$.

Déterminer le lieu du point $AP \cap BQ$ (*Cf.* 5.2).

**5.9** Les droites $MA, MB$ qui joignent un point variable $M$ d'une hyperbole $\mathcal{H}$ à deux points fixes $A, B$ de cette courbe rencontrent une asymptote de $\mathcal{H}$ en deux points $P, Q$. Montrer que la longueur du segment $PQ$ est constante.

**5.10** Soient $A, B, C, D$ les extrémités de deux diamètres orthogonaux d'un cercle $\Gamma$ et $a, b, c, d$ les tangentes à $\Gamma$ en ces points. Une tangente quelconque à $\Gamma$ coupe ces tangentes en $P, Q, R, S$. Montrer que $P, Q$ sont conjugués harmoniques par rapport à $R, S$.

**5.11** Deux tangentes à une parabole sont coupées par une tangente variable en $M, M'$. Déterminer le lieu des points $P$ tels que $\overline{PM} = k\overline{PM'}$.

**5.12** Montrer que les tangentes issues des foyers d'une hyperbole équilatère forment une division harmonique.

**5.13** Une sécante variable passant par un point fixe $A$ coupe une parabole $\Gamma$ en $M, P$. Soient $A', M', P'$ les projections orthogonales de $A, M, P$ sur la tangente au sommet de la parabole. Montrer que le produit $\overline{A'M'} \cdot \overline{A'P'}$ reste constant.

**5.14** Par le point $A$ d'une conique $\Gamma$, on mène deux droites symétriques par rapport à une droite fixe $d$ passant par $A$. Les droites recoupent la conique en $M, M'$. Montrer que la droite $MM'$ passe par un point fixe.

**5.15** Soit $A$ un point fixe situé sur une conique $\Gamma$. Deux droites rectangulaires passant par $A$ coupent la conique en $M, M'$. Montrer que la droite $MM'$ passe par un point fixe situé sur la normale en $A$ à $\Gamma$. Si $\Gamma$ est une parabole, quel est le lieu de ce point fixe ?

**5.16** Deux droites $a, b$ se coupent en $D$. Un point $A$ de $a$ et un point $B$ de $b$ se projettent orthogonalement en $B'$ sur $b$ et en $A'$ sur $a$. Étudier la similitude indirecte $\varphi$ qui transforme $A$ en $B'$ et $B$ en $A'$. Déterminer l'enveloppe de la droite $M\varphi(M)$ lorsque $M$ varie sur la droite $AB$.

**5.17** Les sommets de deux triangles circonscrits à une même conique $\Gamma$ appartiennent à une même conique $\Gamma'$. Dualiser.

**5.18** Soit $\Gamma$ une conique. Inscrire dans cette conique un triangle homothétique à un triangle donné.

**5.19** On donne trois points $A, B, C$ d'une droite $d$ et deux points $I, J$ non situés sur $d$. Montrer que les points $P = IA \cap JB$, $P' = IA \cap JC$, $Q = IB \cap JA$, $Q' = IB \cap JC$, $R = IC \cap JA$ et $R' = IC \cap JB$ appartiennent à une même conique.

**5.20** Montrer que le produit de deux involutions hyperboliques ayant un point fixe commun est parabolique.

**5.21** Si $ABC$ et $A'B'C'$ sont deux triangles homologiques, chaque côté de l'un coupe les côtés non homologues de l'autre en des points qui sont sur une même conique.

**5.22** Soient $\sigma$ une involution elliptique d'une droite projective et $\alpha$ une homographie telle que $\alpha \circ \sigma$ est une involution. Montrer que $\alpha$ possède nécessairement deux points fixes réels échangés par $\sigma$.

**5.23 Généralisation du deuxième théorème de Desargues**

Soit $ABCD$ un quadrangle inscrit dans une conique $\Gamma$. Toute droite $d$ qui ne passe pas par les sommets du quadrangle coupe la conique $\Gamma$ en des points qui sont homologues dans l'involution de $d$ définie par le quadrangle $ABCD$. En déduire le critère suivant : « Pour que les six points $A, B, C, D, E, F$ appartiennent à une même conique, il faut et il suffit que l'involution déterminée sur la droite $EF$ par le quadrangle $ABCD$ échange les points $E$ et $F$. »

**5.24** Dans un disque de Beltrami-Klein, une « droite » est l'intersection d'une droite du plan avec le disque (de frontière le cercle $\Gamma$). Définir dans ce cadre les notions de « symétrie par rapport à une droite », de « symétrie par rapport à un point », de « bissectrices de deux droites », d'« orthogonalité » et de « médiatrice d'un segment ». Montrer que dans un triangle de ce disque, les bissectrices et les hauteurs sont des concourantes.

Chapitre 6

# Faisceaux de coniques dans un plan projectif complexe

## Troisième théorème de Desargues

Dans la résolution des problèmes il est souvent efficace de considérer les figures de façon dynamique. Les chapitres précédents nous on montré comment les homographies pouvaient jouer ce rôle. Une autre manière de dynamiser une configuration consiste à la plonger dans un ensemble plus vaste muni de propriétés spécifiques. Pour les coniques, la notion de faisceau permet un tel plongement.

## 6.1 LES FAISCEAUX DE CONIQUES ET LEUR CLASSIFICATION

Soient $\Gamma_1$ et $\Gamma_2$ deux coniques distinctes d'équations[(1)] $\Gamma_1$ et $\Gamma_2$. L'ensemble des coniques d'équations

$$\lambda\Gamma_1 + \mu\Gamma_2,$$

où $\lambda$ et $\mu$ sont deux nombres complexes tous deux non nuls, est appelé un *faisceau de coniques de base* $\Gamma_1$ et $\Gamma_2$. On dit encore que les coniques $\Gamma_1$ et $\Gamma_2$ *engendrent* le faisceau qu'on notera $\mathcal{F}(\Gamma_1, \Gamma_2)$ ou encore $\mathcal{F}$. Les points communs à toutes les coniques de $\mathcal{F}$ s'appellent la *base* de $\mathcal{F}$.

***Remarque 6.1.*** Un point de vue moins naïf consiste à se représenter un faisceau de coniques dans $\mathbb{P}_\mathbb{C}$ comme une droite du plan projectif construit sur l'espace des formes quadratiques définies sur $\mathbb{C}^3$ [B, IV, 14.2].

1. Lorsqu'aucune confusion n'est possible, nous désignons par le même symbole une forme quadratique et la conique qu'elle définit dans un repère donné.

Les propositions suivantes sont des conséquences immédiates des définitions.

**Proposition 6.1.** *Si $\Gamma_1$ et $\Gamma_2$ engendrent un faisceau $\mathcal{F}$, tout couple de coniques distinctes du faisceau engendre $\mathcal{F}$.*

**Proposition 6.2.** *Un faisceau $\mathcal{F}$ étant donné, il passe une conique $\Gamma$ du faisceau et une seule par chaque point qui n'est pas dans la base du faisceau.*

## 6.2 CLASSIFICATION DES FAISCEAUX NON DÉGÉNÉRÉS DU PLAN PROJECTIF COMPLEXE

Nous n'étudierons ici que les faisceaux *non dégénérés*, c'est-à-dire les faisceaux qui contiennent au moins une conique propre.

En s'appuyant sur le théorème de Bezout qui étudie l'intersection des courbes algébriques ou en étudiant les courbes dégénérées des faisceaux, obtenues pour les valeurs de $\lambda$ et de $\mu$ qui annulent le polynôme $\det(\lambda\Gamma_1 + \mu\Gamma_2)$, on aboutit à une classification en cinq types des faisceaux non dégénérés. Le tableau 6.1, page ci-contre, résume les principaux résultats à connaître. Grâce à eux, il est facile de démontrer les propositions suivantes. Attention, ce tableau est une *classification dans le cadre complexe* ; le passage au cas réel fait apparaître de nombreux cas supplémentaires.

**Proposition 6.3.** *Le type d'un faisceau non dégénéré est le même quel que soit le couple de coniques qui l'engendre.*

**Proposition 6.4.** *Deux faisceaux $\mathcal{F}$ et $\mathcal{F}'$ non dégénérés ont même type si et seulement si il existe une homographie du plan complexe telle que $\alpha(\mathcal{F}) = \mathcal{F}'$.*

En tenant compte du mode d'intersection de deux coniques qui caractérise les différents types de faisceaux, on montre aisément les résultats suivants (avec les notations du tableau 6.1, page ci-contre).

**Proposition 6.5.** *Les coniques propres d'un faisceau de type* II *s'obtiennent à partir de l'une d'elles par les homologies de centre A et d'axe BC.*

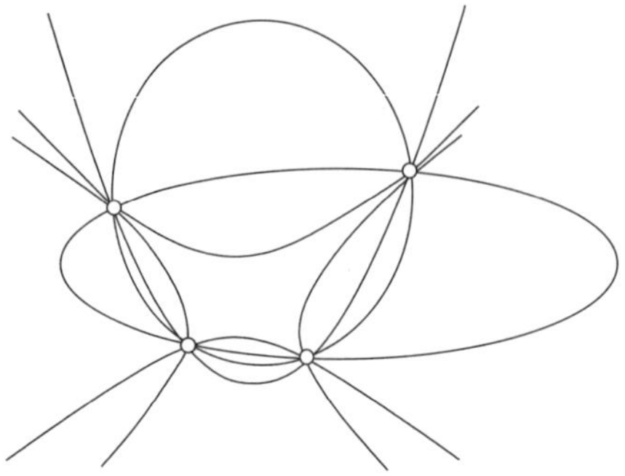

**Figure 6.1.** Faisceau de type *I*.

**Tableau 6.1.** classification des faisceaux non dégénérés de coniques dans le plan projectif complexe.

| Type | I | II | III | IV | V |
|---|---|---|---|---|---|
| Faisceau engendré par $\Gamma_1$ et $\Gamma_2$ | 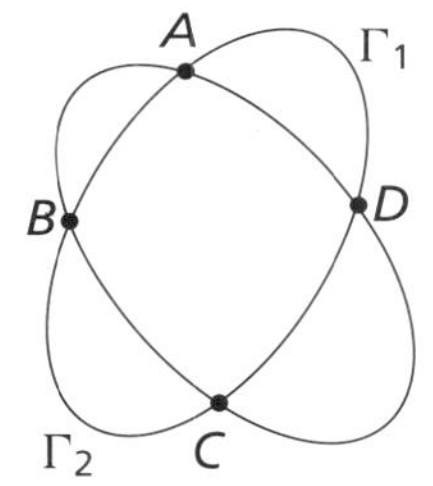 | 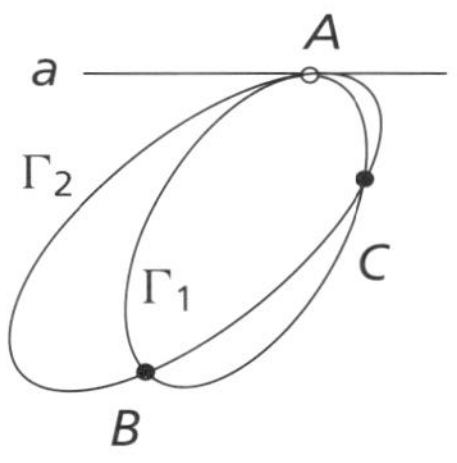 | 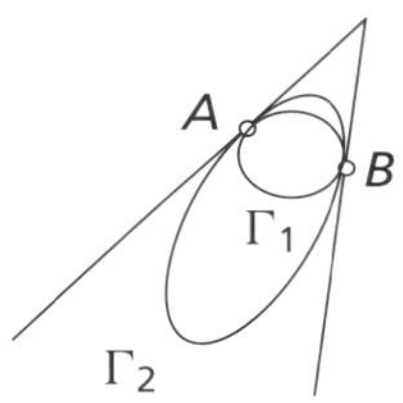 | 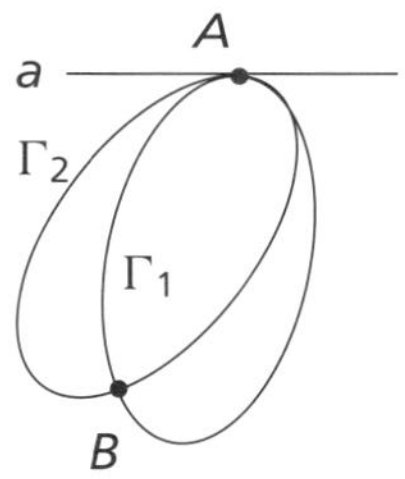 | 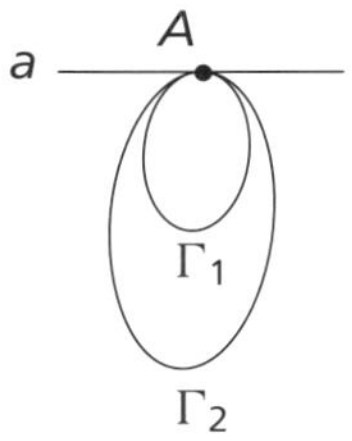 |
| Ordre des contacts | Quatre points simples *A*, *B*, *C*, *D* | • Un point double *A*<br>• Deux points simples *B*, *C*<br>• $\Gamma_1$ et $\Gamma_2$ ont même tangente *a* en *A* | • Un point double *A*<br>• Un point double *B*<br>• $\Gamma_1$ et $\Gamma_2$ sont bitangents | • Un point triple *A*<br>• Un point simple *B*<br>• $\Gamma_1$ et $\Gamma_2$ sont osculatrices | • Un point quadruple *A*<br>• $\Gamma_1$ et $\Gamma_2$ sont surosculatrices |
| Coniques dégénérées | 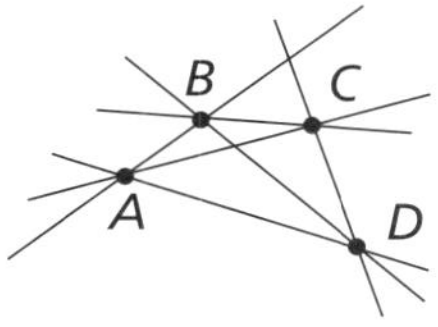 Trois coniques dégénérées $(AB)(CD)$, $(AD)(BC)$, $(AC)(BD)$ | 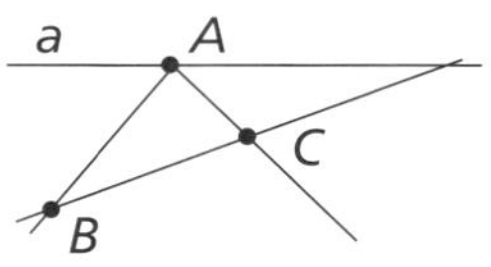 Deux coniques dégénérées $a(BC)$ et $(AB)(AC)$ | 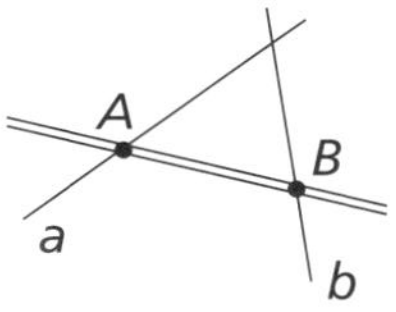 Deux coniques dégénérées $ab$ et $s^2$ | 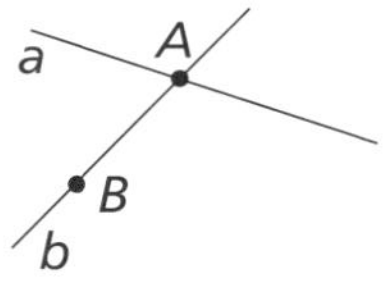 Une conique dégénérée $ab$ |  Une conique dégénérée $a^2$ |
| Équations | $\Gamma = \lambda(AB)(CD) + \mu(AD)(BC)$ | $\Gamma = \lambda a(BC) + \mu(AB)(AC)$ | $\Gamma = \lambda ab + \mu s^2$ | $\Gamma = \lambda\Gamma_0 + \mu ab$ | $\Gamma = \lambda\Gamma_0 + \mu a^2$ |

**Proposition 6.6.** *Les coniques propres d'un faisceau de type* III *(coniques bitangentes) s'obtiennent à partir de l'une d'elles par les homologies d'axe AB et de centre le pôle de AB.*

**Proposition 6.7.** *Les coniques propres d'un faisceau de type* IV *(coniques osculatrices) s'obtiennent à partir de l'une d'elles par les homologies spéciales de centre A et d'axe AB.*

## 6.3 FAISCEAUX ET POLARITÉ

Soit $\mathcal{F}$ un faisceau engendré par $\Gamma_1$ et $\Gamma_2$. L'équation de la polaire d'un point $A$ par rapport à la conique d'équation $\Gamma = \lambda\Gamma_1 + \mu\Gamma_2$ est

$$\lambda\widetilde{\Gamma}_1(A,M) + \mu\widetilde{\Gamma}_2(A,M),$$

où $\widetilde{\Gamma}_1$ et $\widetilde{\Gamma}_2$ sont les formes polaires de $\Gamma_1$ et de $\Gamma_2$.

- Si aucun des polynômes $\widetilde{\Gamma}_1(A,M)$ ou $\widetilde{\Gamma}_2(A,M)$ n'est nul, ils définissent deux droites qui sont les polaires de $A$ par rapport à $\Gamma_1$ et à $\Gamma_2$ et d'après (I), la polaire de $A$ par rapport à $\Gamma$ passe par leur intersection.
- Si l'un des deux polynômes $\widetilde{\Gamma}_1(A,M)$ ou $\widetilde{\Gamma}_2(A,M)$ est nul, alors $A$ est un point double de $\mathcal{F}$, c'est-à-dire le point d'intersection de deux droites constituant une conique dégénérée de $\mathcal{F}$. Supposons $\widetilde{\Gamma}_1(A,M)$ non nul. Dans ce cas, on a $\widetilde{\Gamma}(A,M) = \lambda\widetilde{\Gamma}_1(A,M)$ et la polaire de $A$ par rapport à $\Gamma$ est le même quelle que soit $\Gamma$. On a donc la proposition suivante.

**Proposition 6.8.**

- *Si $A$ n'est pas point double d'un faisceau $\mathcal{F}$, les polaires de $A$ par rapport aux coniques de $\mathcal{F}$ passent toutes par un point fixe $A'$ appelé* conjugué *du point $A$ par rapport à $\mathcal{F}$. (La correspondance de $A \mapsto A'$ est une transformation quadratique.)*
- *Si $A$ est un point double de $\mathcal{F}$, alors $A$ a même polaire par rapport à toutes les coniques de $\mathcal{F}$ et réciproquement.*

**Proposition 6.9.** *Le lieu des pôles d'une droite fixe par rapport aux coniques d'un faisceau $\mathcal{F}$ est une conique. Ce lieu est l'ensemble des conjugués des points de la droite par rapport à $\mathcal{F}$.*

***Démonstration.*** Commençons par remarquer que le pôle d'une droite par rapport à une conique est l'intersection des polaires de deux de ses points. Soient donc $A$ et $B$ deux points de la droite $d$ qui ne sont pas points doubles de $\mathcal{F}$. Leurs polaires par rapport à une conique définie par $\Gamma = \lambda\Gamma_1 + \mu\Gamma_2$ passent respectivement par les conjugués $A'$ et $B'$ de $A$ et de $B$ par rapport à $\mathcal{F}$ ; on peut établir une homographie $\alpha : A'^* \to B'^*$ par les conditions :

$$\widetilde{\Gamma}_1(A,M) \mapsto \widetilde{\Gamma}_1(B,M), \quad \widetilde{\Gamma}_2(A,M) \mapsto \widetilde{\Gamma}_2(B,M)$$
$$\lambda\widetilde{\Gamma}_1(A,M) + \mu\widetilde{\Gamma}_2(A,M) \mapsto \lambda\widetilde{\Gamma}_1(B,M) + \mu\widetilde{\Gamma}_2(B,M).$$

Deux droites homologues dans cette homographie (c'est-à-dire les polaires respectives de $A$ et de $B$ par rapport à une conique de $\mathcal{F}$) se coupent, d'après le théorème de Chasles-Steiner sur une conique passant par $A'$ et $B'$.

Si $A$ est un point double de $\mathcal{F}$, le lieu du pôle de la droite $AB$ est la réunion de la polaire fixe de $A$ par rapport aux coniques de $\mathcal{F}$ et de sa conjuguée par rapport à la conique dégénérée qui contient $A$.

Si $d$ appartient à une conique dégénérée de $\mathcal{F}$, le lieu des pôles de $d$ est une droite. ■

### 6.3.1 Conique des onze points

Soit $\mathcal{F}$ est un faisceau ayant quatre points de base distincts $A, B, C, D$. Si $d$ est une droite qui ne passe par aucun des points doubles de $\mathcal{F}$, on peut choisir successivement pour points $P_1$ et $P_2$ de la démonstration précédente :

- les points doubles de l'involution de Desargues sur $d$,
- les points où les coniques dégénérées du faisceau coupent $d$,
- les intersections deux à deux des côtés du triangle polaire de $\mathcal{F}$ (sommets diagonaux du quadrangle formé par les points de base de $\mathcal{F}$) avec $d$.

On fait ainsi apparaître onze points remarquables sur la conique qui est le lieu des pôles de la droite $d$ par rapport aux coniques de faisceau $\mathcal{F}$.

### 6.3.2 Coniques affines

Plaçons-nous dans une carte affine où $d$ est la droite de l'infini. Le pôle de la droite de l'infini par rapport à une conique est par définition le *centre* de la conique. La proposition 6.9 devient :

**Proposition 6.10.** *Le lieu des centres des coniques d'un faisceau $\mathcal{F}$ est une conique.*

### 6.3.3 Conique des neuf points

Si l'on se place dans une carte affine où $d$ est la droite de l'infini, la proposition précédente nous donne neuf points à distance finie (figure 6.2), à savoir :

- les six points obtenus en prenant le conjugué du point d'intersection de $d$ avec un côté du quadrangle $ABCD$ par rapport aux sommets de ce quadrangle.

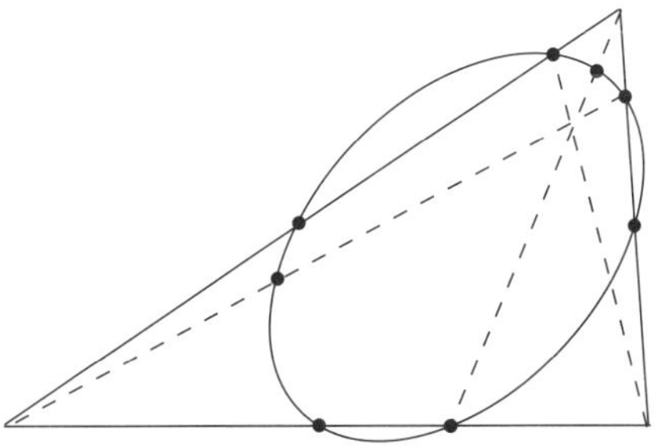

**Figure 6.2.** Conique des neufs points.

– les trois sommets diagonaux du quadrangle *ABCD* qui sont les trois points doubles du faisceau $\mathcal{F}$.

(Les points doubles de l'involution de Desargues se trouvent sur la droite de l'infini.)

**Proposition 6.11.** *Soit ABCD un quadrangle dans une carte affine d'un plan projectif. Il existe une conique, appelée* conique des neuf points *qui passe par les trois sommets diagonaux et par les milieux des côtés du quadrangle ABCD.*

***Remarques 6.2.***

➤ Cette conique passe également par les points doubles de l'involution que définit le quadrangle *ABCD* sur la droite de l'infini.

➤ Le centre de $\Gamma$ est l'équibarycentre des points *ABCD*. En effet, les milieux des côtés du quadrangle forment un parallélogramme et, en appliquant l'exercice 7.16, on peut montrer que si les sommets d'un parallélogramme sont sur une conique $\Gamma$, le centre du parallélogramme est le centre de $\Gamma$.

### 6.3.4 Le cercle d'Euler

Si on applique le résultat ci-dessus au quadrangle formé par les sommets d'un triangle *ABCD* et par son orthocentre *H*, on obtient le cercle des neuf points, qu'on appelle encore le *cercle d'Euler* du triangle *ABC* (exercice 7.32).

## 6.4 TROISIÈME THÉORÈME DE DESARGUES

Ce théorème que nous appellerons encore le « grand » théorème de Desargues, généralise le deuxième théorème du même nom. C'est un condensé puissant de plusieurs résultats des chapitres précédents.

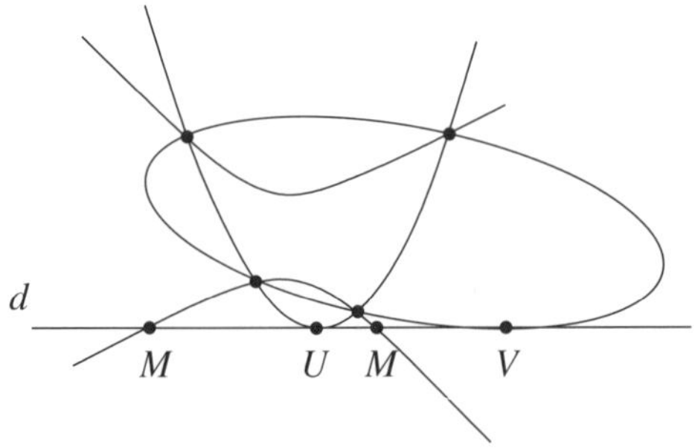


**Figure 6.3.** Le troisième théorème de Desargues.

**Théorème 6.1 (Le troisième théorème de Desargues).** *Soient $\mathcal{F}$ un faisceau de coniques du plan projectif complexe et d une droite ne passant par aucun point de base du faisceau. Les coniques de $\mathcal{F}$ coupent d en deux points qui se correspondent dans une involution appelée* involution de Desargues.

***Démonstration.*** Soient $\Gamma_1, \Gamma_2$ deux coniques distinctes de $\mathcal{F}$ (voir figure 6.3, page ci-contre). Considérons l'involution $\sigma$ qui échange les points d'intersection de $\Gamma_1$ avec $d$ et ceux de $\Gamma_2$. Les points fixes $U, V$ de $\sigma$ étant conjugués par rapport à $\Gamma_1$ et $\Gamma_2$, les polaires de $U$ par rapport à $\Gamma_1$ et $\Gamma_2$ coupent $d$ en $V$. D'après la proposition 6.8, la polaire de $U$ par rapport à toute conique de $\mathcal{F}$ coupe $d$ en $V$. On voit ainsi que les points d'intersection de $d$ et de $\Gamma$ sont conjugués par rapport à $U, V$ et appartiennent donc à l'involution $\sigma$ de points fixes $U, V$. ∎

➤ Corollaires du troisième théorème de Desargues

Voici quelques applications immédiates du théorème de Desargues qui sont d'une grande utilité dans la pratique des problèmes.

**Proposition 6.12.** *Soient $\mathcal{F}$ un faisceau et $E \neq F$ deux points distincts des points de base. Pour qu'il existe une conique de $\mathcal{F}$ qui contienne les points $E$ et $F$, il faut et il suffit que $E$ et $F$ soient homologues pour l'involution définie par $\mathcal{F}$ sur la droite $EF$.*

Lorsque $\mathcal{F}$ est un faisceau de type I, on a une condition pour que six points appartiennent à une même conique.

**Proposition 6.13.** *Pour que six points $A, B, C, D, E, F$ appartiennent à une même conique, il faut et il suffit que l'involution définie par le quadrangle $ABCD$ sur la droite $EF$ échange les points $E$ et $F$.*

Lorsque les points $E$ et $F$ sont les points cycliques, on obtient une condition pour que quatre points soient cocycliques.

**Proposition 6.14.** *Pour que les six points $A, B, C, D, E, F$ d'un quadrangle soient sur un même cercle, il faut et il suffit que l'involution définie sur la droite de l'infini par le quadrangle échange les points cycliques ou, ce qui est équivalent, commute avec l'involution canonique définissant l'orthogonalité. (L'exercice 7.24 précise ce résultat.)*

**Proposition 6.15.** *En général, un faisceau contient deux coniques tangentes à une droite donnée. Les points de contact sont les points fixes de l'involution de Desargues.*

***Remarque 6.3.*** Pour les faisceaux de type III et V, le point d'intersection de $d$ avec la droite double du faisceau est un des points fixes de $\sigma$. Dans ce cas, il n'existe qu'une conique non dégénérée tangente à $d$.

## 6.5 FAISCEAUX TANGENTIELS

Nous avons vu au paragraphe 5.5 qu'une conique tangentielle d'un plan projectif $\mathbb{P}$ peut s'identifier à une conique du plan dual. Un *faisceau tangentiel* de conique est donc la donnée d'un faisceau de coniques de $\mathbb{P}^*$.

### 6.5.1 Classification

Dans un plan projectif complexe, il existe cinq types de faisceaux tangentiels obtenus en dualisant les cinq types de faisceaux ponctuels :

- *Coniques tangentes à quatre droites formant un quadrilatère complet.* Ce type de faisceau a trois enveloppes dégénérées qui sont respectivement les faisceaux de droites passant par les sommets opposés du quadrilatère.
- *Coniques tangentes à deux droites données* b *et* c *et tangente en* A *à une droite* a. Il y a deux enveloppes dégénérées : $\left(A^*, (a \cap b)^*\right)$ et $\left((a \cap b)^*, (a \cap c)^*\right)$.
- *Coniques tangentes à* a *en* A *et à* b *en* B. Il y a deux coniques dégénérées : $(A^*, B^*)$ et $\left((a \cap b)^*, (a \cap b)^*\right)$. Les coniques de ce faisceau appartiennent également à un faisceau ponctuel.
- *Coniques tangentes en* A *à* a *et tangentes à* b. Une seule conique est dégénérée : la conique $(A^*, (a \cap b)^*)$.
- *Coniques tangentes en* A *à* a. Ce sont des coniques surosculatrices qui appartiennent également à un faisceau ponctuel. Il n'y a qu'une conique dégénérée : le point double $A$.

### 6.5.2 Exemples de faisceaux tangentiels

Deux types de faisceaux tangentiels reviennent souvent dans les problèmes :

- Les coniques ayant les mêmes foyers $F$ et $F'$. Ces coniques sont tangentes aux droites $FI$, $FJ$, $F'I$, $F'J$ où $I$ et $J$ sont les points cycliques.
- Les paraboles ayant même foyer et même axe. Ces coniques sont tangentes à la droite de l'infini dans la direction de l'axe et tangentes aux droites $FI, FJ$.

Retenons aussi les deux résultats suivants, duaux des propositions 6.2 et 6.8.

**Proposition 6.16.** Il existe une conique et une seule d'un faisceau tangentiel, tangente à une droite donnée du plan.

**Proposition 6.17.** Les pôles d'une droite $D$ par rapport aux coniques d'un faisceau tangentiel sont sur une droite fixe.

**Théorème 6.2 (Dual du troisième théorème de Desargues).** *Les tangentes issues d'un point D aux coniques d'un faisceau tangentiel sont homologues dans une involution de $D^*$. Les droites doubles de cette involution sont tangentes en D aux coniques du faisceau tangentiel qui passent par ce point.*

## 6.6 EXERCICES

**6.1** Soit $\theta$ une involution d'une droite donnée $d$. Montrer que les coniques passant par trois points donnés non situés sur $d$ et par deux points de $d$, homologues pour $\theta$, forment un faisceau.

**6.2** On se donne une involution $\theta$ d'une droite $d$. Montrer que les cercles qui passent par un point fixe $A$ et par deux points de $d$, homologues pour $\theta$, forment un faisceau.

**6.3** Soient $A, B, C, P, Q$ cinq points non trois à trois alignés. Montrer que les coniques qui passent par les points $A, B, C$ et qui admettent les points $P$ et $Q$ pour points conjugués forment un faisceau.

**6.4** Soient $A, B, P$ trois points et $p$ une droite ne passant pas par ces points. Montrer que les coniques qui passent par les points $A, B$ et pour lesquelles $p$ est la polaire de $P$ forment un faisceau.

**6.5** Les cercles passant par un point fixe $A$ et dont les centres sont sur une droite fixe $d$ forment-ils un faisceau ?

**6.6** On donne un point $D$ et une droite $d$ passant par $D$. Montrer que les paraboles qui ont même foyer $F$, qui sont tangentes à deux droites passant par $D$ et qui sont symétriques par rapport à $d$ forment un faisceau tangentiel.

**6.7** À quelle condition une conique tangente à quatre droites admet-elle un point $O$ donné pour foyer ? ($O$ n'appartient à aucune des droites.)

**6.8** Soit un quadrangle $ABCD$ et un point $P$ ; les droites $PA$, $PB$ coupent une conique $\Gamma$ du faisceau $\mathcal{F}$ des coniques circonscrites au quadrangle en $M$ et en $N$.

Montrer que lorsque $\Gamma$ varie dans $\mathcal{F}$, les droites $MN$ passent par un point fixe $K$.

En déduire que la droite $PK$ est tangente à la conique de $\mathcal{F}$ qui passe par $P$.

**6.9** Soit $I$ le milieu de la corde $AB$ d'une conique $\Gamma$. Deux autres cordes, $PP'$ et $QQ'$ se coupent en $I$ ; les droites $PQ'$ et $QP'$ coupent $AB$ en $A'$ et $B'$. Montrer que $I$ est le milieu de $A'B'$. Donner un énoncé dual.

**6.10** On se donne quatre points d'une hyperbole. Les coniques qui passent par ces quatre points rencontrent une asymptote de l'hyperbole en deux points $M$ et $M'$. Montrer que le milieu du segment $MM'$ est fixe.

**6.11** Deux droites $p$ et $q$, issues d'un point $A$ d'un cercle $\Gamma$, recoupent ce cercle en $B$ et $C$ ; elles rencontrent une perpendiculaire au diamètre passant par $A$ en $B'$ et $C'$. Montrer que les points $B, C, B', C'$ sont cocycliques.

**6.12** Soient $\Omega$ un cercle et $A$ un point. Un cercle $\Gamma$ variable passant par $A$ rencontre $\Omega$ en $M$ et $N$. Déterminer le lieu du point d'intersection $P$ de $MN$ et de la tangente en $A$ à $\Gamma$.

**6.13** Montrer le théorème de Pascal en utilisant le troisième théorème de Desargues.

**6.14** Soient $a, b$ deux droites et $A, B$ deux points non situés sur ces droites. On considère les coniques passant par $A, B$ et tangentes aux droites $a, b$. Déterminer l'enveloppe de la droite joignant les points de contact. Trouver aussi le lieu des centres de ces coniques.

**6.15** Une droite variable $p$ passe par un point fixe $P$ et coupe une conique $\Gamma$ donnée de centre $O$, en les points $A$ et $B$. La droite $AB$ est une sécante commune pour $\Gamma$ et pour le cercle $OAB$. Trouver l'enveloppe de la sécante commune associée à $AB$.

**6.16** On donne un triangle $ABC$ et une droite $s$. Soient $A', B', C'$ les symétriques de $A, B, C$, par rapport à $s$. On désigne par $a, b, c$ les droites issues de $A, B, C$ et perpendiculaires aux côtés $B'C', C'A', A'B'$ du triangle $A'B'C'$.

- Montrer que les droites $a, b, c$ sont concourantes.
- Montrer que le point de concours des droites $a, b, c$ est sur le cercle circonscrit au triangle $ABC$.
- Les points $A', B', C'$ désignent ici les images de $A, B, C$ par une transformation affine $\varphi$. Caractériser $\varphi$ pour que les propriétés 1) et 2) restent vraies.

**6.17** Construire les cercles passant par deux points $A$ et $B$ et tangents à une droite donnée.

**6.18** Construire un cercle $\Gamma$ passant par deux points donnés $A, B$ et tangent à un cercle $\Omega$.

**6.19** On donne deux cercles non sécants $\Gamma_1$ et $\Gamma_2$. Un cercle $\Sigma_1$ est tangent à $\Gamma_1$ en $A$ et à $\Gamma_2$ en $B$ ; un cercle $\Sigma_2$ est tangent à $\Gamma_1$ en $C$ et à $\Gamma_2$ en $D$. On suppose que $A, B$ d'une part et que $C, D$ d'autre part, sont situés d'un même côté de la droite contenant les centres de $\Gamma_1$ et de $\Gamma_2$.

- Montrer que le point $P = AB \cap CD$ est un centre d'homothétie pour les cercles $\Gamma_1$ et $\Gamma_2$.
- Montrer que les points $A, B, C, D$ sont cocycliques.
- Montrer que le point $P$ (resp. le point $Q = AC \cap BD$) est sur l'axe radical des cercles $\Sigma_1$ et $\Sigma_2$ (resp. $\Gamma_1$ et $\Gamma_2$).

**6.20** Une ellipse $\Sigma$ de centre $O$ a pour foyer les points $F$ et $F'$ ; soit un point $P$ et sa polaire $p$ ; la perpendiculaire à $p$ issue de $P$ coupe cette polaire en $Q$ et le petit axe de $\Sigma$ en $R$.

Montrer que les points $F, F', Q, R$ sont cocycliques.

**6.21** On donne une conique $\Gamma$ et une homographie $\alpha$ de $\Gamma$ définie par l'axe d'homographie $\Delta$, par un point $A$ et son image $A'$. En utilisant le théorème de Desargues, montrer que la droite joignant un point $M$ à son image $\alpha(M)$ enveloppe une conique quand $M$ varie sur $\Gamma$.

**6.22** Montrer que les milieux des diagonales d'un quadrilatère complet sont sur une droite qui contient le centre de toute conique inscrite dans ce quadrilatère.

**6.23** On donne un triangle $ABC$ et une droite $d$. Par le milieu $A'$ de $BC$, on mène la parallèle $d'$ à $d$. Soit $a$ la droite symétrique du côté $BC$ par rapport à $d'$. On construit de même les droites $b$ et $c$, symétriques des côtés $CA$ et $AB$ par rapport aux parallèles à $d$ passant par les milieux $B'$ et $C'$ de ces côtés. Montrer que les droites $a, b, c$ concourent en un point $P$ du cercle circonscrit au triangle $A'B'C'$.

**6.24** On donne un triangle $ABC$ et une droite $d$. Soient $A', B', C'$ les symétriques de $A, B, C$ par rapport à $d$. Soient $a, b, c$ les droites issues des sommets $A, B, C$ et orthogonales aux côtés $B'C', C'A', A'B'$ du triangle $A'B'C'$. Montrer que les droites $a, b, c$ se coupent en un point $P$ du cercle circonscrit au triangle $ABC$.

**6.25** Soient $A, B, C, D$ quatre points cocycliques. On projette orthogonalement sur la droite $AC$ les points $B, D$ en $B', D'$ ; sur la droite $BD$ on projette les points $A, C$ en $A', C'$. Montrer que les points $A', B', C', D'$ sont cocycliques.

**6.26** Pour que les points communs à deux paraboles soient cocycliques il faut et il suffit que leurs axes soient orthogonaux.

## Chapitre 7

# Exercices de référence

Ces exercices constituent un complément de cours et présentent quelques « tours de mains » indispensables à l'apprenti géomètre. Les démonstrations offrent un éventail très large des méthodes utilisées dans la partie « cours » de cet ouvrage.

### 7.1 Le quadrangle

Un *quadrangle* est la figure formée par quatre points non trois à trois alignés. Les quatre points sont les *sommets* du quadrangle ; les six droites joignant deux à deux les sommets sont les *côtés* ; les intersections de deux côtés « opposés » sont les *sommets diagonaux* ; enfin, le triangle formé par les trois sommets diagonaux est le *triangle diagonal*. Le deuxième théorème de Desargues est le résultat fondamental concernant le quadrangle.

➤ Démontrer les énoncés suivants.

**7.1.1** Deux côtés du triangle diagonal d'un quadrangle sont conjugués par rapport aux côtés qui passent par le sommet diagonal correspondant.

**7.1.2** Si trois droites $\ell, m, n$ issues des sommets diagonaux d'un quadrangle sont concourantes, les droites $\ell', m', n'$ conjuguées par rapport aux côtés du quadrangle sont elles aussi concourantes.

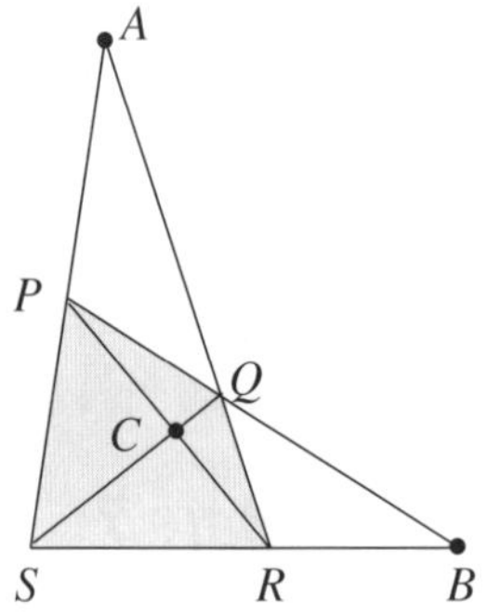


Figure 7.1.

***Solution.***

**7.1.1** Soit $PQRS$ un quadrangle. Considérons les sommets diagonaux $A = PS \cap QR$, $B = PQ \cap RS$, $C = PR \cap QS$ (figure 7.2). Montrons que les droites $CA, CB$ sont conjuguées par rapport aux côtés $PR, QS$. En effet, les droites $CA, CB, CP, CQ$ coupent $AB$ en les points $A, B, I, J$. Pour l'involution $\delta : AB \to AB$ définie par le quadrangle, les points $A, B$ sont fixes et $I, J$ sont homologues. D'après le théorème de Desargues 3.8, on a $(A, B, I, J) = -1$, ce qui montre que $(CA, CB, CP, CQ) = -1$.

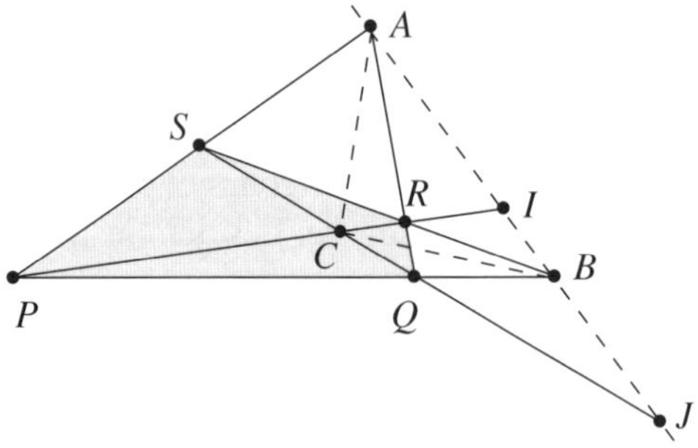


Figure 7.2.

**7.1.2** Si l'on considère le faisceau $\mathcal{F}$ des coniques circonscrites au quadrangle, les droites $\ell', m', n'$ sont les polaires du point d'intersection $P$ des droites $\ell, m, n$. D'après la proposition 6.8, $\ell, m, n$ concourent en un point $P'$, le conjugué de $P$ par rapport à $\mathcal{F}$.

Dans l'exercice 7.2, nous donnerons une démonstration basée sur des notions plus élémentaires, de la proposition duale.

➤ Une construction classique

L'exercice 7.1.1 et sa démonstration permettent de construire à la règle le conjugué d'un point situé sur une droite par rapport à deux autres points de la même droite : sur la droite $d$ contenant les points $A$ et $B$, soit à construire le conjugué $P'$ d'un point $P$ : par $A$ et par $B$ menons des droites $a$ et $b$ ; soit $O$ leur intersection ; une droite passant par $P$ coupe ces droites en $A'$ et $B'$. Soit $O' = AB' \cap A'B$. La droite $OO'$ coupe $d$ en $P'$ conjugué de $P$ par rapport à $A$ et $B$.

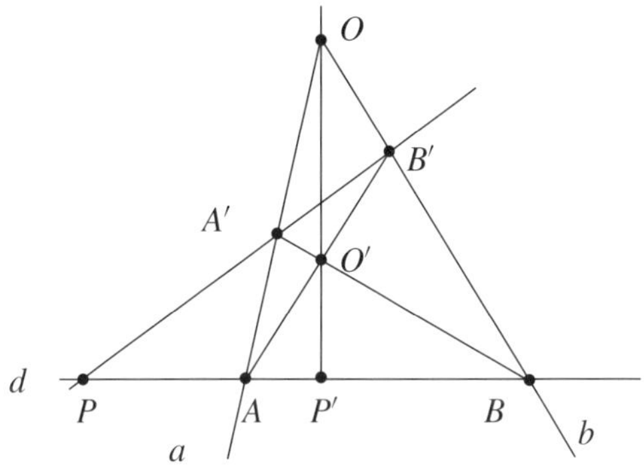


**Figure 7.3.** $(A, B, P, P') = -1$.

## 7.2 Le quadrilatère : figure duale du quadrangle

Un *quadrilatère* est la figure formée par quatre droites non trois à trois concourantes. Les quatre droites sont les *côtés* du quadrilatère, les intersections de ces droites prises deux à deux sont les *sommets* et les droites joignant deux sommets qui ne sont pas sur un même côté sont les *diagonales* ; le triangle formé par les trois diagonales est le *triangle diagonal*. Démontrer les propriétés suivantes.

**7.2.1** Dans un quadrilatère complet, une diagonale divise harmoniquement les deux autres. Autrement dit, deux sommets du triangle diagonal sont conjugués harmoniques par rapport aux sommets correspondants du quadrilatère.

**7.2.2** Si trois points $L, M, N$ situés sur les diagonales $AA', BB', CC'$ d'un quadrilatère sont alignés sur une droite $d$, les conjugués $L', M', N'$ respectifs de ces points par rapport aux sommets sont aussi alignés sur une droite $d'$.

**7.2.3** Dans une carte affine, les milieux des diagonales d'un quadrilatère complet sont alignés.

**7.2.4** Dans une carte euclidienne, les orthocentres des quatre triangles formés par les côtés d'un quadrilatère complet sont alignés.

**7.2.5** La droite des orthocentres et la droite des milieux sont orthogonales.

***Solution.*** Considérons un quadrilatère formé par les droites $p, q, r, s$ ; les sommets de ce quadrilatère sont les points $A = p \cap s$, $B = q \cap s$, $C = r \cap s$, $A' = q \cap r$, $B' = p \cap r$, $C' = p \cap q$ et les diagonales les droites $AA' = a$, $BB' = b$ et $CC' = c$.

**7.2.1** Cet énoncé est le dual du premier point de l'exercice 7.1. Remarque : si on se place dans une carte affine où une diagonale est la droite de l'infini, on obtient un parallélogramme ; la propriété prend alors la forme bien connue : « Les diagonales d'un parallélogramme se coupent en leur milieu. »

**7.2.2** L'alignement des points $L', M', N'$ va résulter du théorème de Pappus appliqué judicieusement à des points des droites $d$ et $s$ (figure 7.4, page suivante). Soient $P, Q, R, S$ les points d'intersection de la droite $d$ avec les droites $p, q, r, s$.

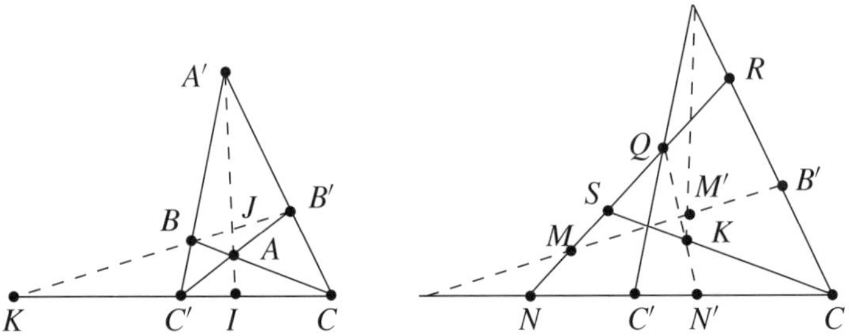


Figure 7.4.

En projetant la division harmonique $M, M', B, B'$ à partir de $R$ sur $s$ et la division harmonique $N, N', C, C'$, à partir de $Q$ sur $s$, on constate que les droites $RM', QN'$ se coupent en un point $K$ situé sur $s$ et conjugué de $S$ par rapport à $B, C$. De manière analogue, les droites $RL', PN'$ se coupent en $J$ appartenant à $s$ et conjugué de $S$ par rapport à $A, C$ et les droites $QL', M'$ se coupent en en point $I$ de $s$ conjugué de $S$ par rapport à $A, B$. Considérons alors $P, Q, R$ et $I, J, K$ sur les droites $d$ et $s$. Le théorème de Pappus montre que les points $L' = QI \cap RJ, M' = PI \cap RK, N' = QK \cap PJ$ sont alignés sur une droite $d'$.

En reprenant le théorème 2.5, on peut dire que $d'$ est l'axe d'homographie de l'homographie de $d$ sur $s$ définie par $P \mapsto K$, $Q \mapsto J$ et $R \mapsto I$.

**7.2.3** Lorsqu'on est dans une carte affine où $d$ est la droite de l'infini, les points $L'$, $M'$, $N'$ sont les milieux des segments $AA'$, $BB'$, $CC'$ et on applique le point précédant. À titre d'exercice, le lecteur pourra reprendre de ce point pour l'adapter à ce cas particulier.

**7.2.4** Soient $P, Q, R, S$ les points à l'infini des droites $p, q, r, s$, et $P', Q', R', S'$ leurs images dans l'involution canonique $\sigma$ de $d_\infty$ qui définit l'orthogonalité. On vérifie aisément que les points $AQ' \cap BP', BR \cap CQ', CP' \cap AR'$ sont les orthocentres respectifs des triangles $pqs$, $qrs$, $prs$ et qu'ils appartiennent à l'axe de l'homographie $\alpha : d_\infty \to s$ définie par $P' \mapsto A$, $Q' \mapsto B$ et $R \mapsto C$. On démontre de même l'alignement des orthocentres des triangles $pqr$, $pqs$, $qrs$.

**7.2.5** Soient $I, J, K$ les milieux des segments $AB, AC, BC$. La droite $h$ est l'axe de l'homographie $\alpha$ définie au point précédant et $d$ est l'axe de l'homographie $\beta : s \to d_\infty$ définie par $I \mapsto R$, $J \mapsto Q$ et $K \mapsto P$ (point 3 de cet exercice). Soit $\sigma : s \to s$ l'homographie définie par $A \mapsto K$, $B \mapsto J$ et $C \mapsto I$. On vérifie sans peine que $\beta \circ \sigma \circ \alpha$ est l'involution canonique de $d_\infty$. Soient alors $H$ le point à l'infini de $d$. On a $\alpha(H) = S$ et $\beta(S) = D$. On démontre facilement que $\sigma(S) = S$, d'où $\beta \circ \sigma \circ \alpha(H) = D$. Les points $H$ et $D$ étant homologues pour l'involution canonique de $d_\infty$, les droites $h$ et $d$ sont — par définition — orthogonales.

***Remarque 7.1.*** Les solutions données ci-dessus sont élémentaires pour faire apparaître le lien direct qui les relie aux théorèmes fondamentaux de la géométrie projective, à savoir les théorèmes de Desargues et de Pappus. Mais le troisième théorème de Desargues donnent des solutions plus élégantes. (Voir encore l'exercice 7.36.)

## 7.3 Triangle inscrit dans un triangle

On considère $A', B', C'$ non alignés sur les côtés $BC, CA, AB$ d'un triangle $ABC$. Soient $A'', B'', C''$ les conjugués harmoniques des points $A', B', C'$ par rapport aux couples $(B, C)$, $(C, A)$ et $(A, B)$.

**7.3.1** Montrer que les triangles $ABC$ et $A'B'C'$ sont homologiques si et seulement si les points $A'', B'', C''$ sont alignés.

**7.3.2** Énoncer la propriété duale.

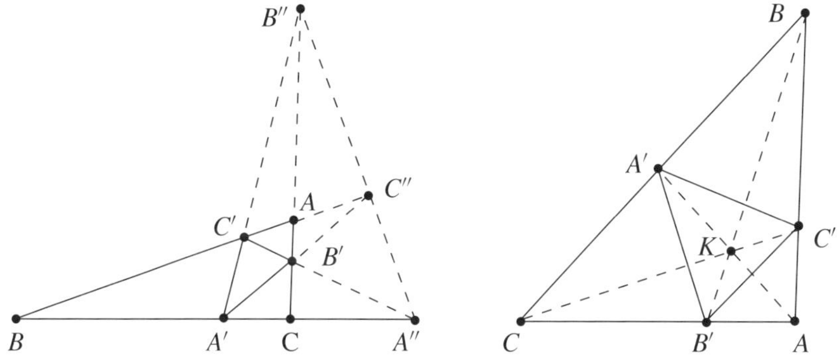


**Figure 7.5.**

***Solution.***

**7.3.1** Si les triangles $ABC$ et $A'B'C'$ sont homologiques, les droites $AA', BB', CC'$ sont concourantes. Le premier théorème de Desargues montre alors que les points $P = BC \cap B'C'$, $Q = CA \cap C'A'$ et $R = AB \cap A'B'$ sont alignés. D'après l'exercice 7.2, les points $P, Q, R$ sont les conjugués de $A', B', C'$ par rapport aux couples $(B, C)$, $(C, A)$ et $(A, B)$. On a donc $A'' = P$, $B'' = Q$ et $C'' = R$.

Réciproquement, supposons les points $A'', B'', C''$ alignés. La droite $A''B'$ coupe la droite $AB$ en $D$ ; soit $K = DC \cap BB'$ ; d'après l'exercice 7.1.1, le point $AK \cap BC$ est le conjugué de $A''$ par rapport aux points $B$ et $C$, c'est donc le point $A'$. Les triangles $ABC$ et $A'B'D$ sont, par construction, homologiques. Selon le théorème de Desargues 2.4, les points $A'B' \cap AB = C''$, $B'D \cap BC = A''$ et $A'D \cap AC$ sont alignés ; le point $A'D \cap AC$, situé sur $AC$, doit se trouver aussi sur $A''C''$, c'est donc le point $B''$ ; d'après la 1re partie, $D$ est conjugué de $C''$ par rapport à $A$ et $B$, donc, $D = C'$ et les triangles $ABC$ et $A'B'C'$ sont homologiques.

**7.3.2** Énoncé dual : « Soient $ABC$ un triangle de côtés $a, b, c$. Soient $a', b', c'$ des droites issues de $A, B, C$ et $a'', b'', c''$ les conjuguées de $a', b', c'$ par rapport aux côtés du triangle $ABC$. Les triangles $a, b, c$ et $a', b', c'$ sont homologiques si et seulement si les droites $a'', b'', c''$ sont concourantes. »

***Remarque 7.2.*** Avec les notations de 1), si les triangles $ABC$ et $A'B'C'$ sont homologiques, les côtés du triangle $ABC$ sont les diagonales du quadrilatère formé par les côtés du triangle $A'B'C'$ et par la droite $A''B''C''$. Dualement, les sommets du triangle $A'B'C'$ sont les sommets diagonaux du quadrangle formé par les points $A, B, C$ et le point d'intersection des droites $AA', BB', CC'$ (figure 7.5).

## 7.4 Une figure clé

Soient $A, B, C$ trois points distincts d'une conique $\Gamma$ et $a, b, c$ les tangentes à $\Gamma$ aux points $A, B, C$. Montrer que les points d'intersection $a \cap b$ et $a \cap c$ divisent harmoniquement les points $A$ et $a \cap BC$.

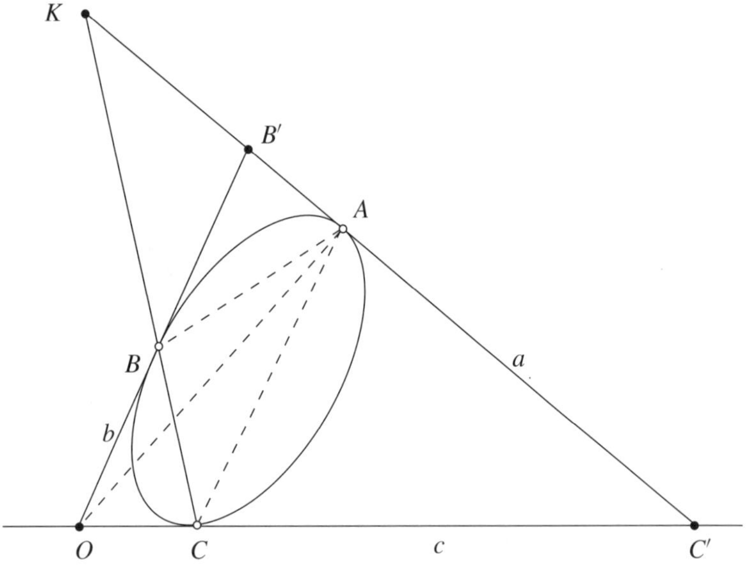


**Figure 7.6.**

***Solution.*** Ce résultat est la conséquence immédiate de la proposition élémentaire suivante, souvent utilisée : « Si $P$ est sur la polaire de $Q$ par rapport à une conique $\Gamma$, la polaire de $Q$ par rapport à $\Gamma$ et la polaire de $Q$ par rapport aux tangentes à $\Gamma$ issues de $P$, sont confondues. » Une démonstration simple de ce résultat s'obtient en appliquant le troisième théorème de Desargues. On considère le faisceau engendré par $\Gamma$ et par les tangentes $b, c$. Les points $A$ et $a \cap BC$ sont les points fixes de l'involution de Desargues sur $a$ et les points $a \cap b$ et $a \cap c$ sont homologues pour cette involution.

## 7.5 La polarité en une seule figure

Soit $\mathcal{Q}$ un quadrangle de sommets $A, B, C, D$ inscrit dans une conique $\Gamma$ et $\mathcal{Q}^*$ le quadrilatère formé par les tangentes $a, b, c, d$ à $\Gamma$ en $A, B, C, D$.

**7.5.1** Montrer que les triangles diagonaux de $\mathcal{Q}$ et de $\mathcal{Q}^*$ sont conjugués par rapport à $\Gamma$.

**7.5.2** Montrer que $\mathcal{Q}$ et $\mathcal{Q}^*$ ont même triangle diagonal et que, sur chaque côté de ce triangle, les sommets diagonaux de $\mathcal{Q}$ sont conjugués par rapport aux sommets correspondants de $\mathcal{Q}^*$.

***Solution.*** Considérons le quadrangle $ABCD$ et ses sommets diagonaux $P = AB \cap CD$, $Q = AC \cap BD$, $R = AD \cap BC$ (figure 7.7). Les points $P, Q$ (resp. $Q, R$, resp. $R, P$) sont les points fixes de l'involution que donne le quadrangle $ABCD$ sur la droite $PQ$. D'après le troisième théorème de Desargues, ces points sont conjugués par rapport à la conique $\Gamma$. Ainsi, les côtés $QR$, $RP$, $PQ$ sont respectivement les polaires des sommets $P, Q, R$. La polarité réciproque par rapport à $\Gamma$ est une dualité qui transforme $\mathcal{Q}$ en $\mathcal{Q}^*$ et le triangle diagonal de $\mathcal{Q}$ en celui de $\mathcal{Q}^*$. Comme le triangle $pqr$ est autopolaire, il coïncide avec son transformé qui est le triangle diagonal de $\mathcal{Q}^*$. On conclut que chaque diagonale du quadrilatère $ABCD$ est coupée par les deux autres en des sommets du triangle $pqr$, qui sont, d'après l'exercice 7.1, conjugués par rapport aux sommets du quadrilatère (voir figure 7.8).

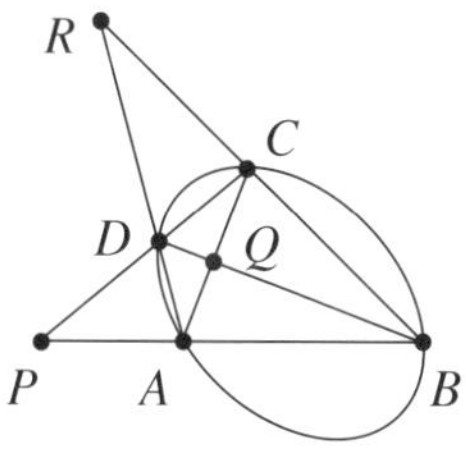


**Figure 7.7.**

### *Remarques 7.3.*

- Si les points $A, B, C, D$ sont les sommets d'un parallélogramme, le centre de ce parallélogramme est le pôle de la droite de l'infini : c'est le centre de $\Gamma$.
- Si une des diagonales de $\mathcal{Q}^*$ est la droite de l'infini, $\mathcal{Q}^*$ est un parallélogramme circonscrit à $\Gamma$ et ses diagonales sont deux diamètres conjugués de $\Gamma$.

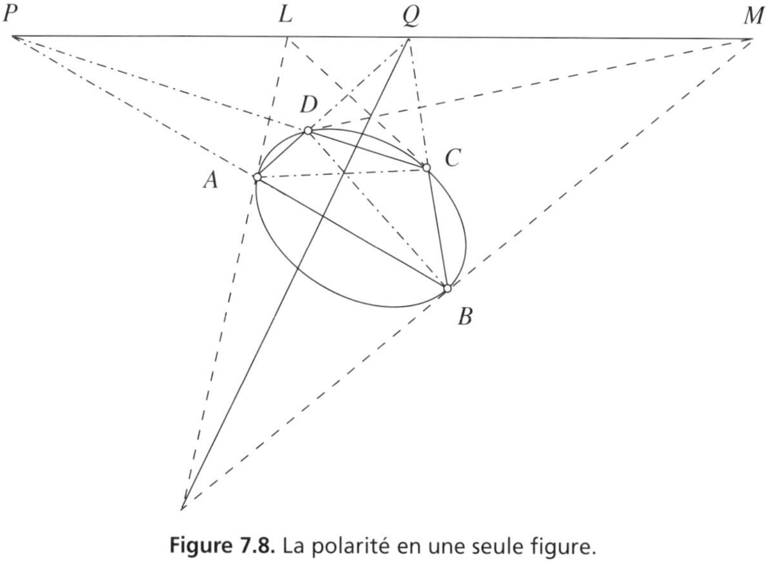


**Figure 7.8.** La polarité en une seule figure.

### 7.6 Points conjugués et polarité

Soient $A, B, C, D$ quatre points d'une conique propre $\Gamma$. Montrer que le birapport $(A, B, C, D)$ est égal à $-1$ si et seulement si la droite $CD$ passe par le pôle de la droite $AB$. Donner l'énoncé dual.

***Solution.*** La permutation de $\Gamma$ définie par $M \mapsto M'$ si $(A, B, M, M') = -1$, est une involution de points fixes $A$ et $B$. En effet, ce résultat est vrai lorsque $A, B, M, M'$ sont des points d'une droite projective. Nous pouvons passer de la droite à la conique par transport (proposition 5.2). Le théorème de Frégier montre que la droite $MM'$ passe par un point fixe $S$. La polaire de ce point est l'axe de l'involution ; elle passe par les points fixes $A$ et $B$.

➤ Énoncé dual : « Le birapport de quatre tangentes $a, b, c, d$ d'une conique propre est égal à $-1$ si et seulement si le point $c \cap d$ est sur la polaire du point $a \cap b$. »

### 7.7 Involutions qui permutent

Sur une conique $\Gamma$, une involution de points fixes $P, Q$ échange $A$ et $C$ ainsi que $B$ et $D$ ; montrer qu'il existe une involution de $\Gamma$ qui échange $P$ et $Q$, $A$ et $B$, $C$ et $D$ et une autre involution de $\Gamma$ qui échange $P$ et $Q$, $A$ et $D$, $B$ et $C$. (*Cf.* exercice 3.3).

***Solution.*** D'après le théorème de Frégier (5.4) les droites joignant un point de $\Gamma$ à son image par l'involution $\sigma$ passent par un point fixe $S$. Les points fixes de $\sigma$ sont les points de contact des tangentes à $\Gamma$ issues de $S$, c'est-à-dire l'intersection de $\Gamma$ et de la polaire de $S$. Il suffit alors de se reporter à l'exercice 7.5 pour qu'éclate la solution.

***Remarques 7.4.*** Ce même exercice 7.5 donne la clé des deux propositions suivantes :

➤ **Permutation de deux involutions.** Soient $\sigma_1, \sigma_2$ deux involutions distinctes d'une conique $\Gamma$ et $S_1, S_2$ leurs centres. Montrer que le produit $\sigma_1 \circ \sigma_2$ est une involution de $\Gamma$ si et seulement si les centres $S_1$ et $S_2$ sont conjugués par rapport à $\Gamma$.

➤ **Permutation d'une homographie et d'une involution.** Soit $\alpha$ une homographie d'axe $a$ d'une conique propre $\Gamma$. On suppose que $\alpha$ n'est ni parabolique, ni involutive. Dans ces conditions, il existe une unique involution $\sigma$ de $\Gamma$ qui commute avec $\alpha$ ; son centre $S$ est le pôle de la droite $a$. (Se reporter au théorème 3.6.)

***Remarques 7.5.***

➤ Tout naturellement, ces propositions se transportent sur une droite projective $d$ ou sur un faisceau de droites $\mathcal{D}^*$.

➤ Le lecteur montrera aisément qu'il n'existe pas d'involution qui commute avec une homographie parabolique.

### 7.8 Produit de trois involutions

Soient $\alpha, \beta, \gamma$ trois involutions d'une conique propre $\Gamma$. Montrer que le produit $\gamma \circ \beta \circ \alpha$ est une involution si et seulement si leurs centres sont alignés.

***Solution.*** Soient $A, B, C$ les centres en question. S'ils sont alignés, la proposition 5.4 montre que $\beta \circ \alpha$ peut s'écrire $\gamma \circ \alpha'$, où $\alpha'$ est une involution. Il en résulte aussitôt $\gamma \circ \beta \circ \alpha = \gamma \circ \gamma \circ \alpha' = \alpha'$.

Réciproquement, si $\tau = \gamma \circ \beta \circ \alpha$ est une involution, on a l'égalité $\gamma \circ \tau = \beta \circ \alpha$. La proposition 5.4 nous apprend encore que les homographies $\beta \circ \alpha$ et $\gamma \circ \tau$ ont même axe $AB$ et que les centres $C, T$ de ces involutions appartiennent à l'axe d'homographie. Il en résulte que $C$ appartient à la droite $AB$.

***Remarque 7.6.*** Ce résultat est équivalent au théorème de Pascal comme le « montre » la figure 7.9.

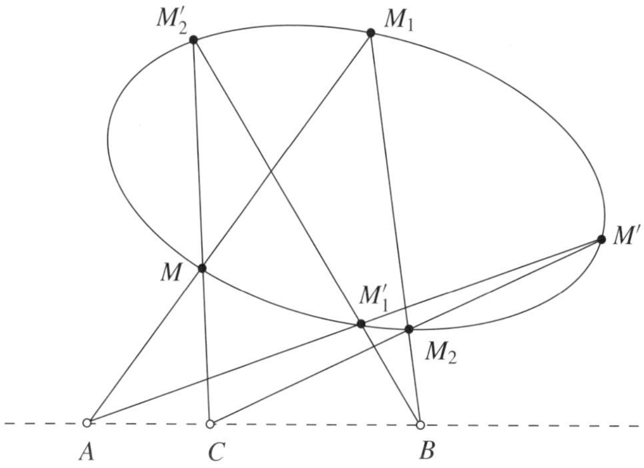


**Figure 7.9.**

## 7.9 Couple commun à deux involutions

Pour toute involution $\alpha$ d'un faisceau de droites passant par un point $A$ donné, il existe un couple de droites homologues orthogonales. S'il en existe deux, alors toute droite du faisceau est orthogonale à son homologue.

***Solution.*** On « projette » $\alpha$ sur un cercle $\Gamma$ passant par $A$. On obtient ainsi une involution $\sigma$ de $\Gamma$, de centre $I$ (figure 7.10).

– Si $I$ est le centre de $\Gamma$, deux points qui sont homologues pour $\sigma$ sont diamétralement opposés sur $\Gamma$ et les droites correspondantes de $A^*$ sont orthogonales.

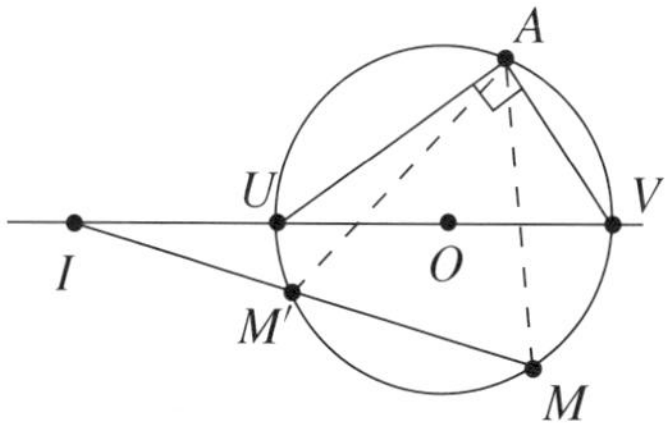


**Figure 7.10.**

– Si $I$ est distinct du centre $O$ de $\Gamma$, la droite $OI$ coupe $\Gamma$ en deux points $U, V$ diamétralement opposés qui donnent un couple de droites orthogonales homologues pour $\alpha$, les droites $AU, AV$.

## 7.10 Construction d'une homographie elliptique

On considère une homographie elliptique $M \mapsto M'$ d'une droite d'un plan projectif réel. On se place dans une carte euclidienne. Démontrer l'existence d'un point $O$ de cette carte tel que l'angle $(OM, OM')$ reste constant et en donner une construction.

***Solution.*** La solution est simple lorsque l'homographie est une involution elliptique $\theta$ ; en effet, $(A, A')$ et $(B, B')$ étant deux couples de points homologues, les cercles de diamètres $AA'$ et $BB'$ sont sécants (proposition 3.4) ; soit $O$ un des points d'intersection de ces cercles ; $(OA, OA')$ et $(OB, OB')$ sont alors deux couples de droites orthogonales et $\theta$ coïncide avec la projection sur la droite $d$ de l'involution canonique de $O^*$.

Si $d$ n'est pas une involution, il existe une involution elliptique $\theta$ qui commute avec $\alpha$ (exercice 7.7) ; soit $O$ le point correspondant décrit ci-dessus ; la projection $\alpha$ à partir de $O$ sur la droite de l'infini va ainsi commuter avec l'involution canonique et définir un angle (proposition 4.4 et 4.8.1).

***Remarque 7.7.*** On peut visualiser (figures 7.11) cette propriété sur un cercle $\Gamma$ centré sur la droite $\alpha$ et passant par $O$ ; la projection de $\theta$ sur $\Gamma$ à partir de $O$ est une involution dont le centre est celui de $\Gamma$ (exercice 7.7) ; l'axe d'homographie de la projection de $\alpha$ sur $\Gamma$ à partir de $O$, sera donc la droite de l'infini et la construction de $\alpha(M)$ connaissant un point $A$ et $\alpha(A)$ fait apparaître clairement l'égalité des angles $\big(OA, O\alpha(A)\big)$ et $\big(OM, O\alpha(M)\big)$.

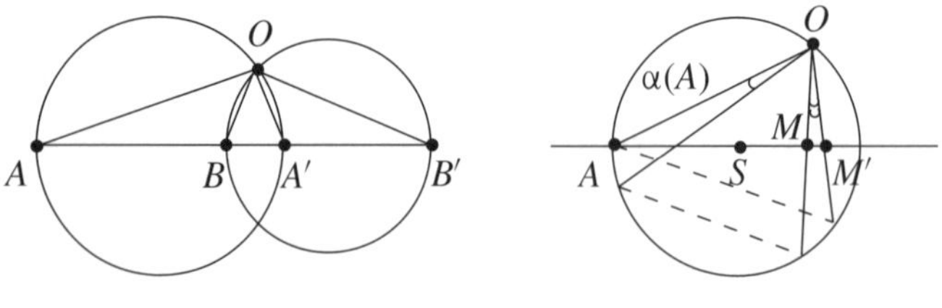


Figure 7.11.

## 7.11 Théorème de Chasles-Steiner

On donne une droite $d$ et une bijection $\alpha : M \mapsto M'$ de $d$. Soient $A$ et $B$ deux points non situés sur $d$.

**7.11.1** Montrer que $\alpha$ est une homographie si et seulement si le point $P = AM \cap BM'$ appartient à une conique $\Gamma$.

**7.11.2** Montrer que, le cas échéant, l'homographie $\alpha$ est une involution si et seulement si le pôle de $AB$ par rapport à $\Gamma$ est sur la droite $d$.

***Solution.***

**7.11.1** La première partie de l'énoncé est une variante du théorème de Chasles-Steiner, très économique dans les problèmes.

**7.11.2** Soient $U, V$ les points d'intersection de $\Gamma$ et de $d$ (figure 7.12). (On se placera au besoin dans le complexifié.) Remarquons d'abord que les points fixes de $\alpha$ sont les points d'intersection de $\Gamma$ et de $d$. L'homographie $\alpha$ est une involution si et seulement si l'on a $(U, V, M, M') = -1$ (théorème 3.1) et, par projection sur $\Gamma$, si et seulement si $(U, V, A, B) = -1$. D'après l'exercice 7.6, le pôle de $AB$ est sur $d$. (On peut aussi appliquer $\alpha$, puis $\alpha \circ \alpha$ au point où la tangente en $A$ à $\Gamma$ coupe la droite $d$ et invoquer la proposition 3.2). Notons que lorsque $\alpha$ est une involution, celle-ci coïncide avec la conjugaison par rapport à $\Gamma$.

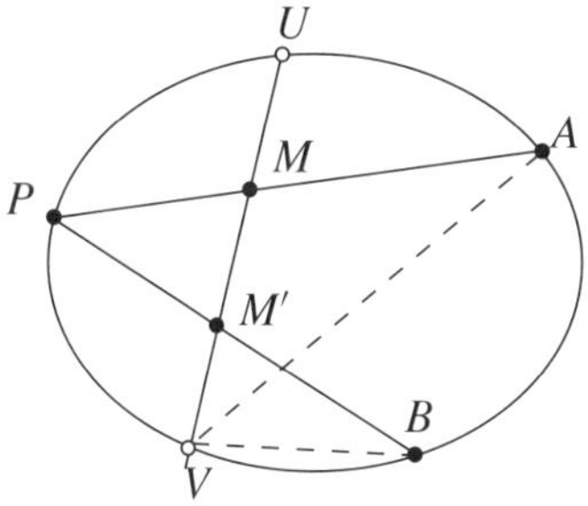


**Figure 7.12.**

***Application :*** *Construire l'image $M'$ du point $M$ d'une droite donnée sur laquelle on a défini une homographie $\alpha$ définie par deux points fixes $A$ et $B$ et par un point $C$ et son image $C'$.*

***Solution.*** On construit un cercle $\Gamma$ passant par $A$ et $B$ et on choisit un point $P$ sur $\Gamma$. La droite $PC$ recoupe $\Gamma$ en $L$ et la droite $LC'$ le recoupe en $Q$. Il est évident que l'homographie définie ci-dessus à partir de $\Gamma$ et des points $P$ et $Q$ coïncide avec $\alpha$.

***Remarque 7.8.*** Le même dispositif peut être utilisé pour construire les points d'intersection d'une conique et d'une droite.

Les points fixes de $\alpha$ sont les points d'intersection de la droite $d$ et de la conique $\Gamma$.

## 7.12 Dual du théorème de Steiner

Soit un point $D$, $\alpha^*$ une bijection de $D^*$, et deux droites $a, b$ ne contenant pas le point $D$.

**7.12.1** La bijection $\alpha^* : d \mapsto d'$ est une homographie si et seulement si la droite joignant les points $d \cap a$ et $d' \cap b$ est tangente à une conique $\Gamma$.

**7.12.2** Soit $\Gamma$ la conique ainsi associée à une homographie $\alpha^*$ de $D^*$ ; $\alpha^*$ est une involution si et seulement si $D$ appartient à la polaire de $a \cap b$ par rapport à $\Gamma$ (Voir exercice 7.34 (3)).

**7.12.3** Les droites fixes de $\alpha^*$ sont les tangentes à $\Gamma$ issues de $D$.

## 7.13 Involution de conjugaison

Dans le prolongement de l'exercice 7.11 et avec les mêmes notations, si $\alpha$ est une homographie non parabolique de la droite $d$, l'unique involution qui commute avec $\alpha$ (exercice 7.7 (2)) est l'involution de conjugaison par rapport à la conique $\Gamma$ engendrée par $\alpha$.

***Solution.*** Dans le complexifié, la situation est simple car la droite $d$ coupe $\Gamma$ en deux points $U$ et $V$ qui sont les points fixes de $\alpha$ et de l'involution de conjugaison $\gamma$ ; d'après le théorème 3.6, $\alpha$ et $\gamma$ commutent.

Si l'on se cantonne au plan réel, la commutation devient la seule caractérisation ; la polarité est alors la clé des démonstrations :

le fait que $\alpha = \gamma$ si et seulement si le pôle de $d$ est sur $AB$ vient directement de l'exercice 7.5 (figure 7.7, page 85). Si $\alpha \neq \gamma$ une figure commentée suffira (figure 7.13).

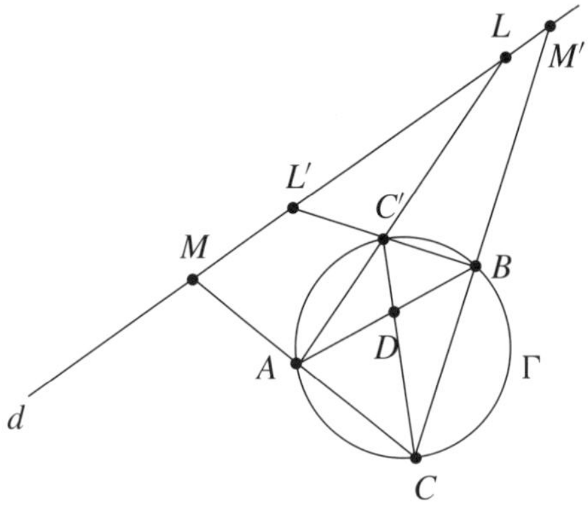


**Figure 7.13.**

Soit $M \in d$, $M' = \alpha(M)$, $AM \cap BM' = C$.

$D$ est le pôle de $d$. La droite $CD$ recoupe $\Gamma$ en $C'$. Comme $D \in CC'$, $L' = \gamma(M')$ et $L = \gamma(M)$.

D'autre part, $L' = \alpha(L)$.

Ainsi :

$$M \underset{\alpha}{\to} M' \underset{\gamma}{\to} L' \quad \text{et} \quad M \underset{\gamma}{\to} L \underset{\alpha}{\to} L'$$

$$\gamma \circ \alpha(M) = \alpha \circ \gamma(M)$$

## 7.14 Coniques de Maclaurin

On donne trois points $A, B, S$ et deux droites $p, q$. Une droite variable passant par $S$ coupe $p, q$ en $P, Q$. Étudier le lieu du point d'intersection des droites $AP$ et $BQ$.

***Solution.*** La correspondance $AP \mapsto BQ$ de $A^*$ sur $B^*$ (figure 7.14, page ci-contre) est homographique, car elle est la composée de trois homographies : la projection de $A^*$ sur $p$, la projection de $p$ sur $q$ à partir de $S$ et la projection de $q$ sur $B^*$. D'après le théorème de Chasles-Steiner, le point $M = AP \cap BQ$ décrit une conique $\Gamma$ passant par $A$ et $B$. Il est évident que $\Gamma$ passe aussi par les points $C = p \cap q, D = AS \cap q$ et $E = BS \cap p$, ce qui détermine parfaitement la conique.

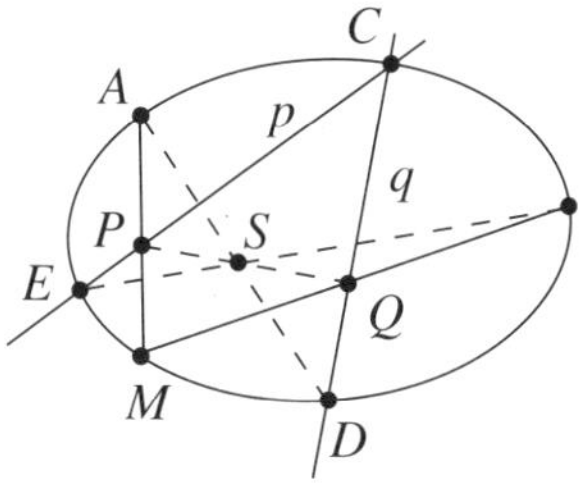


Figure 7.14.

***Remarques 7.9 (Cas particuliers).***

- Si $S$ appartient à la droite $BC$ (resp. $AC$), la tangente en $C$ à $\Gamma$ est la droite $p$ (resp. $q$). Il suffit pour le montrer, d'utiliser la construction donnée au paragraphe 5.1.3.
- Si $A$ appartient à $q$, la tangente en $A$ à $\Gamma$ est la droite $AS$.
- Si $B$ appartient à $p$, la tangente en $B$ est $BS$.
- Si $A, B$ appartiennent à $q, p$, le point $S$ est le pôle de la droite $AB$.
- Si les points $A, B, S$ sont alignés, la conique $\Gamma$ est dégénérée (voir l'exercice exercice 2.2). On obtient ainsi un « porisme » (proposition) de Pappus, ébauche du théorème de Desargues : « Si un triangle variable dont les côtés passent par trois points fixes, a deux sommets situés sur des droites, le troisième sommet est également situé sur une droite. »

***Remarque 7.10.*** Ce procédé de génération d'une conique a été énoncé en 1733 par Maclaurin et repris en 1735 par Braikenridge. Maclaurin a utilisé ce résultat pour démontrer le théorème de Pascal ([C], *Traité des sections coniques*, § 90, p. 71). En effet, en posant $F = AP \cap BQ$, on peut considérer l'hexagone $CEBFAD$ et l'on a $CE \cap FA = P, EB \cap AD = S, BF \cap CD = Q$. Par construction, ces points sont alignés.

**Théorème 7.1 (Énoncé dual).** *On donne trois droites $a, b, s$ et deux points $P$ et $Q$. Si les droites $p, q$ des faisceaux $P^*, Q^*$ se coupent sur la droite $s$, la droite qui joint les points $p \cap a$ et $q \cap b$ enveloppe une conique $\Gamma^*$ définie par les droites $a, b, PQ$ et par les droites qui joignent $P$ au point $b \cap s$ et $Q$ au point $a \cap s$.*

## 7.15 Constructions à la règle

Soit $\Gamma$ une conique définie par les points $A, B, C, D, E$. Une droite $d$ passant par $A$ recoupe la conique en un point $A'$ que l'on demande de construire. Construire aussi la tangente à la conique au point $A$.

***Solution.*** La donnée des cinq points $A, B, C, D, E$ permet de reconstituer la génération d'une conique donnée par Maclaurin (exercice 7.14). Avec les notations de cet exercice, posons $p = CE$, $q = CD$, $S = AD \cap BE$.

– Pour construire le point $A'$, on détermine les points $S = AD \cap BE$, $P = d \cap CE$ et $Q = PS \cap CD$. Alors $A' = d \cap BQ$.
– Pour construire la tangente, on détermine les points $S = AD \cap BE$, $Q = AB \cap CD$ et $R = SQ \cap CE$. La tangente cherchée est la droite $AR$ d'après le paragraphe 5.1.3.

Aussi, on peut construire « à la règle » la conique point par point.

***Remarque 7.11.*** En se reportant aux cas particuliers 2 et 3 de l'exercice 7.14, on construira de même des points d'une conique définie par quatre points et une tangente en l'un de ces points ou définie par trois points et les tangentes en deux de ces points. Dualement, on sait construire la deuxième tangente issue d'un point situé sur une tangente d'une conique définie par cinq de ses tangentes. On peut aussi construire les points de contact correspondants.

## 7.16 Diamètres conjugués d'une conique à centre

Soit $\Gamma$ une conique d'un plan affine, de centre $O$. Considérons trois points $A, B, C$ de $\Gamma$. Montrer que :

**7.16.1** Les directions des droites $AC$ et $BC$ sont conjuguées par rapport à $\Gamma$ si et seulement si $A$ et $B$ sont diamétralement opposés sur $\Gamma$ (figure 7.15).

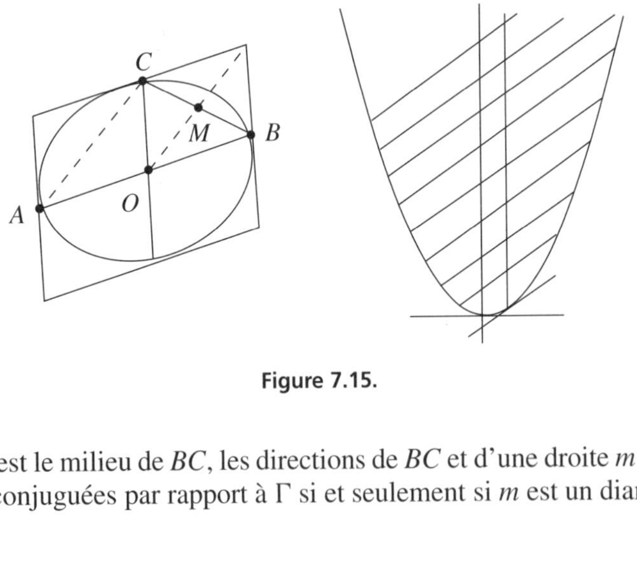


**Figure 7.15.**

**7.16.2** Si $M$ est le milieu de $BC$, les directions de $BC$ et d'une droite $m$ passant par $M$ sont conjuguées par rapport à $\Gamma$ si et seulement si $m$ est un diamètre de $\Gamma$.

***Solution.***

**7.16.1** Soit $d_\infty$ la droite de l'infini de la carte correspondante. D'après l'exercice 7.11, deux points $P, P'$ de $d_\infty$, tels que les droites $AP, BP$ se coupent sur $\Gamma$, sont conjugués par rapport à $\Gamma$ si et seulement si la droite $AB$ passe par le pôle de $d_\infty$, ce qui prouve que $AB$ est un diamètre de $\Gamma$.

**7.16.2** Cette proposition découle de la précédente par application du théorème de Thalès. On peut aussi l'obtenir en considérant la polaire du point à l'infini de $BC$.

***Remarques 7.12.***

- Lorsque $\Gamma$ est un cercle, deux directions conjuguées sont orthogonales et l'on retrouve l'énoncé classique : « La polaire d'un point par rapport à un cercle est orthogonale au diamètre qui passe par ce point. »
- Lorsque $\Gamma$ est une parabole, le lieu des milieux des cordes parallèles à une direction donnée est une parallèle à l'axe.

## 7.17 Nature d'une conique affine

Soient $A$ et $B$ deux points donnés d'une carte affine. Déterminer les points à l'infini de la conique définie par une homographie $\alpha : A^* \to B^*$.

***Solution.*** Si la conique $\Gamma$ est définie par cinq points, choisissons judicieusement deux de ces points, disons $A$ et $B$. Soit $\alpha$ l'homographie telle que $AC \mapsto BC$, $AD \mapsto BD$, $AE \mapsto BE$ où $C, D, E$ sont les trois autres points.

- *Première solution.* On applique l'exercice 7.11 où $d$ est la droite de l'infini de la carte. Les points fixes de l'homographie ainsi définie sont les points à l'infini de $\Gamma$. Pour construire ces points on applique le paragraphe 5.3.
- *Deuxième solution.* Les points à l'infini de $\Gamma$ sont aussi les points fixes de l'involution définie sur $d_\infty$ par la conjugaison par rapport à $\Gamma$. Connaissant $\alpha$, il est facile de déterminer cette involution. En effet, le paragraphe 5.1.3 permet d'obtenir trois points de $\Gamma$ et leurs tangentes. L'exercice 7.16 permet la détermination de deux couples de directions conjuguées.

***Remarque 7.13.*** Si $AB$ est un diamètre, $\alpha$ est l'involution due à la conjugaison, et les deux solutions se rejoignent (exercice 7.16).

## 7.18 Centre d'une conique

Déterminer le centre d'une conique définie par cinq points ou par cinq tangentes.

***Solution.*** Supposons la conique définie par cinq de ses points. L'exercice 7.15 indique comment construire les tangentes en ces points. Dualement, la connaissance de cinq tangentes permet la construction des points de contact.

Pour déterminer le centre de la conique, donnons-nous trois points $A, B, C$ et leurs tangentes $a, b, c$. Posons $P = a \cap b$ et $Q = b \cap c$. L'exercice 7.16 montre les droites joignant $P$ au milieu de $AB$ et $Q$ au milieu de $BC$ sont des diamètres. Si ces droites se coupent en un point $O$, ce point est le centre de $\Gamma$ ; si elles sont parallèles, $\Gamma$ est une parabole.

***Remarque 7.14.*** La parallèle à $AB$ (resp. $BC$) passant par $O$ est le diamètre conjugué du diamètre $PO$ (resp. $QO$). On peut ensuite construire les axes (exercice 7.19) à partir de deux couples de diamètres conjugués.

## 7.19 Constructions des axes d'une conique à centre

Construire les axes d'une ellipse dont on connaît le centre $O$ et deux points $A, B$ tels que les droites $OA$ et $OB$ soient des diamètres conjugués.

***Solution.*** L'application $\gamma$ qui à un diamètre associe le diamètre conjugué est une involution de $O^*$. Les axes sont deux droites orthogonales homologues pour $\gamma$. Pour les construire, il faut connaître un deuxième couple de diamètres conjugués qu'on obtient en construisant le parallélogramme circonscrit à l'ellipse en $A$ et en $B$. Les diagonales de ce parallélogramme sont alors deux diamètres conjugués (exercice 7.5).

On utilise ensuite la construction décrite dans l'exercice 7.9. Sur un cercle $\Gamma$ de centre $C$ et passant par $O$, on projette $\gamma$. On obtient ainsi une involution $\gamma'$ du cercle dont on détermine le centre $I$. Le diamètre $CI$ coupe alors le cercle en deux points $U, V$ qui sont homologues pour $\gamma'$. Les droites $OU$ et $OV$ sont les axes cherchés.

### 7.20 Conique à point de vue harmonique

On donne deux points $A, B$ et une conique $\Gamma$. Déterminer le lieu des points $P$ tels que les tangentes à $\Gamma$ issues de $P$ soient conjuguées par rapport aux droites $PA$ et $PB$. Donner l'énoncé dual.

***Solution.*** Les droites $PA$ et $PB$ sont conjuguées par rapport aux tangentes à $\Gamma$ issues de $P$ si et seulement si la droite $PB$ contient le pôle $P'$ de $PA$. Si les points $A$ et $B$ sont conjugués par rapport à $\Gamma$, le lieu cherché est évidemment constitué par les droites $KA$ et $KB$ si $K$ est le pôle de $AB$ par rapport à $\Gamma$.

Envisageons maintenant le cas où $A$ et $B$ ne sont pas conjugués par rapport à $\Gamma$. A chaque droite $p$ passant par $A$, associons la droite $q$ qui joint $B$ au pôle $P'$ de $p$. Le lieu cherché est l'ensemble des points $p \cap q$ lorsque $p$ pivote autour de $A$. C'est une conique $\Omega$ car l'application $\alpha : p \mapsto q$ est homographique (théorème de Chasles-Steiner). En effet, on passe de $p$ à $q$ en composant l'homographie $p \mapsto p'$ de $A^*$ sur la polaire $a$ de $A$ par rapport à $\Gamma$ et la projection de $a$ sur $B^*$.

Cette conique est dégénérée si et seulement l'homographie $\alpha$ transforme la droite $AB$ en $BA$ c'est-à-dire, si et seulement si $AB$ est tangente à $\Gamma$.

Précisons $\Omega$ lorsque celle-ci n'est pas dégénérée. On obtient les tangentes en $A$ et $B$ en prenant l'image réciproque et l'image de $AB$ pour l'homographie $\alpha$ (5.1.3). On trouve facilement que ces tangentes passent par le pôle de $AB$ par rapport à $\Gamma$. La droite $AB$ a donc même pôle par rapport à $\Gamma$ et par rapport à $\Omega$. On vérifie aussi sans peine que $\Omega$ contient les points de contact des tangentes issues de $A$ à $\Gamma$. Comme les points $A$ et $B$ jouent un rôle symétrique, $\Omega$ contient les points de contact des tangentes issues de $B$.

***Remarque 7.15.*** On montre facilement qu'il existe une infinité de quadrangles $PRQS$ inscrits dans $\Omega$ et dont les côtés $PR$, $RQ$, $QS$, $SP$ sont tangents à $\Gamma$. En effet, soit $P$ un point de $\Omega$. Les tangentes $u, v$ à $\Gamma$ qui sont issues de $P$ coupent la droite $AB$ en deux points $U, V$ conjugués par rapport à $A, B$. Les tangentes $u', v'$ à $\Gamma$ qui sont issues de $U, V$ et autres que $u, v$, se coupent en $Q$. Comme les droites $QU, QV$ sont conjuguées par rapport au droites $QA, QB$, le point $Q$ appartient à $\Omega$. On montre de même que les points $u \cap v'$ et $u' \cap v$ appartiennent à $\Omega$.

***Remarque 7.16 (Énoncé dual).*** « Soit $\Gamma$ une conique et $a, b$ deux droites. L'enveloppe des droites $p$ qui coupent $a, b$ en deux points conjugués par rapport à $\Gamma$ est en général une conique $\Omega$ qui est tangente aux droites $a$ et $b$. Cette conique est dégénérée lorsque $a \cap b$ appartient à $\Gamma$ ou lorsque $a$ et $b$ sont conjuguées par rapport à $\Gamma$. La polaire de $a \cap b$ par rapport à $\Omega$ est la polaire du même point par rapport à $\Gamma$. »

La conique $\Omega$ contient les tangentes issues des pôles de $a$ et de $b$ par rapport à $\Gamma$. Il existe une infinité de quadrilatères circonscrits à $\Omega$ et ayant quatre sommets sur $\Gamma$.

## 7.21 Le cercle orthoptique

Déterminer le lieu des points d'où l'on peut mener des tangentes orthogonales à une conique.

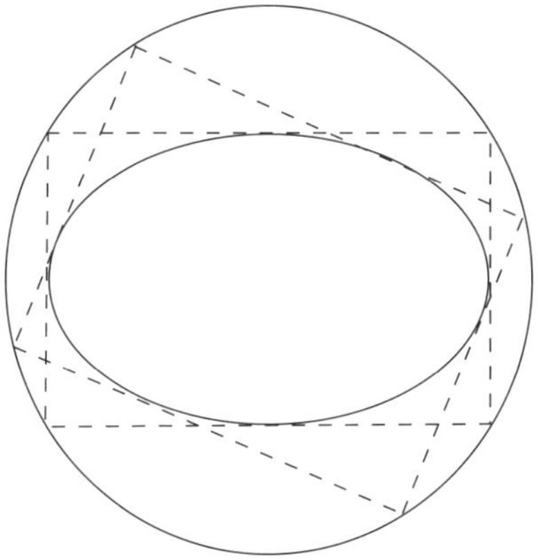

Figure 7.16.

***Solution.*** On se place dans le complexifié et l'on désigne par $I, J$ les points cycliques. Le lieu des points d'où l'on peut mener à une conique $\Gamma$ des tangentes orthogonales est le lieu des points $P$ tels que les tangentes issues de $P$ à $\Gamma$ soient conjuguées par rapport aux droites $PI$ et $PJ$. Il suffit alors d'appliquer l'exercice 7.20.

## 7.22 Droite orthoptique ; cas de la parabole

Étude du cas particulier de exercice 7.20, lorsque la droite $AB$ est tangente à la conique $\Gamma$.

***Solution.*** Soient $a$ et $b$ les tangentes à $\Gamma$ issues de $A$ et de $B$, autres que $AB$ ; et soient $U, V$ les points de contact. L'homographie $\alpha$ de $A^*$ dans $B^*$ décrite dans l'exercice 7.20 montre qu'alors $\alpha : AB \to BA$, donc que le lieu cherché est une conique dégénérée ; il est clair que $UV$ est la seconde droite de cette conique dégénérée. Si $A$ et $B$ sont, sur la droite de l'infini, le points cycliques, $\Gamma$ est une parabole, le point $F = a \cap b$ en est le foyer et la droite $UV$, la directrice. Ainsi, **dans un plan affine, la directrice d'une parabole est le lieu des points d'où l'on peut mener deux tangentes orthogonales**.

Notons que la situation apparaît plus clairement quand on se refère à l'exercice 7.6 et à la proposition 5.7. Voir à ce sujet le problème 8.71.

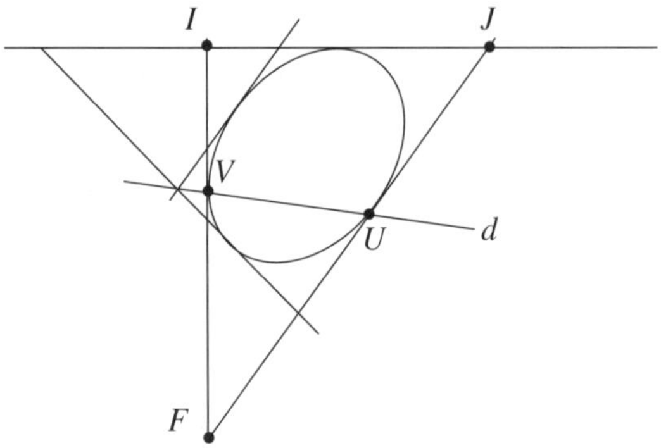


Figure 7.17.

***Remarques 7.17.*** Résumons les exercices 7.21 et 7.22 :

- Si $IJ$ n'est pas tangente à $\Gamma$ ou si $I$ et $J$ ne sont pas conjugués par rapport à $\Gamma$, le lieu cherché est un cercle $\Omega$ appelé le *cercle orthoptique* de $\Gamma$. Son centre coïncide avec celui de $\Gamma$ ; il coupe $\Gamma$ aux points (imaginaires) où $\Gamma$ rencontre les directrices ; il existe une infinité de rectangles inscrits à $\Omega$ et tangents à $\Gamma$.
- Si $IJ$ est tangente à $\Gamma$ (ce qui signifie que $\Gamma$ est une parabole), la conique $\Omega$ dégénère en deux droites : la directrice et la droite de l'infini.
- Si $I$ et $J$ sont conjugués par rapport à $\Gamma$ (ce qui est le cas lorsque $\Gamma$ est une hyperbole équilatère), le lieu cherché est constitué par les droites (imaginaires) $OI, OJ$ en désignant par $O$ le centre de l'hyperbole. On obtient ainsi le cercle de rayon nul d'équation $X^2 + Y^2 = 0$.

En revenant au cas affine réel, cela donne les résultats suivants :

- si $\Gamma$ est une ellipse, $\Omega$ est un cercle réel ;
- si $\Gamma$ est une parabole, $\Omega$ est la directrice ;
- si $\Gamma$ est une hyperbole équilatère, $\Omega$ est le centre de $\Gamma$ ;
- si $\Gamma$ est une hyperbole située dans l'angle aigu formé par les asymptotes, $\Omega$ est la partie d'un cercle situé dans l'angle obtus ;

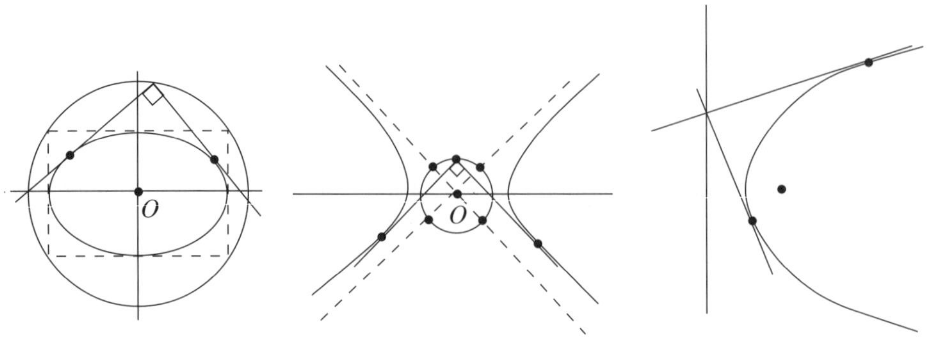


(a) (b) (c)

Figure 7.18.

➤ si $\Gamma$ est une hyperbole située dans l'angle obtus formé par les asymptotes, $\Omega$ est vide ;
➤ si $\Gamma$ dégénère en deux points $A$ et $B$, la conique $\Omega$ est le cercle de diamètre $AB$.

## 7.23 Le cercle — Arc capable

Étant donné deux points $A$ et $B$ du plan euclidien, l'ensemble des points $M$ tels que l'angle de droites $(AM, BM)$ soit constant est un cercle passant par les points $A$ et $B$ (théorème dit « de l'arc capable »).

***Solution.*** Nous donnons cet énoncé bien connu afin de préciser le cadre projectif dans lequel nous évoluons et le vocabulaire afférent.

**Le cercle :** si l'on veut définir le cercle sans avoir recours à la notion de distance on se souviendra que, dans un triangle rectangle, le sommet de l'angle droit est sur un cercle ; l'hypothénuse du triangle est un diamètre de ce cercle.

On retrouve cette construction en appliquant l'exercice 7.13 dans le cas où la droite $d$ est la droite de l'infini et où l'homographie $\alpha$ est l'involution canonique définissant l'orthogonalité.

Dans une carte euclidienne du plan projectif réel, le cercle est donc une conique par rapport à laquelle l'**involution canonique de $d_\infty$ est l'involution de conjugaison**.

Si l'on se place dans le complexifié, on pourra dire qu'**un cercle est une conique** qui passe par les points fixes de cette involution canonique ; ces points, qui sont complexes conjugués, s'appellent les **points cycliques**.

**Les angles :** pour revenir à notre énoncé, plaçons sur le cercle $\Gamma$ deux points $A$ et $B$ ; si la droite $AB$ ne passe pas par le centre de $\Gamma$, d'après l'exercice 7.11, pour tout point $M$ de $\Gamma$, les points à l'infini des droites $AM$ et $BM$ se correspondent dans une homographie qui commute avec l'involution de conjugaison, c'est-à-dire, l'involution canonique. Avec l'exercice 7.11, la réciproque est sans aucune difficulté. Une telle homographie dont les points fixes sont les points cycliques, définit un angle de droites. Pour éclairer cette définition, une rotation peut donner une bonne image des angles ; or une rotation se décompose en produit de deux symétries orthogonales ; la restriction de ces symétries à $d_\infty$ commutent avec l'involution canonique donc aussi leur produit ; on retrouve ainsi notre homographie qui commute avec l'involution canonique.

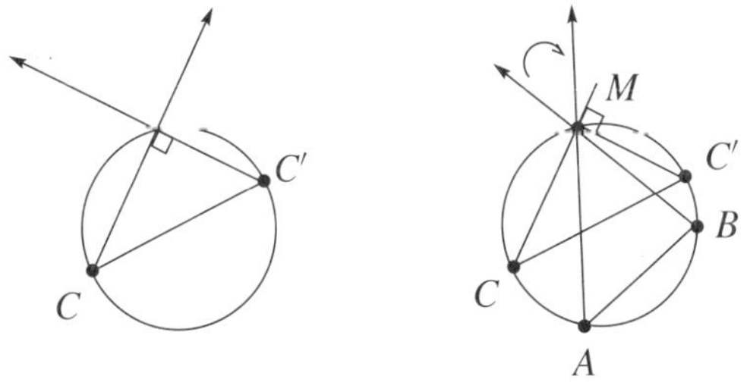


Figure 7.19.

## 7.24 Condition pour qu'un cercle appartienne à un faisceau

Soit $\mathcal{F}$ un faisceau de coniques n'ayant pas de points de base sur la droite de l'infini. On désigne par $\delta$ l'involution que donne $\mathcal{F}$ sur la droite de l'infini et par $\sigma$ l'involution canonique qui définit l'orthogonalité. Les propositions suivantes sont équivalentes :

**7.24.1** $\mathcal{F}$ contient un cercle.

**7.24.2** $\delta$ échange les points cycliques (les points fixes de $\delta$ sont orthogonaux).

**7.24.3** $\delta\sigma$ est une involution distincte de l'identité.

**7.24.4** Toutes les coniques de $\mathcal{F}$ ont mêmes directions d'axes.

***Solution.***

**7.24.1** Si $\mathcal{F}$ contient un cercle, $\delta$ échange les points cycliques $I$ et $J$ (théorème 6.1). Comme ces points sont les points fixes de $\sigma$, l'exercice 7.7 montre que $\delta$ et $\sigma$ commutent. Il en résulte que $\delta \circ \sigma$ est donc une involution. (proposition 3.4)

**7.24.2** Si $\delta \circ \sigma$ est une involution, $\sigma$ échange les points fixes $U, V$ qui sont alors orthogonaux de $\delta$. Les diamètres qui passent par ces points sont donc orthogonaux. Comme ils sont aussi conjugués par rapport à toutes les coniques de $\mathcal{F}$ (proposition 6.8), ce sont les axes des coniques du faisceau.

**7.24.3** Si toutes les coniques de $\mathcal{F}$ ont mêmes directions d'axes, les points à l'infini de ces axes sont conjugués par rapport à toutes les coniques de $\mathcal{F}$. Ce sont donc les points fixes $U, V$ de $\delta$. Comme les axes sont orthogonaux, on a la relation $(I, J, U, V) = -1$ qui exprime que $I, J$ sont échangés par $\delta$. Il existe donc une conique $\Gamma$ du faisceau qui passe par les points cycliques, ce qui prouve que $\Gamma$ est un cercle.

**Corollaire 7.1.** *Si un faisceau de coniques contient un cercle et une hyperbole équilatère (voir l'exercice 7.29), les points fixes de $\delta\circ\sigma$ sont les points à l'infini de l'hyperbole équilatère $\mathcal{H}$ du faisceau. Cette homographie coïncide avec l'involution $\gamma$ définie par la conjugaison par rapport à $\mathcal{H}$. On retiendra la formule $\gamma = \delta \circ \sigma$.*

## 7.25 Une forme duale de l'exercice 7.24 : foyer d'une conique

Soit $\mathcal{F}^*$ un faisceau tangentiel de coniques et un point $F$. Une condition nécessaire et suffisante pour que $F$ soit le foyer d'une conique de $\mathcal{F}^*$ est que l'involution de Desargues $\delta^*$ de $F^*$ relativement à $\mathcal{F}^*$ commute avec $\sigma^*$ l'involution canonique de $F$.

***Solution.*** Un point $F$ est le foyer d'une conique $\Gamma$ si les tangentes à $\Gamma$ issues de $F$ sont les droites isotropes (qui passent par les points cycliques (4.7)) ; ces droites isotropes seront tangentes à une conique de $\mathcal{F}^*$ si $\delta^*$ les échange, condition qui implique que les droites fixes de $\delta^*$ sont orthogonales (proposition 4.3).

Cela peut encore s'exprimer en disant que $\delta^*$ et $\sigma^*$ commutent (exercice 7.7) ou encore, que les droites fixes de $\delta^*$ sont bissectrices de tout couple de droites homologues, c'est-à-dire que $\delta^*$ est, dans le plan euclidien, une symétrie axiale (voir exercice 7.26).

**Tableau 7.1.** Involutions de Desargues d'un faisceau.

<table>
<tr><th>Faisceaux ponctuels</th><th>Faisceaux tangentiels</th></tr>
<tr><td>

**coniques dégénérées**

$(AB, CD)$, $(AD, BC)$, $(AC, DB)$

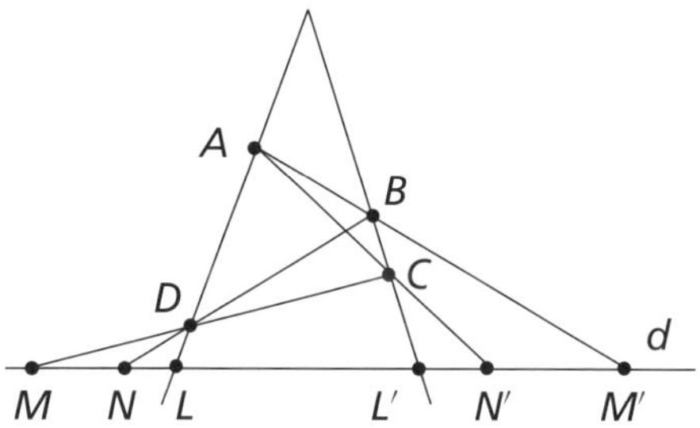


$\delta : L \to L', M \to M', N \to N'$

</td><td>

$(M^*, M'^*)$, $(L^*, L'^*)$, $(N^*, N'^*)$

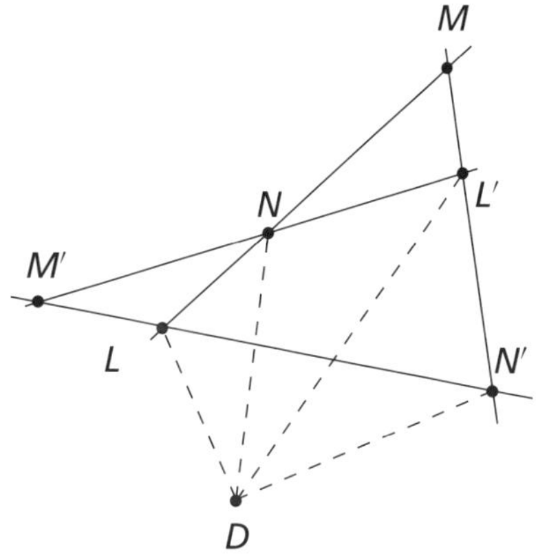


$\delta^* : DL \to DL', DM \to DM', DN \to DN'$

</td></tr>
<tr><td>

$(a, BC)$, $(AB, AC)$

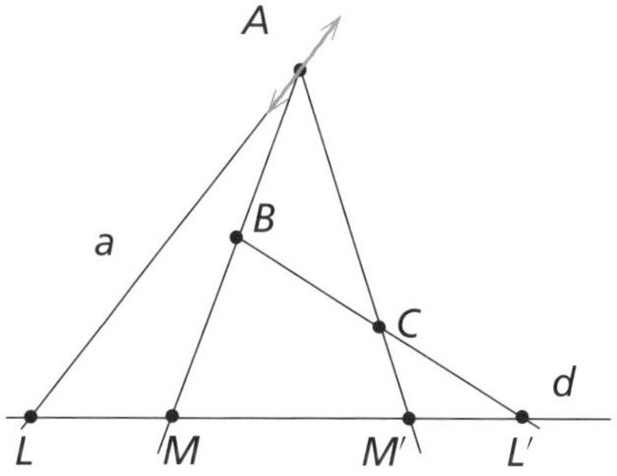


$\delta : L \to L', M \to M'$

</td><td>

$(M^*, M'^*)$, $(L^*, L'^*)$

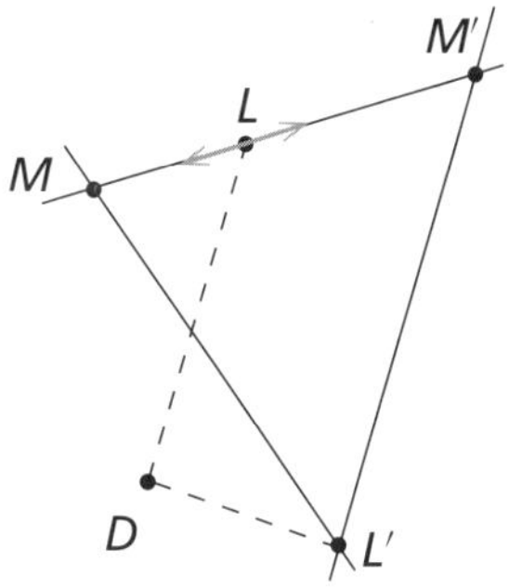


$\delta^* : DL \to DL', DM \to DM'$

</td></tr>
<tr><td>

$(SA, SB)$, $(AB)^2$

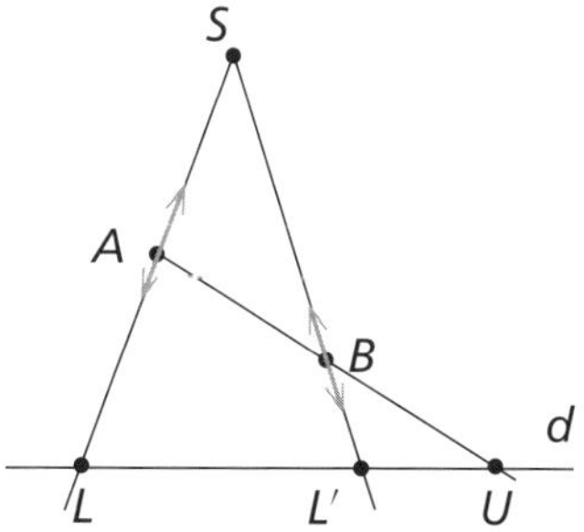


$\delta : U$ point fixe, $L \to L'$

</td><td>

$(L^*, L'^*)$, $(U^*)^2$

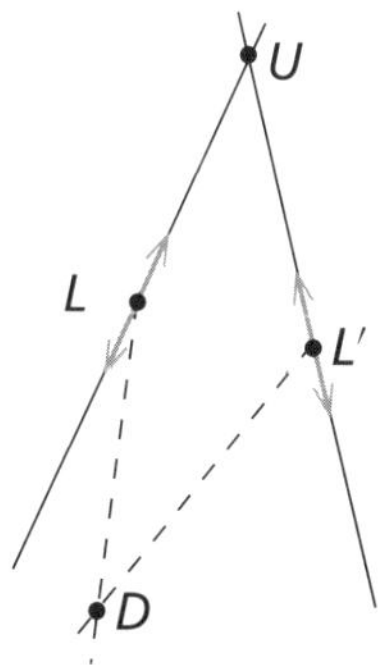


$\delta^* : DU$ droite fixe, $DL \to DL'$

</td></tr>
</table>

*N.B.* Pour une bonne utilisation des énoncés des exercices 7.24 et 7.25, il est indispensable de bien connaître les involutions de Desargues (6.1 et 6.2) attachées aux différents types de faisceaux. (*cf.* tableau 7.1, page précédente)

### 7.26 Symétrie par rapport à une bissectrice dans un triangle

Soit $ABC$ un triangle, $a$ la tangente en $A$ au cercle $ABC$. Le faisceau $\mathcal{F}$ des coniques passant par les points $A, B, C$ et tangentes en $A$ à la droite $a$, définit sur la droite de l'infini l'involution de Desargues $\delta$ (théorème 6.1).

**7.26.1** Montrer que $\delta$ coïncide avec la projection, sur la droite de l'infini, de l'involution $\theta$ de $A^*$, obtenue par la symétrie par rapport à une bissectrice de l'angle $(AB, AC)$.

**7.26.2** Montrer que $\theta$ échange la tangente $a$ et une parallèle à $BC$ passant par $A$ et échange le diamètre $AO$ du cercle $ABC$ et la hauteur $AH$ du triangle $ABC$.

***Solution.*** Nous nous placerons dans le complexifié d'une carte euclidienne du plan projectif.

**7.26.1** Le faisceau $\mathcal{F}$ contient le cercle $ABC$ et la conique dégénérée $(AB, AC)$ ; d'après le théorème 6.1 $\delta$ échangera les points cycliques et aussi les points à l'infini des droites $AB$ et $AC$. Sur ces deux couples de points, la projection $\theta$ de $A^*$ coïncide car les droites fixes de $\theta$ sont orthogonales et $\theta$ échange les droites $AB$ et $AC$.

**7.26.2** Le couple de droites $(a, BC)$ forme une conique dégénérée de $\mathcal{F}$ donc, d'après le théorème 6.1, on a :

$$\delta(\infty_a) = \infty_{BC}$$

et $\delta(\infty_a)$ est le point à l'infini de $\theta(a)$.

Le diamètre $AO$ étant orthogonal à la tangente $a$, l'image par $\theta$ de $AO$ est orthogonale à $\theta(a)$ c'est-à-dire à $BC$.

***Remarque 7.18.*** L'image par $\theta$ de la médiane est le symédiane (*cf.* problème 8.17).

### 7.27 Cercles et triangles

Sur les côtés $AB$ et $AC$ d'un triangle $ABC$, on place respectivement les points $P$ et $Q$.

Montrer que les points $B, C, P, Q$ sont cocycliques si et seulement si $PQ$ est parallèle à la tangente en $A$ au cercle circonscrit à $ABC$. (Cette tangente étant elle-même parallèle à un côté du triangle podaire de $ABC$.)

***Solution.*** La solution va s'appuyer sur les propriétés énoncées dans l'exercice 7.26 ; soit $\mathcal{F}$ le faisceau des coniques passant par $A, B, C$ et tangentes en $A$ à la droite $a$, la tangente au cercle $ABC$, et soit $\mathcal{F}'$ le faisceau des coniques circonscrites au quadrangle $BCPQ$. On désigne par $\delta$ et $\delta'$ les involutions de $d_\infty$ liées à ces faisceaux.

Si $B, C, P, Q$ sont cocycliques $\delta$ et $\delta'$ coïncident sur les points cycliques et sur les points à l'infini des droites $AB$ et $AC$ ; on a donc $\delta = \delta'$ et d'après l'exercice 7.26, $\delta$ transforme $\infty_{BC}$ en $\infty_a$ et on aura donc $\delta'(\infty_{BC}) = \infty_{PQ} = \infty_a$ autrement dit, $PQ$ est parallèle à la tangente $a$. La réciproque se fait de même.

***Remarques 7.19.***

- Soient $B'$ et $C'$ les pieds des hauteurs du triangle $ABC$ issues de $B$ et de $C$ ; comme $B'$ et $C'$ sont sur le cercle de diamètre $BC$, $B'C'$ est parallèle à la tangente en $A$ au cercle $ABC$.
- Le segment $[PQ]$ est parallèle à $B'C'$ si et seulement si le milieu de $[PQ]$ est sur la symédiane issue de $A$. D'après l'exercice 7.26, la symétrie par rapport à la bissectrice issue de $A$ transforme $[PQ]$ en un segment $[Q'P']$ ($Q' \in AB, P' \in AC$) parallèle à $BC$ le milieu de $[Q'P']$ est alors sur la médiane issue de $A$ et réciproquement.

Les illustrations des situations fréquemment rencontrées dans les problèmes sont regroupées dans le tableau 7.2.

TABLEAU 7.2.

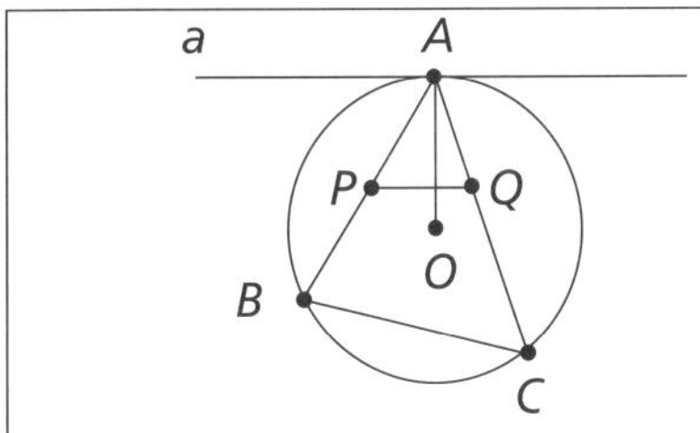

$PQ \parallel a$.

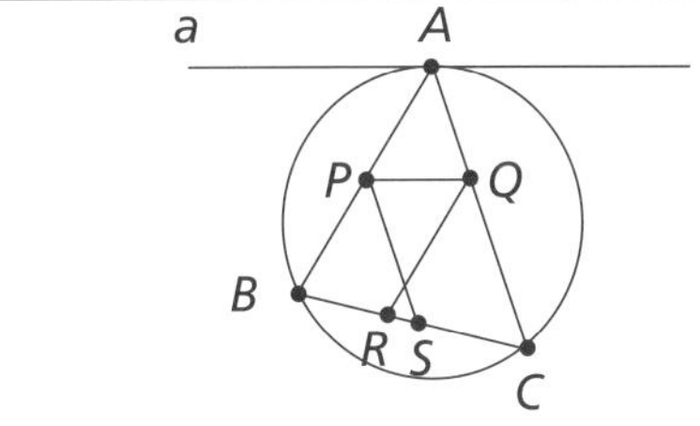

$PQ \parallel a$, $QR \parallel AB$, $PS \parallel AC$.

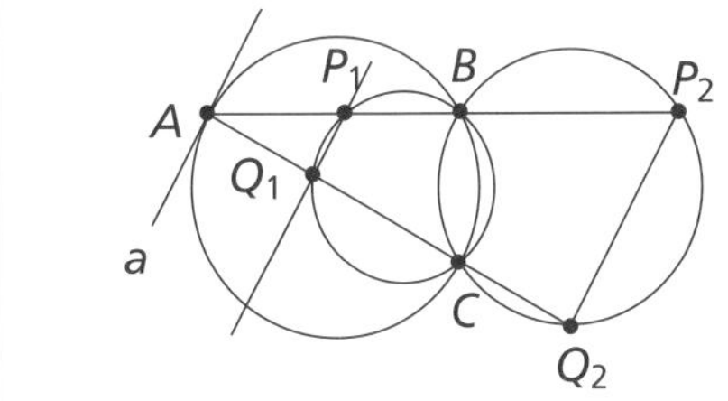

$P_1Q_1 \parallel P_2Q_2 \parallel a$.

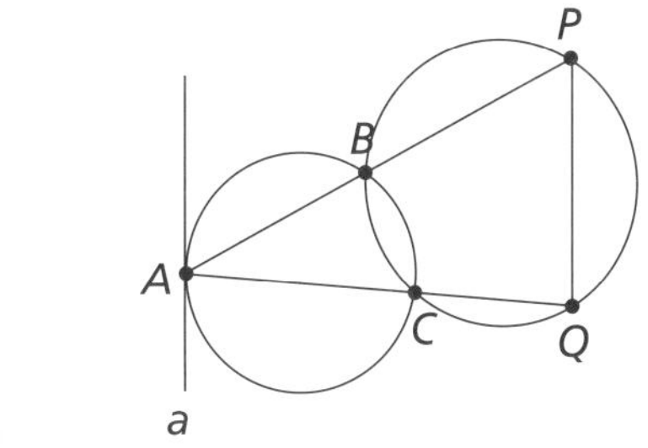

$PQ \parallel a$.

## 7.28 Cercles de Monge d'un faisceau tangentiel

Soit $\Gamma$ une conique définie tangentiellement. D'après l'exercice 7.21, le lieu des points du plan où passent deux tangentes orthogonales de l'enveloppe est en général un cercle appelé cercle de Monge de $\Gamma$ ou encore cercle orthoptique. A chaque conique $\Gamma$ d'un faisceau tangentiel de $\mathcal{F}^*$, on associe son cercle de Monge $\Gamma'$. Montrer que les cercles $\Gamma'$ forment un faisceau ponctuel. Retrouver ensuite quelques résultats connus en considérant le faisceau des coniques tangentes aux côtés d'un quadrilatère complet.

***Solution.*** Soient $\Gamma_1, \Gamma_2$ deux coniques de $\mathcal{F}^*$ et $\Gamma'_1, \Gamma'_2$ leurs cercles de Monge. Si $A$ appartient à $\Gamma'_1 \cap \Gamma'_2$, considérons l'involution de Desargues de $A^*$ définie par $\mathcal{F}^*$. Les tangentes issues de $A$ à $\Gamma_1$ et $\Gamma_2$ forment deux couples de droites homologues pour cette involution et sont conjuguées par rapport aux droites $AI, AJ$. Par conséquent, tout couple de droites homologues est conjugué par rapport à $I, J$. On voit ainsi que les tangentes issues de $A$ à toute conique $\Gamma$ de $\mathcal{F}^*$ sont orthogonales. Par conséquent, le cercle de Monge de $\Gamma$ passe par $A$. Il passe de même par le second point d'intersection de $\Gamma'_1$ et de $\Gamma'_2$. Les cercles de Monge des coniques de $\mathcal{F}^*$ forment alors un faisceau.

***Application :*** *Soient abcd un quadrilatère et $\mathcal{F}^*$ le faisceau des coniques tangentes aux côtés.*

- *Les cercles ayant pour diamètres les segments joignant les sommets opposés d'un quadrilatère appartiennent à un faisceau de cercles. En effet, les sommets opposés du quadrilatère constituent les coniques dégénérées du faisceau des coniques tangentes aux quatre droites du quadrilatère. On retrouve ainsi que les milieux des diagonales d'un quadrilatère complet son alignés (exercice 7.1).*
- *Si un des côtés du quadrilatère est la droite de l'infini, toutes les coniques du faisceau sont des paraboles. Les cercles de Monge de ce faisceau forment alors un faisceau de droites ; trois de ces droites, joignant les sommets opposés du quadrilatère sont les hauteurs du triangle formé par les trois droites à distance finie. On retrouve ainsi que les hauteurs d'un triangle sont concourantes, que l'orthocentre d'un triangle circonscrit à une parabole appartient à la directrice de cette parabole.*
- *Si les quatre droites du quadrilatère sont à distance finie, il existe une parabole dans le faisceau $\mathcal{F}^*$. La directrice de cette parabole est l'axe radical du faisceau des cercles de Monge de $\mathcal{F}^*$ et les orthocentres des quatre triangles formés par trois des quatre droites du quadrilatère sont alignés sur l'axe radical, donc sur une droite orthogonale à la droite des centres (exercice 7.2).*

## 7.29 Coniques particulières d'un faisceau ponctuel

Montrer que tout faisceau ponctuel n'ayant pas de points de base sur la droite de l'infini contient en général deux paraboles et une hyperbole équilatère.

***Solution.*** D'après le grand théorème de Desargues, il y a deux coniques du faisceau tangentes à une droite donnée. Si cette droite est la droite de l'infini, ces coniques sont par définition des paraboles. Les points de contact, qui donnent la direction des axes, sont les points fixes de l'involution de Desargues. La conique du faisceau qui correspond à ces points est une hyperbole équilatère. Si l'involution définie sur la droite de l'infini est l'involution canonique, toutes les coniques du faisceau sont des hyperboles équilatères. L'exercice 7.9 montre que cette involution possède un couple de points homologues qui le sont aussi pour l'involution canonique, d'où le résultat annoncé.

***Remarques 7.20.***

- Une parabole peut dégénérer en une droite double ; c'est en particulier le cas de la droite joignant les points de contact dans un faisceau de type II. Une hyperbole équilatère peut dégénérer en deux droites rectangulaires.

➤ Les paraboles peuvent ne pas être réelles. Par contre l'hyperbole équilatère est toujours réelle (paragraphe 4.7).

### 7.30 Centres des coniques d'un faisceau contenant un cercle

Soit $\mathcal{F}$ un faisceau de coniques contenant un cercle et n'ayant aucun point de base sur la droite de l'infini. Montrer que le lieu des centres des coniques de $\mathcal{F}$ est une hyperbole équilatère ayant pour asymptotes les axes des deux paraboles du faisceau.

***Solution.*** D'après le grand théorème de Desargues, le lieu des centres des coniques du faisceau est une conique $\Omega$ (la conique des onze points du faisceau). Cette conique passe par les points fixes $U, V$ de l'involution que donne $\mathcal{F}$ sur la droite de l'infini. D'après l'exercice 7.24, les points $U$ et $V$ sont conjugués par rapport aux points cycliques : $\Omega$ est donc une hyperbole équilatère.

Si on se rappelle la démonstration de la proposition 6.9, on constate que $\Omega$ est décrite par une homographie de $U^*$ dans $V^*$ qui à la polaire $p \in U^*$ de $V$ par rapport à une conique $\Gamma$ de $\mathcal{F}$ associe la polaire $p' \in V^*$ de $U$ par rapport à cette même conique. Lorsque $\Gamma$ est la parabole $\mathcal{P}_V$ tangente à la droite de l'infini en $V$, la droite $p$ coïncide avec la droite $UV$, ce qui montre que $p'$ est l'axe de la parabole $\mathcal{P}_V$. On voit de même que lorsque $\Gamma$ est la parabole $\mathcal{P}_U$ tangente à la droite de l'infini en $U$, la droite $p$ coïncide avec la droite de l'infini et $p'$ est l'axe de la parabole $\mathcal{P}_U$. Ainsi, les asymptotes de $\Omega$ sont les axes des deux paraboles du faisceau.

### 7.31 Faisceau d'hyperboles équilatères

Si un faisceau de coniques contient deux hyperboles équilatères $\mathcal{H}_1$ et $\mathcal{H}_2$ ayant des points à l'infini distincts, alors toutes les coniques du faisceau sont des hyperboles équilatères. En application du résultat précédent, montrer que l'orthocentre d'un triangle inscrit dans une conique $\Gamma$ appartient à cette conique si et seulement si celle-ci est une hyperbole équilatère.

***Solution.*** La droite de l'infini est une droite de Desargues pour le faisceau $\mathcal{F}$ engendré par $\mathcal{H}_1$ et $\mathcal{H}_2$. L'involution $\delta$ définie par $\mathcal{F}$ sur la droite de l'infini coïncide avec l'involution canonique $\sigma$ sur les deux couples de points que constituent les points à l'infini des hyperboles équilatères $\mathcal{H}_1$ et $\mathcal{H}_2$. Ces deux involutions sont donc égales. Par conséquent, toute conique $\Gamma$ de $\mathcal{F}$ coupe la droite de l'infini en deux points homologues pour $\sigma$, ce qui montre que $\Gamma$ est donc une hyperbole équilatère. Remarquons qu'aucune ellipse ne peut appartenir à $\mathcal{F}$. Sinon, elle couperait la droite de l'infini en deux points complexes conjugués homologues pour $\sigma$, ce qui est impossible (remarque du paragraphe 4.7).

***Application :*** *Une hyperbole équilatère circonscrite à un triangle ABC, passe par l'orthocentre D de ce triangle.*

*En effet, la hauteur issue de A coupe $\mathcal{H}$ en D. Montrons que D est l'orthocentre de ABC. Le faisceau engendré par $\mathcal{H}$ et par le couple de droites AD et BC ne contient (d'après le résultat démontré ci-dessus) que des hyperboles équilatères. Les* *couples de droites* $(BD, AC)$ *d'une part et* $(CD, AB)$ *d'autre part — qui constituent des coniques dégénérées du faisceau — sont donc orthogonales, ce qui montre que* $D$ *est bien l'orthocentre du triangle.*

*Réciproquement, toute conique* $\Gamma$ *qui passe par les sommets d'un triangle* $ABC$ *et par son orthocentre* $H$*, est une hyperbole équilatère. Considérons le faisceau des coniques qui passent par les sommets du triangle. Le point* $H$ *appartient à* $\Gamma$ *et aux hyperboles équilatères dégénérées constituées par les couples de droites* $(AH, BC)$ *et* $(BH, AC)$*. La proposition précédente montre alors que* $\Gamma$ *est une hyperbole équilatère.*

## 7.32 Cercle des neuf points

Déterminer le lieu du centre des coniques qui passent par les sommets d'un triangle et par l'orthocentre de ce triangle.

***Solution.*** Soit $H$ l'orthocentre du triangle $ABC$ (figure 7.20). Les coniques qui passent par $A, B, C, H$ forment un faisceau $\mathcal{F}$ et le lieu de leurs centres est une conique $\Gamma$ dont on connaît neuf points à distance finie et deux points à l'infini (proposition 6.9). Les points à l'infini sont les points doubles de l'involution de Desargues. D'après l'exercice 7.30, les coniques de $\mathcal{F}$ sont des hyperboles équilatères. Il en résulte que les points fixes de l'involution de Desargues sont les points cycliques, ce qui prouve que $\Gamma$ est un cercle. D'après la proposition 6.9, ce cercle passe par les milieux des côtés du quadrangle $ABCH$, c'est-à-dire par les milieux des côtés du triangle $ABC$ et par les milieux des segments $AH$, $BH$, $CH$. Ce cercle passe également par les trois sommets diagonaux qui sont ici les pieds des hauteurs du triangle.

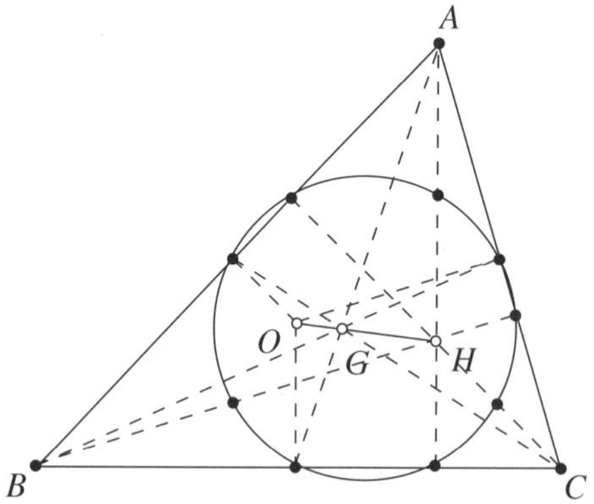


**Figure 7.20.**

Le cercle $\Gamma$ est appelé « cercle des neuf points » ou « cercle d'Euler » du triangle $ABC$ ; il est homothétique du cercle $ABC$ ; l'orthocentre et le barycentre du triangle $ABC$ sont les centres des deux homothéties, le rapport d'homothétie étant $\frac{1}{2}$ et $-\frac{1}{2}$ ; le centre de $\Gamma$ est le milieu du segment $OH$ (où $O$ est le centre du cercle $ABC$) ; il est sur la droite d'Euler du triangle.

**7.33** Montrer que dans un faisceau de coniques tangentielles, il existe en général une parabole et deux hyperboles équilatères.

***Solution.*** Soit $\mathcal{F}^*$ un faisceau tangentiel pour lequel $d_\infty$ n'est pas une tangente de base. Il existe une conique unique de $\mathcal{F}^*$ tangente à $d_\infty$ qui est est donc une parabole. (proposition 6.16)

***Remarques 7.21.***

- Si $d_\infty$ ne contient pas de conique dégénérée, les centres des coniques du faisceau $\mathcal{F}^*$ appartiennent à une droite $c$. Il est alors évident que le point à l'infini de $c$ donne la direction de l'axe de la parabole.
  D'après l'exercice 7.36, les cercles orthoptiques des coniques de $\mathcal{F}^*$ forment un faisceau $\Omega$. Soient $A, B$ les points de base autres que les points cycliques $I, J$ de ce faisceau. L'involution induite par $\Omega$ sur la droite des centres a deux points fixes $U, V$. Il est facile de vérifier que ces points sont les points d'intersection respectifs des droites $IA, JB$ et $JA, IB$. Or la droite des centres des coniques de $\Omega$ est aussi la droite des centres des coniques de $\mathcal{F}^*$. Le cercle orthoptique d'une hyperbole équilatère étant constitué par des droites isotropes, il est aisé de se convaincre que $U$ et $V$ sont les centres d'hyperboles équilatères de $\mathcal{F}^*$ et qu'il n'y en a pas d'autres.
- Si $\mathcal{F}^*$ est de type I, la droite des centres est la droite qui joint le milieu des diagonales du quadrilatère formé par les tangentes de base de $\mathcal{F}^*$.

**7.34 Propriétés focales d'une conique**

Soit $F$ le foyer d'une conique $\Gamma$ et $d$ la directrice correspondante.

**7.34.1** Si $M$ est le point de contact d'une tangente issue d'un point $D$ de $d$, alors l'angle $(FD, FM)$ est droit (figure 7.21a).

**7.34.2** Si $a$ est une droite qui coupe $\Gamma$ en $P, Q$ et si $D$ est le point d'intersection de $d$ et de $a$, la droite $FD$ est l'une des bissectrices de l'angle $(FP, FQ)$ ; l'autre bissectrice passe par le pôle $A$ de $a$ (figure 7.21b).

**7.34.3** Si une tangente variable coupe les tangentes $AP, AQ$ en $S, T$, l'angle $(FS, FT)$ est constant (figure 7.21c).

***Solution.***

**7.34.1** La droite $FM$ étant la polaire de $D$, les droites $FD, FM$ sont donc conjuguées par rapport aux droites $FI, FJ$ si $I$ et $J$ sont les points cycliques (exercice 7.4).



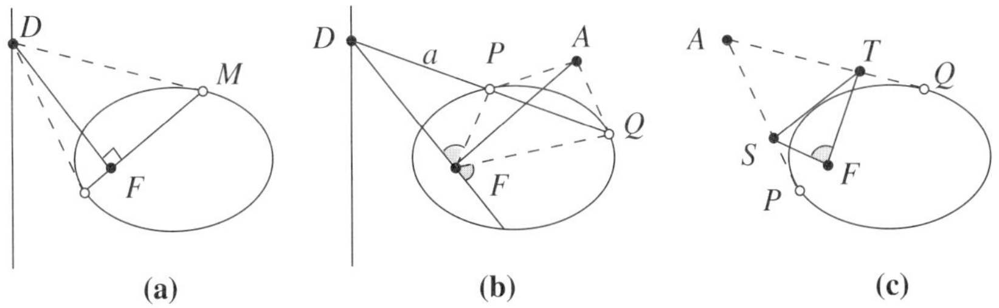


**Figure 7.21.**

Par conséquent, les droites $FM$ et $FD$ sont orthogonales. Le résultat peut encore s'énoncer ainsi : « Un point de la directrice d'un foyer $F$ se projette orthogonalement en $F$ sur sa polaire. »

**7.34.2** Comme $A$ est le pôle de $a$, les droites $FA$, $FD$ sont conjuguées par rapport aux droites $FP$, $FQ$. D'après **1.**, les droites $FA$ et $FD$ sont orthogonales. L'exercice 7.27 montre alors que les droites $FP$ et $FQ$ sont les bissectrices de l'angle $(FP, FQ)$.

**7.34.3** Ce résultat est conséquence immédiate de la définition du birapport de quatre tangentes (théorème 5.9). En appliquant la partie **2.**, on peut préciser ce birapport. Soit $M$ le point de contact de $\Gamma$ avec $ST$. On a $(FM, FS) = \frac{1}{2}(FM, FP)$ et $(FM, FT) = \frac{1}{2}(FM, FQ)$. En retranchant membre à membre ces égalités on obtient $(FS, FT) = \frac{1}{2}(FP, FQ) \pmod{\pi}$. (Cette dernière égalité est évidente pour un cercle de centre $F$.)

On peut aussi considérer l'homographie $\alpha^*$ de $F^*$ associée à la conique $\Gamma^*$ comme cela est décrit dans l'exercice 7.12, proposition duale de l'exercice 7.11. Les tangentes issues de $F$ sont les droites fixes de $\alpha^*$ ; comme par définition de $F$ les tangentes sont les droites isotropes, $\alpha^*$ définit un angle (4.8.1 et exercice 7.23).

## 7.35 Coniques homofocales. Théorème de Poncelet

Soit $\mathcal{F}^*$ un faisceau de coniques ayant mêmes foyers $F$ et $F'$. (On dit que ce sont des coniques homofocales.)

**7.35.1** Les tangentes $t$ et $t'$ aux coniques de $\mathcal{F}^*$ issues d'un point $M$ non situé sur l'axe focal et les droites $MF, MF'$ ont mêmes bissectrices (figure 7.22a).

**7.35.2** Par tout point $M$ non situé sur l'axe focal, il passe deux coniques de $\mathcal{F}^*$. Ces coniques sont tangentes aux bissectrices de l'angle $(MF, MF')$. La conique tangente à la bissectrice intérieure est une hyperbole, la conique tangente à la bissectrice extérieure est une ellipse (figure 7.22b).

***Solution.*** Soient $I$ et $J$ les points cycliques. Les couples $(I^*, J^*)$ et $(F^*, F'^*)$ constituent des coniques dégénérées du faisceau. Ainsi, pour tout point $M$, l'involution de $M^*$ définie par $\mathcal{F}^*$ échange les droites $(MI, MJ)$, $(MF, MF')$, $(t, t')$ qui sont alors conjuguées par rapport aux droites fixes de l'involution. Comme elles sont conjuguées par rapport aux droites $MI$ et $MJ$, les droites fixes de l'involution sont orthogonales.

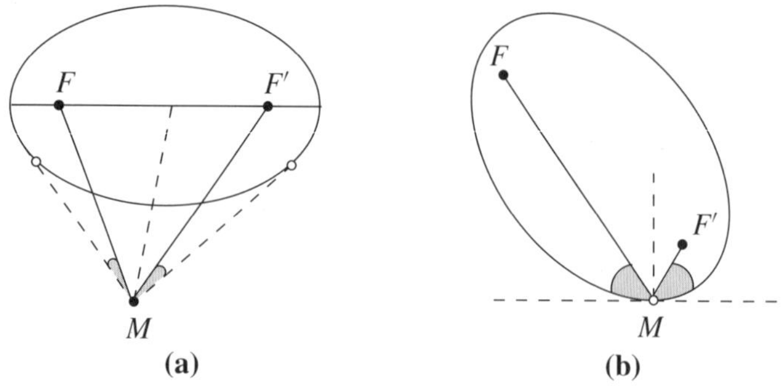


**Figure 7.22.**

**7.35.1** Compte tenu de la remarque précédente et de 4.8.1, les droites fixes sont les bissectrices des angles $(t, t')$ et $(MF, MF')$.

**7.35.2** D'après le dual du grand théorème de Desargues, les tangentes aux deux coniques qui passent par un point $M$ sont les droites fixes de l'involution de Desargues définie sur $M^*$. Ce sont donc les bissectrices de l'angle $(MF, MF')$ (paragraphe 4.8).

***Remarque 7.22.*** En considérant le faisceau des paraboles ayant même foyer et même axe, si $a$ est la parallèle à l'axe passant par $M$, on obtient des résultats analogues en remplaçant « angle $(MF, MF')$ » par « angle $(MF, a)$ ». En effet, les coniques dégénérées de ce faisceau sont les couples $(I^*, J^*)$ et $(F^*, U^*)$ où $U$ est le point à l'infini des paraboles.

### 7.36 Triangles conjugués

Soient $PQR$ un triangle et $A$ un point qui n'appartient pas aux côtés de ce triangle. Les coniques qui passent par $A$ et qui admettent ce triangle pour triangle autopolaire forment un faisceau.

***Solution.*** Soit $p \in P^*$ la droite conjuguée de $PA$ par rapport aux droites $PQ, PR$ et soit $q \in Q^*$ la droite conjuguée de $QA$ par rapport aux droites $QP, QR$. Posons $B = p \cap QA$, $D = q \cap PA$ et $C = p \cap q$. Le point $C$ appartient à la droite $RA$ qui est la conjuguée de $BD$ par rapport aux droites $RP, RQ$ (exercice 7.2). Le quadrangle $abcd$ admet le triangle $PQR$ pour triangle diagonal. Le résultat demandé en découle immédiatement car on retrouve une configuration classique (exercice 7.5).

### 7.37 Triangle conjugué par rapport à une conique

Soient $PQR$ un triangle, $A$ un point qui n'appartient pas aux côtés du triangle et $a$ une droite qui ne passe par aucun des sommets du triangle. Montrer qu'il existe une conique $\Gamma$ et une seule par rapport à laquelle le triangle $PQR$ est conjugué et telle que $a$ soit la polaire de $A$. Application : montrer qu'il existe un cercle et un seul admettant $PQR$ pour triangle conjugué.

***Solution.*** On se placera dans le complexifié d'une carte euclide. Si une telle conique $\Gamma$ existe, le troisième théorème de Desargues (6.1) montre que l'involution induite par le quadrangle $PQRA$ sur la droite $a$ coïncide avec l'involution définie par la conjugaison par rapport à $\Gamma$. Cette conique passe donc par les points fixes de cette involution ; l'exercice 7.37 montre qu'elle est unique.

Réciproquement, soient $U$ et $V$ les points fixes de l'involution définie sur $a$ par le quadrangle $PQRA$. L'exercice 7.36 montre que les coniques passant par $U$ et qui admettent $PQR$ pour triangle conjugué forment un faisceau. Il existe une conique de ce faisceau qui passe par $V$ et on vérifie sans peine qu'elle est la solution de notre problème.

***Application :*** *Triangle conjugué par rapport à un cercle. S'il existe un cercle $\Omega$ admettant PQR pour triangle conjugué (figure 7.23), l'orthocentre H du triangle est le centre de $\Omega$. En effet la droite qui joint le centre d'un cercle au pôle d'une droite par rapport à ce cercle, est normale à cette droite (exercice 7.16). La droite de l'infini est donc la polaire de H par rapport $\Omega$.*

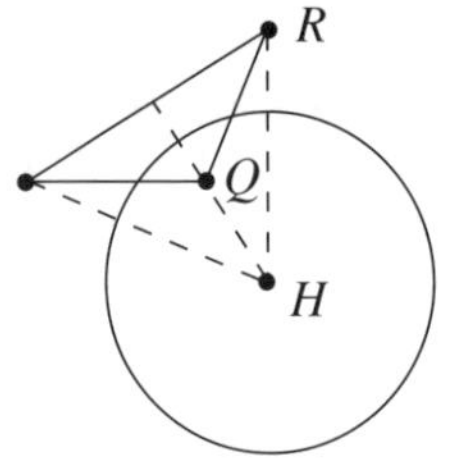


**Figure 7.23.**

Réciproquement, d'après l'énoncé précédent (exercice 7.37) il existe une unique conique admettant le triangle $PQR$ pour triangle conjugué et $d_\infty$ comme polaire de $H$ ; cette conique passe par les points fixes de l'involution définie sur $d_\infty$ par le quadrangle $PQRH$ qui n'est autre que l'involution canonique ; $\Gamma$ est donc un cercle (proposition 4.3 et exercice 7.23).

***Remarque 7.23.*** Ce théorème montre que pour toute corrélation involutive du plan projectif (voir le paragraphe 1.7), il existe une conique $\Gamma$ telle que la corrélation donnée soit la polarité par rapport à cette conique.

## 7.38 Polarité réciproque

Étudier la transformée par polaires réciproques d'un cercle $\Gamma$ par rapport à un cercle $\Omega$. Énoncer la réciproque.

***Solution.*** On sait que la transformée de $\Gamma$ est une conique $\Gamma'$ (§ 5.5.1). Nous allons préciser $\Gamma'$. Soient $O$ le centre de $\Omega$ et $C$ le centre de $\Gamma$. Les points cycliques $I, J$, qui sont communs à $\Gamma$ et à $\Omega$, sont transformés en les tangentes $OI$ et $OJ$ à $\Omega$. Ces deux droites sont par définition des tangentes à $\Gamma'$ : le point $O$ est donc un foyer de $\Gamma'$. La transformation par polaires réciproques conserve la polarité. La polaire de $O$ par rapport à $\Gamma'$, c'est-à-dire la directrice relative au foyer 0, est donc l'image de $C$, comme le montre le schéma ci-dessous.

$$\begin{array}{ccc} O & \xrightarrow{\text{Pol.}/\Gamma'} & d \\ {\scriptstyle \text{Pol.}/\Omega}\big\downarrow & & \big\downarrow{\scriptstyle \text{Pol.}/\Omega} \\ d_\infty & \xrightarrow{\text{Pol.}/\Gamma} & C \end{array}$$

La conique $\Gamma'$ aura un point à l'infini réel si et seulement si une tangente à $\Gamma$ passe par $O$, le pôle de $d_\infty$ par rapport à $\Omega$. Il en résulte que $\Gamma'$ est une hyperbole, une ellipse ou une parabole selon que l'on peut mener par $O$ deux, zéro ou une tangente réelle à $\Gamma$.

En résumé, la transformée de $\Gamma$ par rapport à $\Omega$ est une conique $\Gamma'$ ayant pour foyer le centre de $\Omega$ et pour directrice associée la polaire du centre de $\Gamma$ par rapport à $\Omega$. La conique $\Gamma'$ est une hyperbole, une ellipse ou une parabole selon que le centre de $\Omega$ est extérieur, intérieur à $\Gamma$ ou situé sur $\Gamma$.

Réciproquement, si l'on transforme par polaires réciproques une conique $\Gamma$ par rapport à un cercle $\Omega$ ayant pour centre un foyer de $\Gamma$, la transformée est un cercle ayant pour centre le pôle de la directrice correspondante par rapport à $\Omega$.

# Chapitre 8

# Problèmes classiques

## 8.1 TRIANGLES ET CERCLES. PROBLÈMES CLASSIQUES SOUS L'ÉCLAIRAGE PROJECTIF

**Problème 8.1 La droite d'Euler d'un triangle**

Dans un triangle $ABC$, l'orthocentre $H$, le centre de gravité $G$ et le centre $O$ du cercle circonscrit sont alignés.

***Solution.*** Soient $A_1$ et $B_1$ les pieds des médianes issues de $A$ et de $B$ (figure 8.1). Les triangles $ABH$ et $A_1B_1O$ sont homothétiques car leurs côtés, deux à deux parallèles, se coupent sur la droite de l'infini. D'après le premier théorème de Desargues, les droites $AA_1, BB_1$ et $OH$ sont concourantes ; d'où l'alignement annoncé.

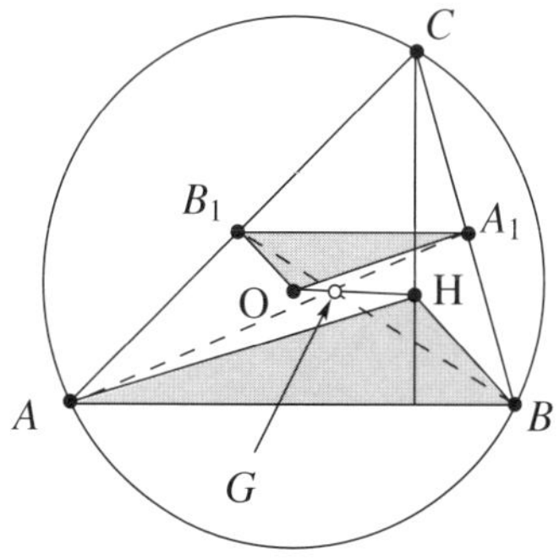


Figure 8.1.

***Remarque 8.1.*** La droite d'Euler contient un quatrième point remarquable, le centre du cercle d'Euler ou cercle des neuf points (exercice 7.32).

**Problème 8.2** Dans un triangle, les trois hauteurs sont concourantes ainsi que les trois médianes et les trois bissectrices intérieures.

***Solution.*** Les milieux des côtés sont les conjugués des points à l'infini de ces côtés par rapport aux sommets correspondants. Comme les points à l'infini des côtés sont alignés, il résulte de l'exercice 7.3 que les médianes sont concourantes.

Soient $U, V, W$ les points à l'infini des côtés $BC, CA, AB$ et $U', V', W'$ les points à l'infini des hauteurs correspondantes. Les couples $(U, U')$, $(V, V')$, $(W, W')$ sont homologues pour l'involution canonique définissant l'orthogonalité de deux directions de la droite de l'infini. D'après le deuxième théorème de Desargues, les hauteurs $AU', BV', CW'$ sont concourantes.

Soient $a$ et $b$ les bissectrices intérieures issues des sommets $A, B$ et $a', b'$ les bissectrices extérieures correspondantes. Posons :

$$S = a \cap b\,, \quad R = a' \cap b'\,, \quad P = a \cap b'\,, \quad Q = a' \cap b\,.$$

Les sommets diagonaux du quadrangle $PQRS$ sont $A, B$ et le point $C' = PQ \cap RS$. Le point $C'$ coïncide avec $C$ car sur $PQ$, les points $C'$, $AC \cap PQ$, $BC \cap PQ$ sont tous trois conjugués du point $AB \cap PQ$ par rapport aux points $P, Q$ (exercice 7.1) . D'après l'exercice 7.5, la droite $CS$ est bissectrice de l'angle $C$ car les droites $PQ$ et $RS$ sont orthogonales ; en effet, l'involution définie sur $d_\infty$ par le quadrangle $PQRS$ coïncide avec l'involution canonique, les droites $a$ et $a'$, $b$ et $b'$ étant orthogonales.

**Problème 8.3** Dans un triangle non rectangle, les hauteurs sont bissectrices du triangle « podaire », *i.e.*, le triangle dont les sommets sont les pieds des hauteurs.

***Solution.*** Dans le triangle $ABC$ d'orthocentre $H$, le triangle podaire est le triangle diagonal du quadrangle $ABCH$ ; d'après l'exercice 7.1, deux côtés de ce triangle diagonal sont conjugués par rapport à la hauteur et au côté correspondants de $ABC$ ; ces droites, par définition (§ 4.8.1) sont bissectrices des côtés du triangle diagonal.

***Remarque 8.2.*** Le côté $B'C'$ (voir figure 8.2) du triangle podaire a lui aussi ses vertus (*cf.* exercice 7.27).

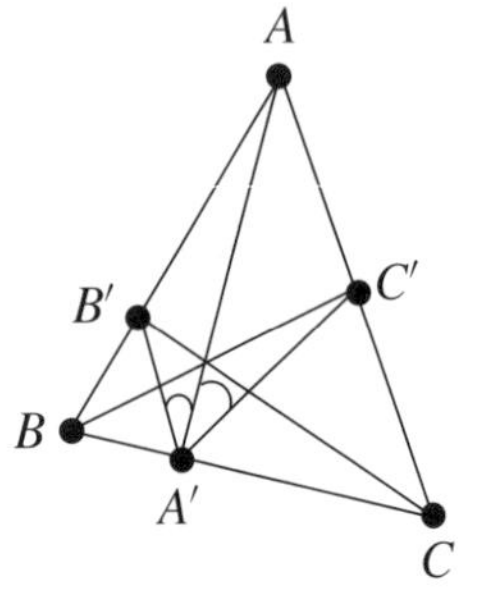


**Figure 8.2.**

## Problème 8.4 Symétrique de l'orthocentre

Montrer que dans un triangle, le symétrique de l'orthocentre par rapport à l'un des côtés est sur le cercle circonscrit au triangle.

***Solution.*** Soit $H$ l'orthocentre d'un triangle $ABC$ et soit $H'$ le symétrique de $H$ par rapport à $BC$ (figure 8.3). Les droites $BH$ et $BH'$ (resp. $CH$ et $CH'$), qui sont symétriques par rapport à $BC$, ont leurs points à l'infini conjugués harmoniques par rapport aux points à l'infini $U, V$ des droites $BC, AH$. Il est alors aisé de vérifier que l'involution $\delta$ définie sur la droite de l'infini par le quadrangle $ABCH'$ peut s'écrire $\delta = \sigma \circ \alpha$ en désignant par $\sigma$ l'involution canonique et par $\alpha$ l'involution de points fixes $U, V$. Comme $\sigma$ échange $U, V$, l'homographie $\sigma \circ \delta$ est une involution, ce qui montre que le faisceau des coniques circonscrites au quadrangle $ABCH'$ contient un cercle (exercice 7.24).

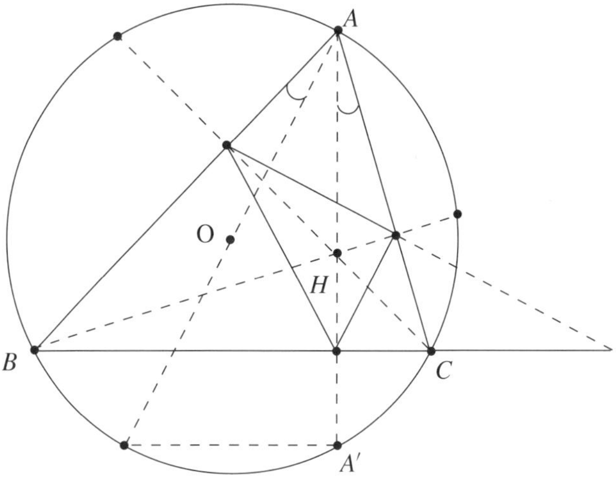


**Figure 8.3.**

Parmi les nombreuses démonstrations élémentaires de ce théorème, nous en choisissons une, rarement donnée : elle s'appuie sur les propriétés de la translation ; soit $B'$ le point diamétralement opposé au sommet $B$ sur le cercle $ABC$. La droite $B'C$ est orthogonale à $BC$ et le quadrangle $AHCB'$ est un parallélogramme ; ainsi la translation de vecteur $\overrightarrow{B'C}$ transforme $A$ en $H$. Le résultat attendu viendra de la décomposition de la translation $\overrightarrow{B'C}$ en produit de symétries, l'une $\sigma_1$, ayant pour axe le diamètre parallèle à $BC$, l'autre $\sigma_2$, d'axe $BC$ ; on a alors :

$$H = A + \overrightarrow{B'C} = \sigma_2\big(\sigma_1(A)\big) = \sigma_2(A_1)$$

or, $\sigma_1(A)$ est un point du cercle $ABC$ soit $A_1$ et $\sigma_2(A_1) = H$, le symétrique de $A_1$ par rapport à $BC$.

**Problème 8.5** Soit un cercle $\Gamma$ et trois directions $\alpha, \beta, \gamma$. Un point $A_0$ étant choisi sur $\Gamma$, on construit, sur $\Gamma$, $A_1$ tel que la droite $A_0A_1$ soit de direction $\alpha$, puis $A_2$ tel que $A_1A_2$ soit de direction $\beta$ et enfin $A_3$ tel que $A_2A_3$ soit de direction $\gamma$ ; partant de $A_3$, on construit $A_4, A_5, A_6$ de la même manière. Montrer que $A_6 = A_0$.

***Solution.*** L'exercice 7.8 donne immédiatement la solution : on passe de $A_0$ à $A_1$, de $A_1$ à $A_2$ puis de $A_2$ à $A_3$ en composant des involutions du cercle $\Gamma$ dont les centres sont les points à l'infini dans les directions $\alpha, \beta, \gamma$ ; comme ces points sont alignés sur la droite de l'infini, le produit $\gamma \cdot \beta \cdot \alpha$ est une involution. Ce résultat est équivalent au théorème de Pascal (5.6).

On retrouve très simplement cette involution de $\Gamma$ en composant les symétries par rapport aux diamètres de $\Gamma$ orthogonaux aux directions $\alpha, \beta, \gamma$. Comme ces axes sont concourants, passant par le centre de $\Gamma$, le produit des trois symétries est une symétrie.

**Problème 8.6 Droite de Simson d'un triangle**
Montrer que les projections d'un point $S$ sur les côtés d'un triangle $ABC$ sont alignées si et seulement si $S$ appartient au cercle circonscrit au triangle $ABC$.

***Solution.*** D'après le dual du deuxième théorème de Desargues (3.10), les projections de $S$ sur les côtés du triangle $ABC$ sont alignées si et seulement si l'homographie $\alpha^*$ de $S^*$ qui aux droites $SA, SB, SC$ associe les normales issues de $S$ aux côtés $BC, CA, AB$ est une involution.

Il est immédiat de vérifier que $\alpha$, la projection de $\alpha^*$ sur la droite de l'infini, est égale à $\sigma \circ \delta$ où $\sigma$ est l'involution canonique et $\delta$ l'involution définie par le quadrangle $SABC$.

Or, d'après l'exercice 7.24, $\sigma \circ \delta$ est une involution si et seulement si les points $S, A, B, C$ sont cocycliques.

Il existe de nombreuses démonstrations classiques : avec les angles, les similitudes, etc. (voir problème 8.23).

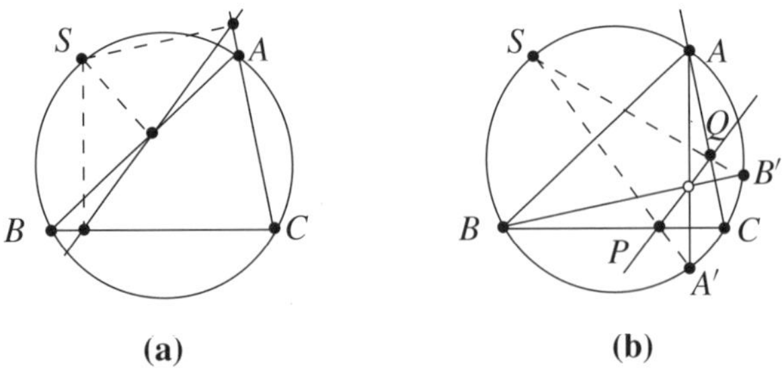


Figure 8.4.

***Remarque 8.3.*** Lorsque $S$ varie sur le cercle $ABC$, les droites de Simson correspondantes enveloppent une hypocycloïde à trois points de rebroussement (voir [C.C] t. III § 384), exemple remarquable d'apparition de symétrie dans une configuration qui n'en comporte pas. (Voir problème 8.68.)

**Problème 8.7** Soit un triangle non rectangle $ABC$ d'orthocentre $H$ ; on désigne par $A', B', C'$ les symétriques de $H$ par rapport aux côtés $BC, CA, AB$. Une droite $h$ passant par $H$ coupe les côtés $BC$ et $AC$ en $P$ et en $Q$ respectivement. Montrer que le point $S = A'P \cap B'Q$ est sur le cercle circonscrit au triangle $ABC$.

En déduire que si $S$ est un point du cercle $ABC$, les symétriques de $S$ par rapport aux côtés du triangle $ABC$ sont alignés avec l'orthocentre $H$.

***Solution.*** Nous sommes en présence d'un cas particulier de l'exercice 7.14 ; lorsque $h$ varie, le point $S$ décrit une conique $\Gamma$ qui contient les points $A, B, C, A', B'$ ; or d'après le problème 8.4, les points $A'$ et $B'$ sont sur le cercle $\Gamma$ circonscrit au triangle $ABC$.

Par construction, les droites $SP$ et $SQ$ sont symétriques de $h$ par rapport aux côtés $BC$ et $CA$, respectivement ; les symétriques de $S$ par rapport à ces côtés sont donc sur $h$.

On démontre de même en changeant de côtés que le symétrique de $S$ par rapport à $AB$ est également sur $h$.

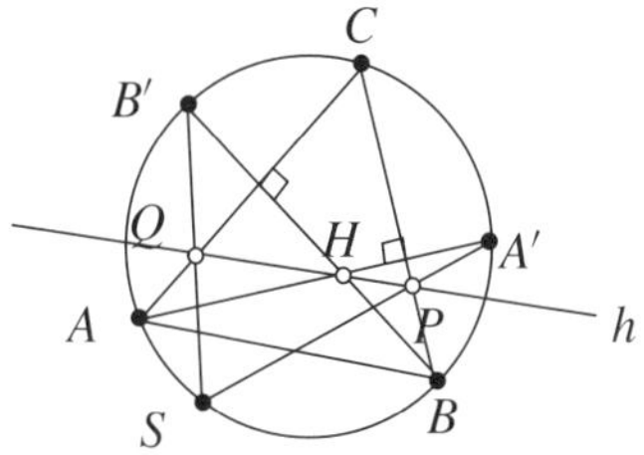


**Figure 8.5.**

***Remarque 8.4.*** Par une homothétie de centre $S$ et de rapport $\frac{1}{2}$, on retrouve la droite de Simson (problème 8.6).

À ce sujet, voir encore problème 8.23.

**Problème 8.8** Énoncer la proposition duale, obtenue par polarité réciproque, du théorème relatif à la droite de Simson (problème 8.6).

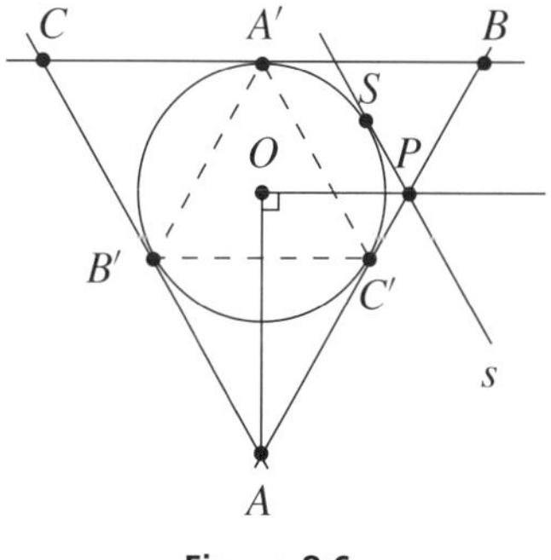


**Figure 8.6.**

***Solution.*** Soit $ABC$ un triangle, $\Gamma$ le cercle inscrit, de centre $O$, et une droite $s$ ; sur $s$ sont trois points $P, Q, R$ tels que $(OP, OA)$, $(OQ, OB)$, $(OR, OC)$ soient des couples de droites orthogonales.

Les droites $AP, BQ, CR$ sont concourantes si et seulement si la droite $s$ est tangente au cercle $\Gamma$.

***N.B.*** Soient $A', B', C'$ les points de contact des côtés $BC, CA, AB$ avec $\Gamma$ ; les droites $AP, BQ, CR$ sont les polaires des projections du pôle de $s$, sur les côtés respectifs du triangle $A'B'C'$.

Pour une démonstration directe, voir le problème 8.9.

**Problème 8.9** Soit un triangle $ABC$, une droite $d$ et un point $D$ n'appartenant ni à $d$ ni aux côtés du triangle. Les perpendiculaires à $DA, DB, DC$, issues de $D$, coupent respectivement $d$ en $A', B', C'$. Quelle condition doit remplir $d$ pour que les droites $AA', BB', CC'$ soient concourantes ?

***Solution.*** « Les droites $AA', BB', CC'$ sont concourantes si et seulement si la droite $d$ est tangente à la conique de foyer $D$ inscrite dans le triangle $ABC$. »

En effet, les côtés $BC, CA, AB$ de $ABC$ coupent $d$ en $A'', B'', C''$, d'après le théorème de Desargues 3.9, les droites $AA', BB', CC'$ sont concourantes si et seulement si l'homographie $\alpha$ définie par : $A' \to A''$, $B' \to B''$, $C' \to C''$ est une involution ou encore, si $\alpha^*$, projection de $\alpha$ sur $D^*$ est une involution. En considérant la définition de $\alpha$, il est évident que

$$\alpha^* = \delta^* \sigma^*$$

où $\delta^*$ est l'involution de $D^*$ liée au quadrilatère $d, BC, CA, AB$ et $\sigma^*$ l'involution canonique définissant l'angle droit. L'homographie $\alpha^*$ est une involution si et seulement si $\delta^*$ échange les droites fixes de $\sigma^*$ (proposition 3.4) *i.e.* les droites isotropes $DI$ et $DJ$ ; si tel est le cas, ces droites isotropes sont tangentes à une conique du faisceau tangentiel défini par le quadrilatère $d, BC, CA, AB$ (théorème 6.2) et par définition, $D$ est foyer de cette conique (exercice 7.25).

**Problème 8.10** Trois droites parallèles $a, b, c$ passent par trois points alignés $A, B, C$. Soient $P \in a$, $Q \in b$, $R \in c$ tels que $PB$ soit parallèle à $QC$ et $AQ$ parallèle à $BR$. Montrer que $P, Q, R$ sont trois points alignés.

***Solution.*** Le théorème de Pappus (2.6) donne immédiatement la solution :

Soient $A', B', C'$ les points à l'infini des droites $BP, AP, AQ$ ; le théorème de Pappus assure que les points $P = AB' \cap BA'$, $Q = AC' \cap CA'$, et $R = BC' \cap CB'$ sont alignés.

On peut aussi considérer que les points $P, Q, R$ sont les images de $A, B, C$ dans l'affinité $\alpha$ d'axe $AB$, la direction étant celle des droites $a, b, c$ et le rapport $-1$. En effet, soit $I = AQ \cap BP$ et $J = BR \cap CQ$ ; le quadrilatère $IBJQ$ est un parallélogramme de centre $K$.

L'affinité $\alpha$ échange $B$ et $Q$ et la construction donnée au paragraphe 4.2.1 montre que $\alpha(A) = P$ et que $\alpha(C) = R$ ; comme $\alpha$ transforme droite en droite, les points $P, Q, R$ sont les images des points alignés $A, B, C$.

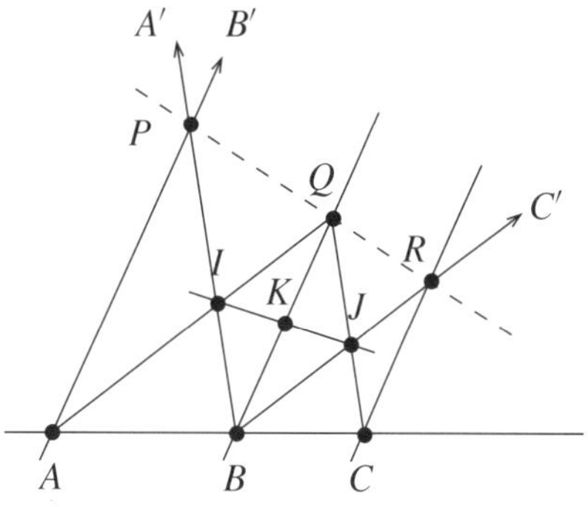


**Figure 8.7.**

**Problème 8.11** Trois points $A', B', C'$ sont placés respectivement sur les côtés $BC, CA, AB$ d'un triangle $ABC$ ; les droites $AA', BB', CC'$ concourent en un point $H$. Soit $H'$ le symétrique de $H$ par rapport à $A'$, $B''$ la projection de $H'$ sur $AC$ parallèlement à $BB'$ et $C''$ celle de $H'$ sur $AB$ parallèlement à $CC'$.

Montrer que les points $A', B'', C''$ sont alignés.

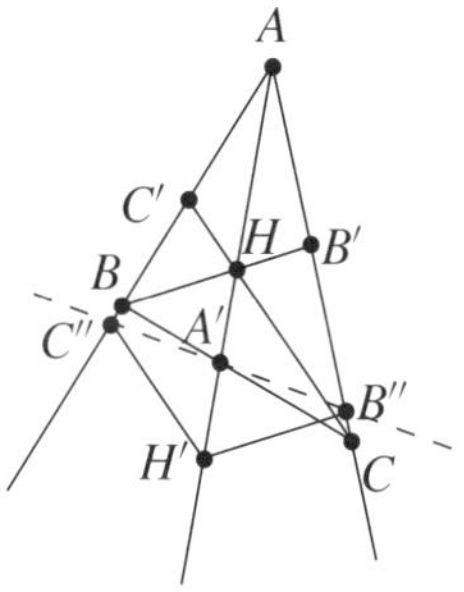


**Figure 8.8.**

***Solution.*** Élémentairement, on peut considérer l'homothétie de centre $A$ qui transforme $H$ en $H'$ ; d'après les propriétés classiques, cette homothétie transforme $B'$ en $B''$ et $C'$ en $C''$ ; pour montrer que le point $K = B'C' \cap AA'$ a pour image $A'$ il suffit de quelques calculs sachant que $A'$ est le milieu de $HH'$ et que $(A, H, K, A') = -1$ (exercice 7.1).

Si on se place dans le cadre de cet ouvrage, on peut appliquer le dual du théorème de Desargues 3.11 : l'homographie de $H'^*$ définie par :

$$H'A \to H'A', \quad H'B \to H'B'', \quad H'C \to H'C'',$$

est une involution car sa projection sur la droite de l'infini est l'involution dont les points fixes sont les points à l'infini des droites $AA'$ et $BC$.

**Problème 8.12** Les points $A$ et $A'$ sont symétriques par rapport à une droite $DD'$. Dans un devoir d'une classe de seconde, il était demandé de construire à la règle le symétrique d'un point $M$ situé de la droite $AA'$. Un élève a imaginé la construction de la figure ci-dessous. Son professeur a longuement hésité : la construction est-elle correcte ?

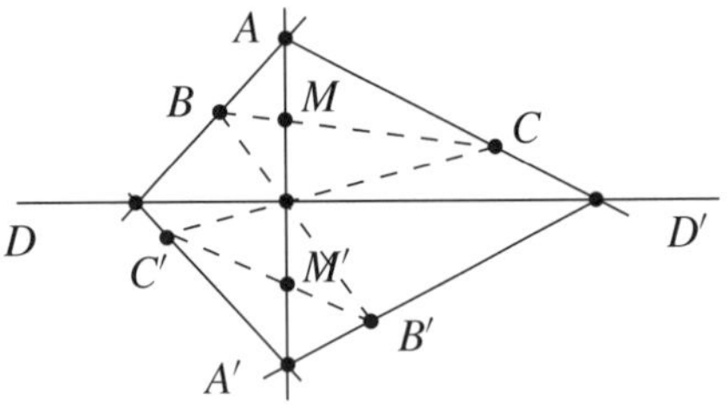


**Figure 8.9.**

***Solution.*** Les triangles $ABC$ et $A'B'C'$ sont homologiques car les droites $AA'$, $BB'$, $CC'$ se coupent en $O$ ; l'axe de l'homologie est la droite sur laquelle se coupent les droites $(AC, A'C')$, $(AB, A'B')$ et $(BC, B'C')$.

Les points $U = AC \cap A'C'$ et $V = AB \cap A'B'$ étant symétriques par rapport à la droite $DD'$, la droite $UV$ est parallèle à $AA'$ ; ainsi, $(A, A', O, \mathcal{S}_{AA'}) = -1$ et l'homologie est une involution (théorème 4.4) de points fixes $O$ et $\mathcal{S}_{AA'}$.

On peut donner une solution plus sophistiquée : d'après le théorème de Pascal (5.6), l'hexagone $ABB'A'C'C$ est inscrit dans une conique ; on se retrouve alors devant la configuration dite « du papillon » étudiée dans l'exercice 6.9.

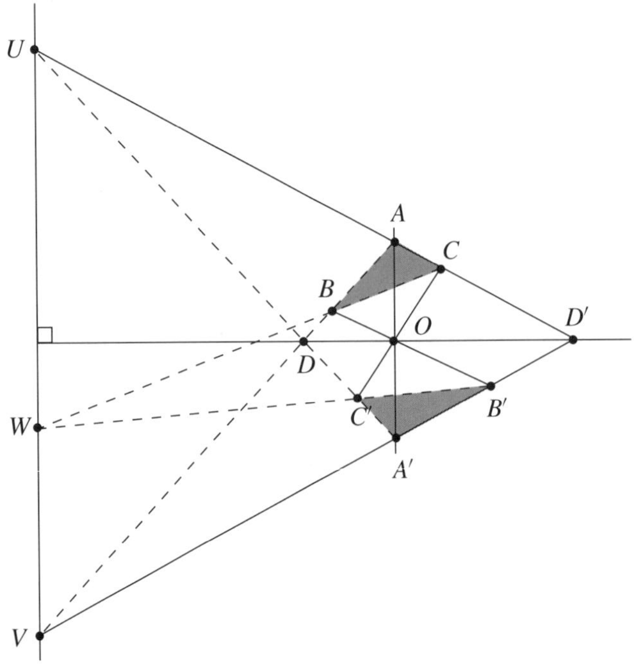


**Figure 8.10.**

***Solution élémentaire.*** Lorsque $M$ varie sur $AA'$, le point $B$ restant fixe, le point $W = BC \cap B'C'$ est toujours sur $UV$ (théorème de Desargues 2.4). On peut alors décomposer l'application $M \to M'$ en la projection de $AA'$ sur $UV$ à partir de $B$, et de la projection de $UV$ sur $AA'$ à partir de $B'$ ; comme les droites $AA'$ et $UV$ sont parallèles, cette composition donne une application affine entièrement définie par $O$ qui est point fixe et par $A$ et son image $A'$. On obtient ainsi une symétrie par rapport à $O$.

**Problème 8.13** On donne un quadrangle $ABCD$ et une droite $d$. La droite $d$ coupe les côtés $AB, AC, AD, CD, BD, BC$ en $L, M, N, P, Q, R$ ; soient $E, F, G, E', F', G'$ les conjugués des points $L, M, \ldots, R$ par rapport aux sommets correspondants. Montrer que les droites $EE', FF', GG'$ sont concourantes.

***Solution.*** Si on se place dans une carte où $d$ est la droite de l'infini, les points $E, F, \ldots, G'$ sont les milieux des côtés du quadrangle et l'on retrouve un problème classique : les triangles $EFG$ et $E'F'G'$ ont leurs côtés deux à deux parallèles, ils sont donc homothétiques et les droites $EE', FF', GG'$ se rencontrent au centre d'homothétie directement, seul le langage diffère ; on montre que les triangles $EFG$ et $E'F'G'$ sont homologiques en établissant que les points $EF \cap E'F'$, $FG \cap F'G'$, $EG \cap E'G'$ sont alignés sur la droite $d$ ; cela vient tout simplement des propriétés de la projection (théorème 2.2) et (proposition 2.2)* ; c'est la version projective du théorème de Thalès.

En effet, on a sur $AB$ le point $E$ tel que $(A, B, L, E) = -1$ et sur $AC$, le point $F$ tel que $(A, C, M, F) = -1$. Soit $K = d \cap BC$, la projection des points $A, B, L, E$ sur $AC$ à partir de $K$ donne les points $A, C, M, X$ tels que $(A, C, M, X) = -1$ on a donc $X = F$.

En opérant de même pour $E'$ et $F'$, il apparaît que $E'F'$ coupe $d$ au même point $K$ ; pour les autres droites, on procède de la même façon.

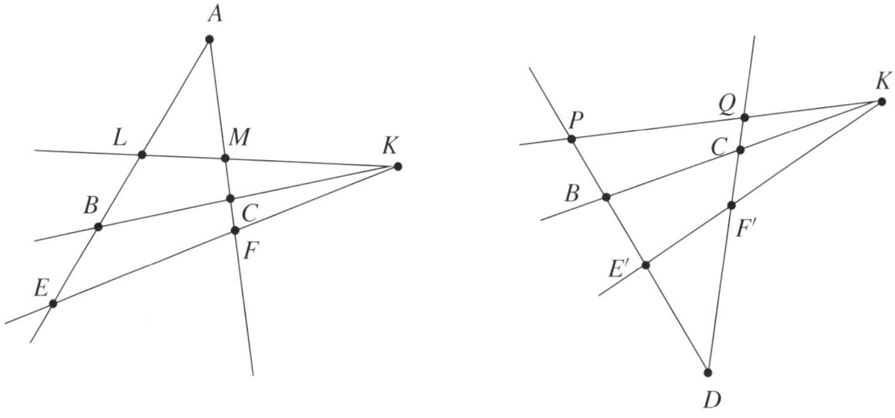


**Figure 8.11.**

**Problème 8.14** Soient $\tau_1, \tau_2, \tau_3$ trois triangles. On suppose que $\tau_3$ est inscrit dans $\tau_2$ et que $\tau_2$ est inscrit dans $\tau_1$. Montrer que si deux couples de ces triangles sont formés de triangles homologiques, il en est de même du troisième.

***Solution.*** La notation $\tau_i \simeq \tau_j$ signifiera que les triangles $\tau_i$ et $\tau_j$ sont homologiques (théorèmes 2.4 et 4.2).

Soient les triangles $\tau_1$ de sommets $ABC$, $\tau_2$ inscrit dans $\tau_1$, de sommets $A'B'C'$ ($A' \in BC$ etc.) et $\tau_3$ inscrit dans $\tau_2$ de sommets $A''B''C''$ ($A'' \in B'C'$ etc.)

**8.14.1** Montrons que $\tau_1 \simeq \tau_2$ et $\tau_2 \simeq \tau_3$ entraîne $\tau_1 \simeq \tau_3$.

Soit $I$ le point de concours des droites $AA', BB', CC'$ et $J$ celui des droites $A'A'', B'B'', C'C''$.

Nous montrerons que les droites $AA'', BB'', CC''$ sont concourantes en appliquant l'exercice **7.1.2** au quadrangle $A'B'C'J$ dont les points diagonaux sont $A'', B'', C''$ ; en effet, d'après la configuration classique donnée en **7.1.1**, les points $A$ et $I$ (respectivement $(B, I)$ et $(C, I)$) sont conjugués par rapport aux points $A'$ et $B'C' \cap AA'$ (respectivement $B'$ et $C'A' \cap BB'$, $C'$ et $A'B' \cap CC'$). Ainsi, les droites $AA'', BB''$ et $CC''$ sont respectivement conjuguées des droites $IA'', IB''$ et $IC''$ par rapport aux côtés correspondants du quadrangle $A'B'C'J$, et d'après **7.1.2**, les doites $AA'', BB''$ et $CC''$ sont concourantes et les triangles $\tau_1$ et $\tau_3$ sont homologiques (théorème 2.4).

**8.14.2** Montrons que :

$$(\tau_1 \simeq \tau_2 \quad \text{et} \quad \tau_1 \simeq \tau_3) \Longrightarrow \tau_2 \simeq \tau_3 .$$

Soit $K = B'B'' \cap C'C''$ et $P = A'K \cap B'C'$. En appliquant la partie **1.** aux triangles $ABC, A'B'C'$ et $A''B''P$, il vient que les droites $CC'', BB'', AP$ sont concourantes ; or par hypothèse, les droites $AA'', BB'', CC''$ sont concourantes ; ainsi $P$ est confondu avec $A''$ et l'on a $\tau_2 \simeq \tau_3$.

**8.14.3** En dualisant le résultat précédent, on obtient :

$$(\tau_1 \simeq \tau_3 \quad \text{et} \quad \tau_2 \simeq \tau_3) \Longrightarrow \tau_1 \simeq \tau_2 .$$

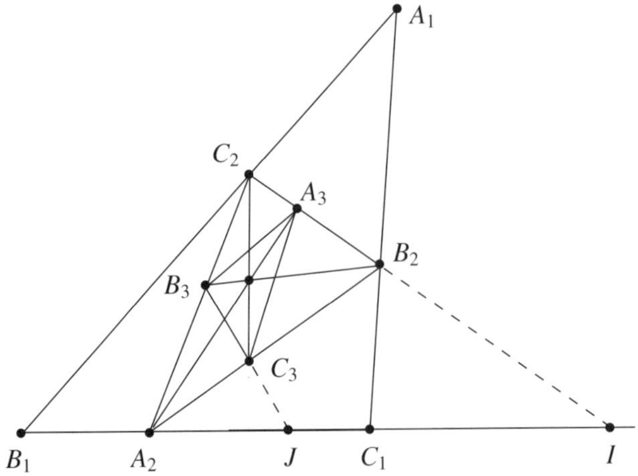


**Figure 8.12.**

**Problème 8.15** Soient $ABC$ et $A'B'C'$ deux triangles. On suppose que les droites $AA', BB', CC'$ se coupent en un point $O$ et que les droites $AB', A'C, BC'$ se coupent en un point $O'$. Montrer que les droites $A'B, AC', B'C$ se coupent en un point $O''$ (figure 8.13).

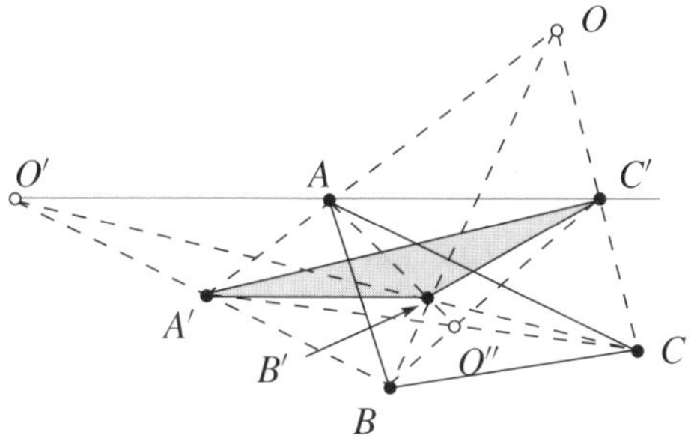


**Figure 8.13.**

***Solution.*** Les triangles $ABC$ et $A'B'C'$ sont doublement perspectifs. Il s'agit de montrer qu'ils le sont triplement, ce qui est une autre manière de formuler le dual du théorème de Pappus. Pour s'en convaincre, il suffit de poser $OA = a$, $OB = b$, $OC = c$, $O'B = a'$, $O'C = b'$, $O'A = c'$ puis de vérifier que les droites concourantes (dual du théorème de Pappus)

$$(a \cap b')(a' \cap b), \quad (a \cap c')(a' \cap c), \quad (b \cap c')(b' \cap c)$$

coïncident avec les droites $A'B, AC', B'C$.

**Problème 8.16** Peut-on construire trois triangles $\tau_1, \tau_2, \tau_3$, ayant des sommets distincts et tels que toute droite joignant un sommet de $\tau_i$ à un sommet de $\tau_j$ passe par un sommet de $\tau_k$ ? (On suppose $i, j, k$ distincts.)

***Solution.*** Un rapide examen combinatoire montre qu'une condition nécessaire et suffisante pour qu'il existe de tels triangles est que deux d'entre eux soient triplement homologiques, les centres d'homologie étant les sommets du troisième triangle. D'après le problème 8.15, deux triangles doublement homologiques le sont triplement. Il suffit donc de construire deux triangles doublement homologiques $A_1B_1C_1$ et $A_2B_2C_2$, ce qui est aisé. Nous aurons répondu à la question quand nous serons assurés que les trois centres d'homologies $A_3, B_3, C_3$ obtenus ne sont pas alignés.

Considérons l'hexagone $A_1A_2C_1B_2B_1C_2$ et appliquons le théorème de Pascal. Il apparaît que les points $A_3, B_3, C_3$ sont alignés si et seulement si les sommets des triangles $A_1B_1C_1$ et $A_2B_2C_2$ sont sur une même conique. Si on applique le grand théorème de Desargues au faisceau de coniques passant par les points $A_1, A_2, B_1, B_2$, on montre que les points $C_1$ et $C_2$ sont sur une conique de ce faisceau si et seulement si la droite $A_3C_1C_2$ passe par le point d'intersection des polaires de $A_3$ par rapport aux droites $A_1B_2$ et $A_2B_1$ et par rapport aux droites $B_3B_1$ et $B_3A_1$. On peut alors facilement construire des triangles répondant à la question.

**Problème 8.17** Par les sommets $A, B, C$ d'un triangle $ABC$, on mène trois droites $d_A, d_B, d_C$ concourantes en $K$. Soient $d'_A, d'_B, d'_C$ les droites symétriques de ces droites par rapport aux bissectrices intérieures en $A, B, C$ . Montrer que les droites $d'_A, d'_B, d'_C$ sont concourantes.

***Solution.*** Soient $A', B', C'$ les sommets du triangle formé par les bissectrices extérieures du triangle $ABC$. On sait que les bissectrices intérieures du triangle $ABC$ sont concourantes (exercice 7.2) ; soit $J$ leur point de concours.

D'après l'exercice 7.1, les points $A', B', C', J$ sont les sommets d'un quadrangle ayant $A, B, C$ pour points diagonaux. Par hypothèse, les couples de droites $(d_A, d'_A)$, $(d_B, d'_B)$ et $(d_C, d'_C)$ sont conjugués par rapport aux côtés du quadrangle issus de $A, B, C$. Les droites $d_A, d_B$, $d_C$ étant concourantes, l'exercice 7.1.2 montre que les droites $d'_A, d'_B, d'_C$ le sont aussi.

***Remarque 8.5.*** Si les droites $d_A, d_B, d_C$ sont les médianes, les droites $d'_A, d'_B$, $d'_C$ sont parfois appelées les « symédianes ». Leur point d'intersection s'appelle le *point de Lemoine* du triangle ; c'est le point pour lequel la somme des carrés des distances aux côtés est minima.

**Problème 8.18** Soit $ABC$ un triangle. On désigne par $a, b, c$ les tangentes en $A, B, C$ au cercle circonscrit au triangle. On pose : $A' = b \cap c$, $B' = c \cap a$, $C' = a \cap b$ (figure 8.14). Montrer que les symédianes du triangle $ABC$ (voir le problème 8.9) sont les droites $AA', BB', CC'$. En déduire que les symédianes sont concourantes.

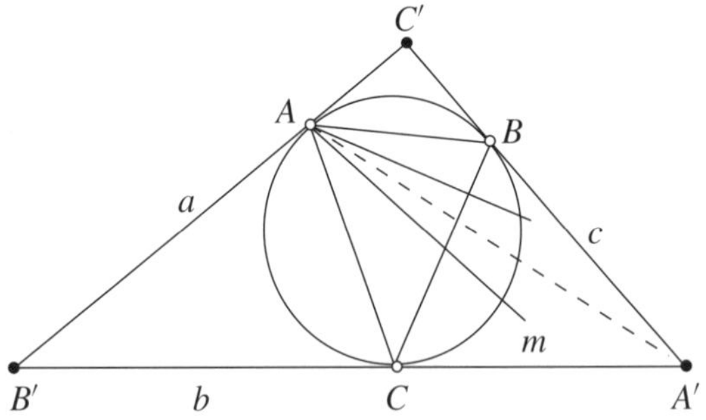


**Figure 8.14.**

***Solution.*** Plaçons-nous au point $A$ et considérons l'involution $\theta$ de $A^*$ dont les droites fixes sont les bissectrices de $(AB, AC)$. Soit $m$ la médiane issue de $A$. D'après l'exercice 7.26, la droite $\theta(a)$ est parallèle à $BC$. On a donc $\big(AB, AC, \theta(a), m\big) = -1$ et en appliquant $\theta$, on obtient $\big(AC, AB, a, \theta(m)\big) = -1$. La symédiane issue de $A$ est donc la conjuguée de la tangente $a$ par rapport aux côtés $AB, AC$. D'après l'exercice 7.4, c'est la droite $AA'$. On démontre de même que les autres symédianes sont les droites $BB'$ et $CC'$. Elles sont concourantes d'après le théorème de Brianchon.

**Problème 8.19** Soient $ABC$ un triangle et $p, q, r$ trois droites concourantes issues des sommets $A, B, C$. Soient $p', q', r'$ trois droites parallèles aux droites $p, q, r$ et non concourantes. Si l'on choisit judicieusement des parallèles aux côtés du triangle $ABC$ qui passent par les sommets du triangle $p', q', r'$, on obtient trois droites concourantes (figure 8.15).

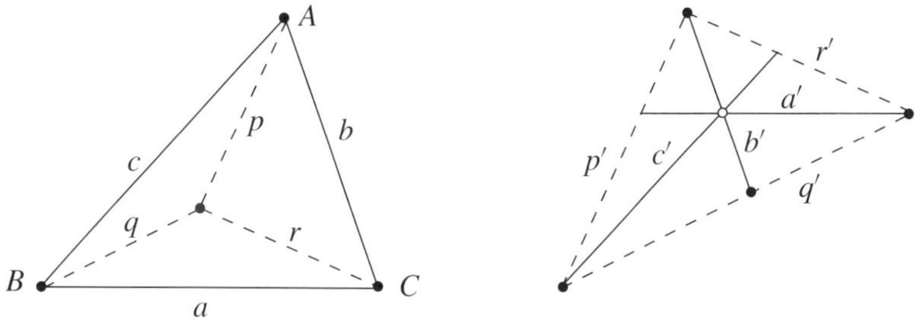


Figure 8.15.

***Solution.*** Ce problème est une belle illustration du deuxième théorème de Desargues. Soient $P, Q, R$ les points à l'infini des droites $p, q, r$ et $P', Q', R'$ ceux des côtés $BC, CA, AB$ (figure 8.15). L'homographie de la droite de l'infini définie par $P \mapsto P', Q \mapsto Q', R \mapsto R'$ est une involution (théorème 3.9) parce que les droites $p, q, r$ sont concourantes. Il suffit alors de mener la parallèle à $BC$ passant par $q' \cap r'$, la parallèle à $CA$ passant par $r' \cap p'$ et la parallèle à $AB$ passant par $p' \cap q'$ pour avoir trois droites concourantes (réciproque du deuxième théorème de Desargues) car sur $d_\infty$, on a la même involution que précédemment.

**Problème 8.20** Soient $ABC$ et $A', B', C'$ deux triangles. On suppose que les perpendiculaires menées par $A, B, C$ aux côtés $B'C', C'A', A'B'$ sont concourantes (figure 8.16a). Montrer que les perpendiculaires menées par $A', B', C'$ aux côtés $BC, CA, AB$ sont aussi concourantes (figure 8.16b).

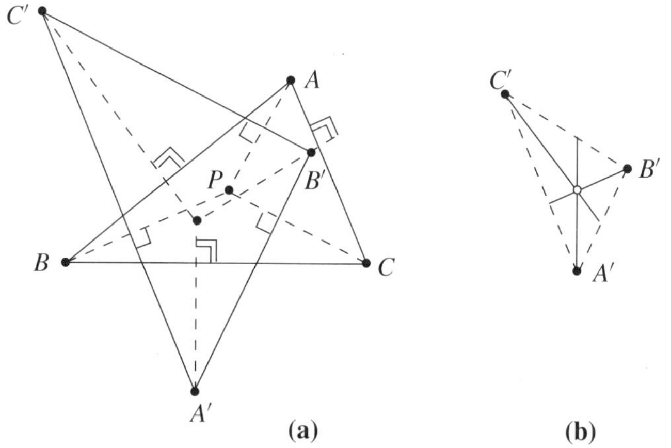


Figure 8.16.

***Solution.*** Soit $P$ le point d'intersection des perpendiculaires menées de $B, C$ aux côtés $C'A', A'B'$ et soit $P'$ celui des perpendiculaires menées de $B', C'$ aux côtés $CA, AB$. Soient $\delta, \delta'$ les involutions de la droite de l'infini définies par les quadrangles $ABCP$, $A'B'C'P'$ et $\sigma$ l'involution canonique définissant l'orthogonalité. En considérant les images des points à l'infini des côtés $A'B'$ et $C'A'$, on vérifie simplement que $\delta' = \sigma \circ \delta \circ \sigma$. Cette dernière relation entraîne immédiatement la propriété annoncée conformément au théorème 3.9.

**Problème 8.21** Soient $ABC$ un triangle et $S$ un point non situé sur les côtés de ce triangle. Les perpendiculaires à $SA, SB, SC$ passant par $S$ coupent $BC, CA, AB$ en $P, Q, R$. Montrer que les points $P, Q, R$ sont alignés.

***Solution.*** L'application de $S^*$ qui à toute droite passant par $S$ associe sa perpendiculaire est une involution du faisceau $S^*$. Dans cette involution, les droites $SA, SB, SC$ ont pour images $SP, SQ, SR$. Le dual du deuxième théorème de Desargues montre les points $P, Q, R$ sont alignés.

**Problème 8.22 Le théorème de Miguel**

On donne deux quadrangles $ABCD$ et $A'B'C'D'$. Montrer que si les quadrangles $ABCD, AA'BB', BB'CC', CC'DD', DD'AA'$ sont inscrits dans un cercle, il en est de même du quadrangle $A'B'C'D'$.

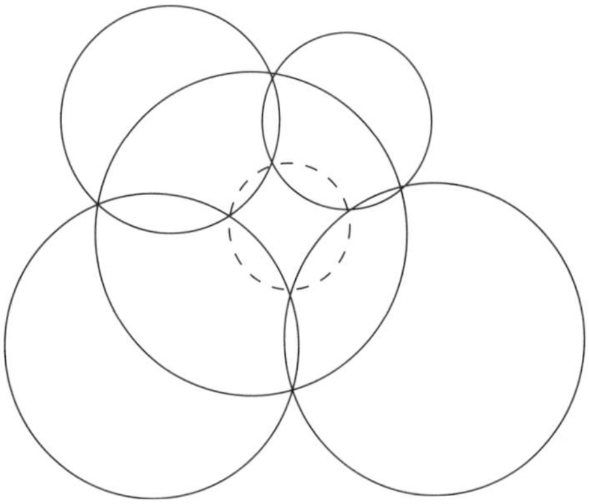

**Figure 8.17.** Le théorème de Miguel.

***Solution.*** Soient $\delta, \delta', \delta_1, \delta_2, \delta_3, \delta_4$ les involutions définies sur la droite de l'infini par les quadrangles $ABCD, A'B'C'D', AA'BB', BB'CC', CC'DD', DD'AA'$.

En appliquant l'exercice 7.24, nous allons montrer que $\delta'$ échange les points cycliques $I, J$. Pour cela, il nous suffira de montrer que $\delta' = \delta_3 \circ \delta \circ \delta_1$ car, par hypothèse, $\delta, \delta_1, \delta_3$ échangent $I$ et $J$.

Remarquons alors que l'homographie $\delta_4 \circ \delta_3 \circ \delta_2 \circ \delta_1$ est l'identité, car elle laisse fixe les points $I, J, \infty_{AA'}$. On peut écrire $\delta_4 \circ \delta_3 \circ \delta_2 \circ \delta_1 = \delta_4 \circ (\delta_3 \circ \delta) \circ (\delta \circ \delta_2) \circ \delta_1$. Les homographies $\delta_3 \circ \delta$ et $\delta \circ \delta_2$ commutent car elles ont les mêmes points fixes $I$ et $J$

(proposition 3.4). On a donc $(\delta_4 \circ \delta \circ \delta_2) \circ (\delta_3 \circ \delta \circ \delta_1) = \mathrm{id}$ d'où $\delta_4 \circ \delta \circ \delta_2 = \delta_1 \circ \delta \circ \delta_3$. On vérifie alors immédiatement que $\delta_3 \circ \delta \circ \delta_1$ est une involution parce qu'elle échange les points cycliques et qu'elle coïncide avec $\delta'$ sur $\infty_{A'B'}$ et sur $\infty_{A'D'}$ :

$$\delta_1 \circ \delta \circ \delta_3 = \delta_3 \circ \delta \circ \delta_1 \ : \infty_{A'B'} \stackrel{\delta_1}{\longmapsto} \infty_{AB} \stackrel{\delta}{\longmapsto} \infty_{CD} \stackrel{\delta_3}{\longmapsto} \infty_{C'D'},$$
$$\delta_1 \circ \delta \circ \delta_3 = \delta_4 \circ \delta \circ \delta_2 \ : \infty_{A'D'} \stackrel{\delta_2}{\longmapsto} \infty_{AD} \stackrel{\delta}{\longmapsto} \infty_{BC} \longmapsto \infty_{B'C'}.$$

**Problème 8.23** Sur les côtés $BC, CA, AB$ d'un triangle $ABC$, on place respectivement des points $A', B', C'$.

Montrer que les cercles $AC'B', BC'A', CA'B'$ ont un point commun, $K$, et que ce point $K$ est sur le cercle $ABC$ si et seulement si $A', B', C'$ sont alignés.

***Solution.*** Les cercles $AB'C'$ et $BA'C'$ se recoupent en $K$.

**8.23.1** Les involutions $\delta$ et $\delta'$ définies sur la droite de l'infini par des quadrangles $AC'KB'$ et $BA'KC'$ échangent les points cycliques $I$ et $J$ (exercice 7.24).

L'homographie $\alpha = \delta \cdot \delta'$ a donc pour points fixes les points cycliques ; d'autre part l'image par $\alpha$ du point à l'infini de $BC$ est le point à l'infini de $AC$ et l'image de celui de $KA'$ est celui de $KB'$ ; d'après l'exercice 7.23 le point $K$ est sur le cercle $A'B'C'$ (arc capable).

**8.23.2** Les points à l'infini de $AC$ et $BC$ étant homologues pour $\alpha$ $K$, sera sur le cercle $ABC$ si et seulement si les points à l'infini de $AK$ et $BK$ sont aussi homologues pour $\alpha$ (exercice 7.23). Or :

$$\infty_{BK} \stackrel{\delta'}{\rightarrow} \infty_{A'C'} \quad \text{et} \quad \infty_{B'C'} \stackrel{\delta}{\rightarrow} \infty_{AK}$$

Pour que $\alpha(\infty_{BK}) = \delta \cdot \delta'(\infty_{BK}) = \infty_{AK}$ il est nécessaire et suffisant que les points à l'infini de $A'C'$ et de $B'C'$ coïncident, c'est-à-dire que les points $A', B', C'$ soient alignés.

**Problème 8.24** Reprenant les données du problème 8.23, on place sur le cercle $(AB'C')$ un point $P$ ; la droite $PB'$ recoupe le cercle $(CA'B')$ en $Q$ et la droite $QA'$ recoupe le cercle $BA'C'$ en $R$. Montrer que la droite $RC'$ recoupe le cercle $AB'C'$ en $P$ et que le triangle $PQR$ est semblable au triangle $ABC$.

***Solution.*** La droite $RC'$ coupe $QP$ en un point $M$ ; appliquant le problème 8.19 les cercles $A'B'Q$, $A'C'R$, $C'B'M$ ont un point commun qui ne peut être que $K$. Le cercle $C'B'M$ qui contient donc $K$ contient $P$ et il est alors immédiat de $M = P$.

Autre manière de voir : les triangles $ABC$ et $PQR$ sont semblables, car leurs angles respectifs sont égaux (exercice 7.23) et d'après une construction classique reproduite sur la figure 8.18, page suivante, $R$ est l'image de $B$, $Q$ l'image de $C$ dans la similitude directe de centre $K$ qui ransforme $A$ en $P$. (Voir encore exercice 4.15.)

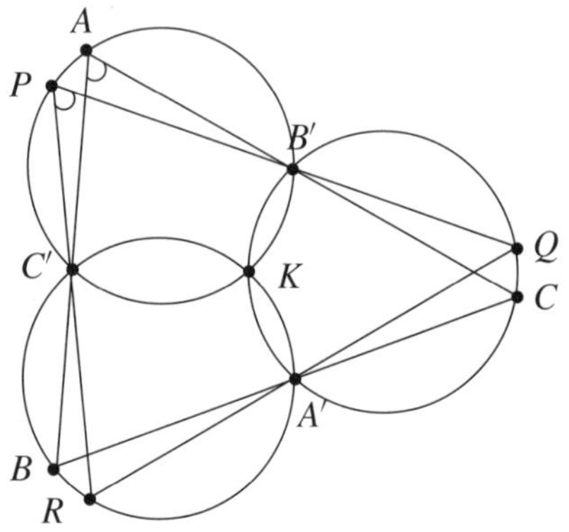


Figure 8.18.

**Problème 8.25** Montrer que pour un triangle, le cercle circonscrit, le cercle d'Euler et le cercle pour lequel le triangle est conjugué appartiennent à un même faisceau.

***Solution.*** Soit un triangle $ABC$, son cercle circonscrit $\Gamma$, le cercle d'Euler $\Omega$ (exercice 7.32) et le cercle conjugué $\Sigma$ (exercice 7.37). Les centres de ces cercles étant alignés (exercice 7.32 et exercice 7.37), il suffira pour prouver qu'ils appartiennent à un même faisceau, de montrer que leurs intersections avec une droite, se correspondent dans une même involution (théorème de Desargues 6.1) ; choisissons la droite $AH$ ; $\Gamma$ coupe $AH$ en $A$ et $A_1$, symétrique de $H$ par rapport à $BC$ (problème 8.4), $\Omega$ coupe $AH$ en $A'$, pied de la hauteur et $D$, milieu de $AH$, $\Sigma$ coupe $AH$ en $P$ et $P'$ et $H$, le centre de $\Sigma$ est le milieu de $PP'$. La conjugaison de $ABC$ par rapport à $\Gamma$ se traduit par la relation :

$$\overline{HA} \cdot \overline{HA'} = \overline{HP}^2 \quad \text{(voir paragraphe 3.4)}$$

comme $\overline{HA} = 2\overline{HD}$ et $\overline{HA'} = \frac{1}{2}\overline{HA_1}$, on obtient les égalités

$$\overline{HA} \cdot \overline{HA'} = \overline{HD} \cdot \overline{HA_1} = \overline{HP}^2$$

caractéristiques de l'involution de points fixes $P$ et $Q$ qui échange $A$, $A'$ et $A_1$, $D$. D'après l'exercice 7.7, il existe une involution qui échange $P$ et $P'$, $A$ et $A_1$, $A'$ et $D$ (C.Q.F.D.).

***Remarque 8.6.*** On peut préciser l'axe radical de ce faisceau. Soient $A', B', C'$ les pieds des hauteurs issues de $A, B, C$ ; les hauteurs étant concourantes, les points $L = BC \cap B'C', M = CA \cap C'A'$ et $N = AB \cap A'B'$ sont alignés ; or chacun de ces points est sur l'axe radical des cercles $\Gamma$ et $\Omega$. En effet, montrons-le pour $L$ : le cercle de diamètre $BC$ passe par $B'$ et $C'$ et il est évident que la puissance de $L$ par rapport à ce cercle est aussi celle par rapport à $\Gamma$ et $\Omega$ (c'est la méthode classique pour déterminer un axe radical). Notons que cet axe radical est perpendiculaire à la droite des centres qui est la droite d'Euler du triangle.

**Problème 8.26** On donne un triangle $ABC$. Soient $A', B', C'$ les pieds des hauteurs. On projette orthogonalement $A'$ en $D, E$ sur $AB, AC$ (figure 8.19). On projette de même $B'$ en $G, F$ sur $AB, BC$ et $C'$ en $H, K$ sur $AC, BC$. Montrer que les six points ainsi construits sont cocycliques.

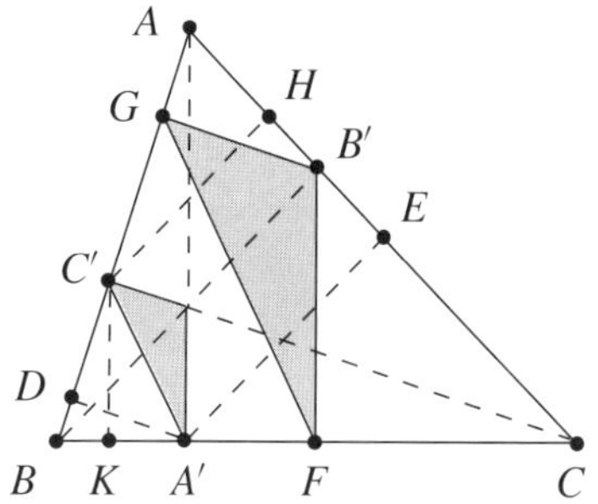


**Figure 8.19.**

***Solution.*** Les droites $GH$ et $BC$ sont parallèles, comme on le voit par exemple en appliquant le théorème de Pappus aux triplets $(C, B', H)$ et $(G, C', B)$. On montre de même que $DK$ est parallèle à $AC$ et que $EF$ est parallèle à $AB$.

Les côtés opposés de l'hexagone $GHEFKD$ étant parallèles, le théorème de Pascal montre que ses sommets appartiennent à une même conique $\Gamma$.

Nous allons voir que cette conique est un cercle en montrant que l'involution de conjugaison qu'elle induit sur $d_\infty$ coïncide avec l'involution canonique (paragraphe 5.4).

Dans le quadrangle $GHFK$, les droites $GH$ et $FK$ sont parallèles et les droites $GF$ et $HK$ parallèles aux côtés $A'C'$ et $A'B'$ du triangle podaire (les triangles $FGB'$ et $A'C'H$, en gris sur la figure, sont homothétiques) ; d'après l'exercice 7.27 les points $G, H, F, K$ sont cocycliques. Ainsi, la polaire du point à l'infini de $BC$ par rapport à ce cercle est aussi celle par rapport à la conique $\Gamma$.

En raisonnant de même avec le quadrangle $DGEF$, on obtient sur $d_\infty$ un second couple de points conjugués par rapport à $\Gamma$ et orthogonaux, caractéristique d'un cercle.

***Remarque 8.7.*** Une autre démonstration consiste à considérer les quadrangles $EFKD$, $EKFD$ et $KFHG$ qui, d'après l'exercice 7.27, sont inscrits dans des cercles.

**Problème 8.27 Symédianes**

Soit un triangle $ABC$ ; par le point de concours $L$ des symédianes (problème 8.17) de ce triangle, on mène les droites $d_1, d_2, d_3$ respectivement parallèles aux côtés $BC, CA, AB$.

La droite $d_1$ coupe $AB$ en $P$ et $AC$ en $Q$, $d_2$ coupe $BC$ en $R$ et $AB$ en $S$, $d_3$ coupe $AC$ en $T$ et $BC$ en $U$.

Montrer que les points $P, Q, R, S, T, U$ sont cocycliques.

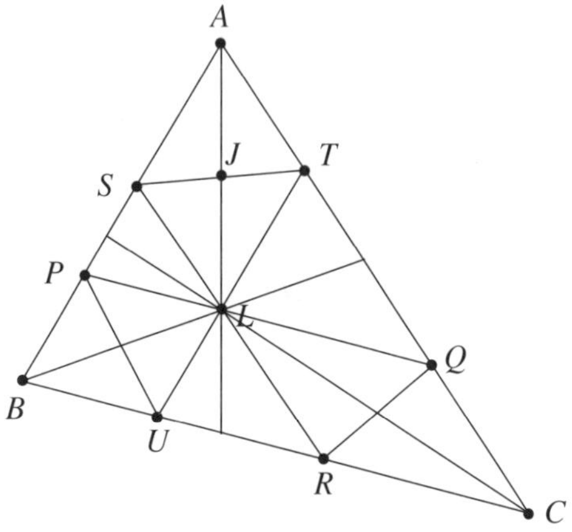


Figure 8.20.

***Solution.*** Nous montrerons que les quadrangles $PURS$, $URST$ et $RSTQ$ sont inscrits dans des cercles et il sera facile de vérifier que ces cercles n'en font qu'un.

Pour ce faire, nous appliquerons les résultats de l'exercice 7.26, mais il faut auparavant, montrer que les droites $ST, PU, RQ$ sont parallèles aux côtés du triangle podaire.

Établissons-le pour $ST$ ; $ST$ est une diagonale du parallélogramme $ASLT$, l'autre diagonale étant la symédiane $AL$ ; le milieu du segment $ST$ est donc sur $AL$.

D'après l'exercice 7.26, la symétrie qui échange médiane et symédiane transforme le segment $ST$ en un segment $S'T'$ dont le milieu est sur la médiane ; il est alors élémentaire de montrer que $S'T'$ est parallèle à $BC$, et donc, toujours d'après l'exercice 7.26, que $ST$ est parallèle à un côté du triangle podaire.

On peut aussi, comme dans le problème 8.26, mettre en œuvre l'hexagone $SPQTUR$ et les quadrangles $SPUT$ et $PQRU$ puis étudier l'involution de conjugaison sur $d_\infty$ de la conique circonscrite à l'hexagone.

***Remarque 8.8.*** Soit $O$ le centre du cercle circonscrit au triangle $ABC$. D'après l'exercice 7.26, $OA$ est orthogonale à $ST$ ; dans le triangle $OTL$, la médiatrice de $ST$, parallèle à $OA$ coupe $LO$ en son milieu $O'$ ; il est immédiat de montrer que $O'$ est le centre du cercle passant par les 6 points $P, Q, R, S, T, U$.

Il est alors facile, avec le théorème de Pythagore, de montrer que les segments $ST, PU, QR$ ont même longueur.

**Problème 8.28** On donne un quadrangle inscrit dans un cercle $\Gamma$. Par le milieu de chaque côté du quadrangle, on abaisse la perpendiculaire au côté opposé. Montrer que l'on obtient ainsi six droites concourantes (figure 8.21, page ci-contre).

***Solution.*** Soient $p$ et $p'$ deux côtés opposés du quadrangle et $m$ la droite issue du « milieu » de $p$ et normale à $p'$. Les points à l'infini des droites $p$ et $m$ sont conjugués par rapport à l'hyperbole équilatère $\mathcal{H}$ du faisceau engendré par le quadrangle

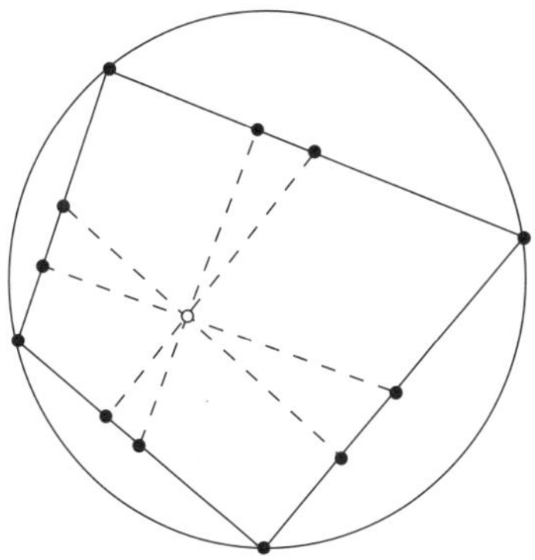

**Figure 8.21.**

(exercice 7.29). En effet, on passe de l'un à l'autre en composant l'involution de Desargues du faisceau et l'involution canonique, et d'après l'exercice 7.24, on obtient la conjugaison par rapport à $\mathcal{H}$. L'exercice 7.16 montre alors que la droite $m$ passe par le centre de $\mathcal{H}$.

**Problème 8.29** On donne une conique $\Gamma$ et un triangle $ABC$. Montrer que les polaires de $A, B, C$ par rapport à $\Gamma$ forment un triangle homologique au triangle $ABC$ (figure 8.22).

***Solution.*** Les polaires de $A, B, C$ par rapport à la conique forment un triangle $A', B', C'$. Posons $P = AB \cap A'B'$, $Q = AC \cap A'C'$, $S = BB' \cap CC'$. Pour montrer que les triangles $ABC$ et $A'B'C'$ sont homologiques, montrons que la droite $AA'$ passe par $S$. Pour cela,

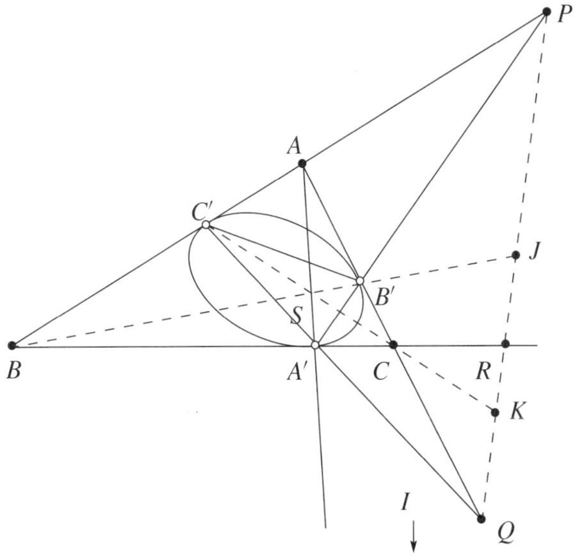


**Figure 8.22.** Si les points $A, B, C$ appartiennent à la conique, on retrouve le théorème de Brianchon.

nous allons montrer que sur la droite $PQ$, l'involution de Desargues définie par le quadrangle $ABCS$ coïncide avec l'involution définie par la conjugaison.

Posons $R = BC \cap PQ, I = SA \cap PQ, K = SC \cap PQ, I' = SA' \cap PQ$ et $J = SB \cap PQ$. Les polaires de $P, Q, R$ sont $CC', BB', SA'$. L'involution $\gamma$ définie sur $PQ$ par la conjugaison par rapport à $\Gamma$ transforme $P$ en $K$, $Q$ en $J$ et $R$ en $I'$. L'involution de Desargues associe $P$ à $K$, $Q$ à $J$ et $R$ à $I$. Ces deux involutions coïncident sur deux couples de points distincts : elles sont égales. On a donc $I = I'$ et les droites $SA, SA'$ coïncident.

Réciproquement, si deux triangles $ABC$ et $A'B'C'$ sont homologiques, il existe une conique $\Gamma$ telle que les polaires des sommets de l'un par rapport à $\Gamma$ soient les côtés respectifs de l'autre. Sur l'axe d'homologie, les involutions définies par les quadrangles $SABC$ et $SA'B'C'$ coïncident ; soient $U$ et $V$ les points fixes de cette involution. Soient $L = AA' \cap B'C'$ et $U'$ et $V'$ les points fixes de l'involution qui échange $S$ et $I$ ainsi que $A$ et $L$ sur la droite $SA$. Il existe une unique conique $\Gamma$ passant par $U, V, U', V'$ et telle que $S$ et $J$ soient conjugués par rapport à $\Gamma$ (exercice 6.1). Dans ces conditions, les polaires de $S, Q, R$ sont $PQ, SK, SI$. Pour terminer la démonstration, il suffit de vérifier — et cela est aisé — que les pôles de $LR, A'C', A'B'$ sont $A, B, C$. (On remarquera que $B = PA \cap SJ$ et que $A'C' = C'Q$.)

## Problème 8.30 Où était le photographe ?

On dispose d'une carte postale panoramique et du plan d'une ville. Déterminer le lieu d'où la photographie a été prise.

***Solution.*** On choisit dans le plan le plus éloigné de la carte postale cinq points représentant des bâtiments repérables sur le plan de la ville. On désigne par $A, B, C, D, E$ ces bâtiments et par $A', B', C', D', E'$ leurs images sur la carte postale.

Si on suppose que la ville est plane, l'appareil photographique réalise une perspective entre le plan qui contient les bâtiments et la plaque photosensible, le centre de la perspective étant l'objectif lui-même.

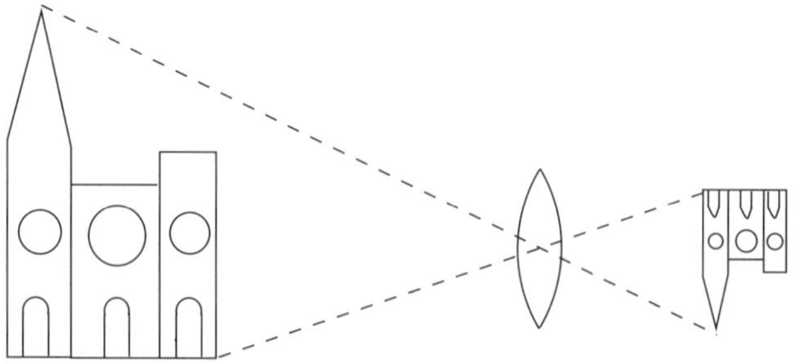

Figure 8.23.

On calcule les birapports $\rho_1 = (A', B', C', D')$ et $\rho_2 = (A', B', C', E')$ sur la photographie. La conservation du birapport par une homographie et le théorème de Chasles-Steiner nous apprennent alors que l'objectif $O$ appartient aux coniques :

– $\Gamma_1$ qui passe par $A, B, C, D$ et qui est caractérisée par le birapport $(MA, OB, OC, OD) = \rho_1$.
– $\Gamma_2$ qui passe par $A, B, C, E$ et qui est caractérisée par le birapport $(OA, OB, OC, OE) = \rho_2$.

Les coniques $\Gamma_1$ et $\Gamma_2$ ayant $A, B, C$ en commun, le point $O$ est donc leur quatrième point d'intersection (figure 8.24).

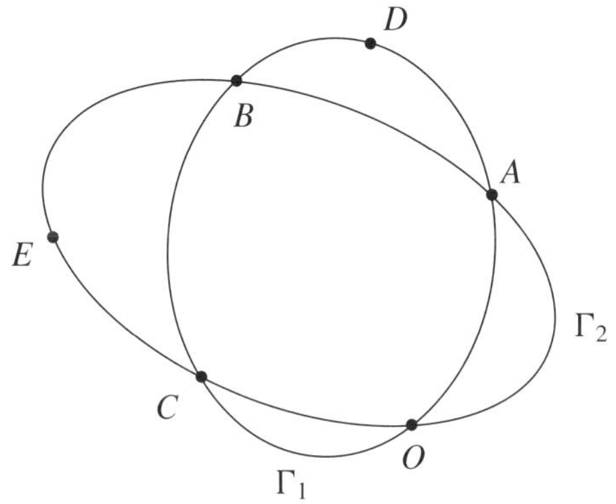


**Figure 8.24.**

La construction du point $O$ peut s'effectuer à la règle (figure 8.24) :

– On choisit la droite $a_1$ passant par $A$ et telle que $(a_1, AB, AC, AD) = \rho_1$, puis on construit la droite $a_2$ passant par $A$ telle que $(a_2, AB, AC, AE) = \rho_2$. Nous savons que $\Gamma_1$ est tangente à $a$ en $A$ et qu'elle passe par les points $A, B, C, D$. De même, $\Gamma_2$ est tangente en $A$ à $a_2$ et passe par $A, B, C, E$.
– Le procédé décrit dans l'exercice 7.15 permet de construire les points $F = AE \cap \Gamma_1$ et $G = BD \cap \Gamma_2$. La droite $OC$ passe alors par le point d'intersection $K$ des droites $EG$ et $DF$.

La position du photographe est donc le deuxième point d'intersection de la droite $CK$ avec l'une de coniques.

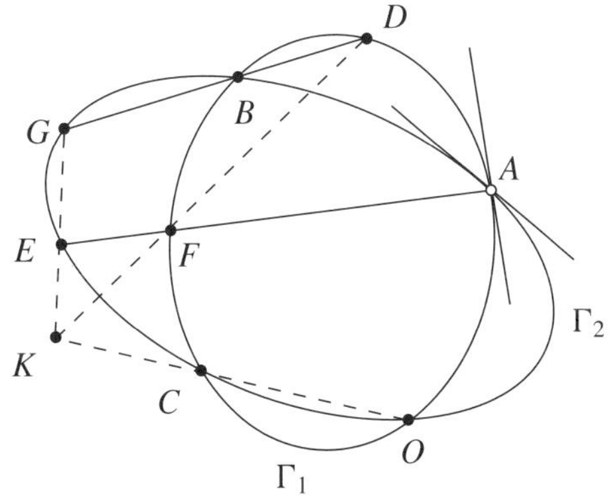


**Figure 8.25.**

## 8.2 LIEUX ET ENVELOPPES

**Problème 8.31 Lieux et enveloppes**

Soient $A, B, C$ trois points d'une conique $\Gamma$, $a, b, c$ les tangentes en ces points et $D = a \cap b$. Une droite variable passant par $D$ coupe $AC$ en $M$ et $BC$ en $N$.

Étudier le lieu $\Gamma'$ du point $P = AN \cap BM$.

Construire la tangente en $P$ à $\Gamma'$.

Appliquer ces résultats à la construction d'une tangente de direction donnée à une parabole.

***Solution.*** Ce problème est avant tout une révision voire une « contemplation ».

Le lieu $\Gamma'$ n'est autre que la conique $\Gamma$ ; pour le « voir » on peut adopter plusieurs points de vue.

- Pour prendre le problème au ras de l'énoncé, on utilisera le théorème de Chasles notamment sous sa forme Mac-Laurin (exercice 7.14).
- En appliquant l'exercice 7.15 et le théorème de Pascal (5.6), on montre, en considérant l'hexagone *BBPAAC*, que $P$ est le second point d'intersection de $\Gamma$ avec la droite $BM$. La considération de l'hexagone *ACCBPP* donne la tangente en $P$ à $\Gamma$ ; elle s'obtient en joignant $P$ au point $MN \cap c$.
- La situation donnée est exactement celle de l'exercice 7.5 qui résume les propriétés de la polarité ; c'est très parlant sur une figure. Ici, les points $M$ et $N$ sont conjugués par rapport à $\Gamma$ comme conjugués par rapport aux points $D$ et $MN \cap c$.

Pour l'application à la parabole, on choisit le point $C$ à l'infini ; la tangente en $P$ est alors parallèle à la droite $MN$.

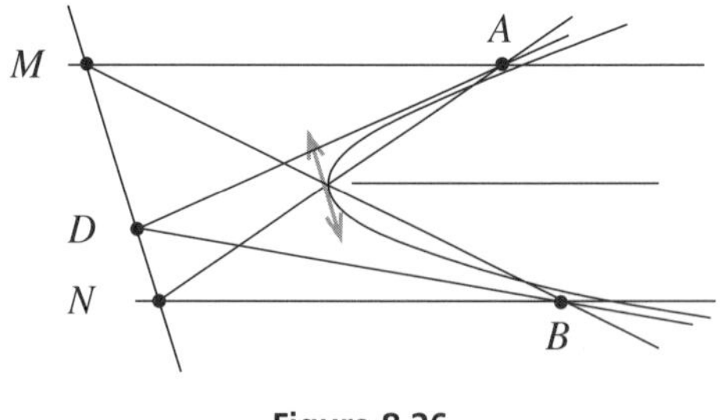


**Figure 8.26.**

**Problème 8.32** On se donne deux points $A$ et $B$ et une droite $d$. Une droite variable passant par $A$ coupe $d$ en $P$, et la perpendiculaire à $BP$ passant par $B$ coupe $AP$ en $M$. Déterminer le lieu du point $M$ quand la droite $a$ passant par $A$ varie.

***Solution.*** Les doites $AM$ et $BM$ coupent $d$ en $P$ et $P'$ qui se correspondent dans l'involution $\theta$ définie sur $d$ par un angle droit pivotant autour de $B$.

D'après l'exercice 7.11, le point décrit une conique $\Gamma$ passant par $A$ et $B$ ; toujours d'après l'exercice 7.11, $\theta$ est sur $d$ l'involution de conjugaison relative à $\Gamma$ ; le point $S = \theta(AB \cap d)$ est alors le pôle de $AB$ et les droites $SA$ et $SB$ sont les tangentes à $\Gamma$ en $A$ et en $B$.

Remarquons que $\theta$ est sans points fixes réels ; par conséquence, dans le plan réel $d$ ne coupe pas $\Gamma$.

***Discussion.*** Le point $M$ est l'infini si et seulement si $AP$ et $BP$ sont orthogonales, c'est-à-dire si $P$ est sur le cercle $\mathcal{C}$ de diamètre $AB$.

- Si $\mathcal{C} \cap d = \emptyset$ la conique est une ellipse dans le plan réel.
- Si $\mathcal{C}$ est tangent à $d$, $\Gamma$ est une parabole d'axe $AP_0$ où $P_0$ est le point de tangence.
- Si $\mathcal{C} \cap d$ contient deux points, $\Gamma$ est une hyperbole.

***Remarque 8.9.*** Le cas particulier où $A$ est un point à l'infini est étudié dans l'exercice 5.1.

**Problème 8.33** Soit deux droites $p, q$, une direction $\Delta$, deux points $A, B$ ; on suppose que $A \in q$ et que $B \in p$.

Une droite variable de direction $\Delta$ coupe $p$ en $P$ et $q$ en $Q$. Déterminer le lieu du point $M = AP \cap BQ$.

***Solution.*** On peut avantageusement appliquer le théorème de Chasles sous sa forme Mac-Laurin (exercice 7.14) où le point $S$ de l'énoncé est le point à l'infini de $\Delta$.

Le lieu de $M = AP \cap BQ$ est donc une conique $\Gamma$ passant par $A, B$ et $C = p \cap q$.

Les tangentes en $A$ et en $B$ sont de direction $\Delta$.

Ici, le problème 8.31 donne une construction simple de la tangente en $M$.

La tangente en $C$ à $\Gamma$ est la doite conjuguée de $AS$ (de direction $\Delta$) par rapport aux droites $p$ et $q$.

***Discussion.***

- La conique $\Gamma$ est dégénérée si et seulement si $AB$ est de direction $\Delta$.
- On dispose de deux couples de directions conjuguées, par rapport à $\Gamma$ : $(AB, \Delta)$ et $(CA, CB)$ (exercice 7.12) ; projetée sur $AB$ à partir de $C$ l'involution ainsi définie donne l'involution $\gamma$ qui échange $A$ et $B$ et le couple $(S, AB \cap CS)$ ; les points fixes de $\gamma$ donnent les points à l'infini de $\Gamma$ par projection à partir de $C$. D'après la proposition 3.4, $\gamma$ a des points fixes si et seulement si le point central, $AB \cap CS$ est extérieur au segment $AB$. La projection de $\gamma$ sur le cercle $ABC$ permet de placer les axes de $\Gamma$ (exercice 7.10) et, le cas échéant, les asymptotes.

**Problème 8.34** Étudier le lieu géométrique des milieux des cordes déterminées sur une conique $\Gamma$ par les droites passant par un point fixe $A$.

***Solution.*** Étudions d'abord le cas où $\Gamma$ est une conique à centre et, bien entendu, $A$ différent du centre $O$ de $\Gamma$. Soit $p \in A^*$ qui détemine sur $\Gamma$ la corde $MN$ ; le milieu $I$ de $MN$ est l'intersection de $p$ et de la polaire de $\infty_p$, le point à l'infini de $p$ ; cette polaire $p'$, passe par $O$ qui est le pôle de $d_\infty$.

La correspondance $p \to p'$ est une homographie de $A^*$ sur $O^*$ comme composée de la projection de $A^*$ sur $d_\infty$ suivie d'une polarité. D'après le théorème de Chasles (5.2), le point $p \cap p'$ décrit une conique $\Gamma'$ ; on vérifie sans mal que les points à l'infini de $\Gamma$ sont ceux de $\Gamma'$ ; dès lors $\Gamma$ et $\Gamma'$ sont homothétiques (problème 8.47).

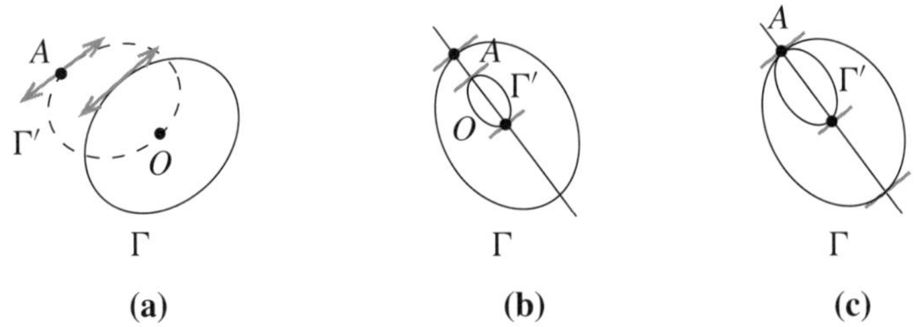


**Figure 8.27.** Le lieu cherché est la portion de $\Gamma'$ intérieure à $\Gamma$.

On verra, de même, que si $\Gamma$ est une parabole, $\Gamma'$ est une parabole homothétique.

Si $\Gamma$ est une hyperbole et si $A$ est sur une asymptote, $\Gamma'$ est dégénérée.

**Problème 8.35** Dans un plan euclidien, soient deux droites $p, q$ et un point $F$, non situé sur ces droites ; un couple de droites $(a, b)$, faisant entre elles un angle constant $\theta$, pivote autour de $F$ et coupe $p$ et $q$ en $P$ et $Q$.

Étudier l'enveloppe de la droite $PQ$.

***Solution.*** Pour l'étude de cette enveloppe, étant donné la notion d'angle, nous nous placerons dans le complexifié d'une carte euclidienne.

Les propriétés focales d'une conique étudiées dans l'exercice 7.34, montrent que les tangentes à une conique donnée relèvent de l'énoncé ci-dessus.

Pour la réciproque, on peut se référer au dual de l'exercice 7.11 la correspondance $a \to b$ telle que l'angle $(a, b)$ soit constant est une homographie $\theta^*$ de $F^*$ (§ 4.8.1). La droite $PQ$ enveloppe donc une conique $\Gamma$ ; d'après 4.8.1, les droites fixes de $\theta^*$ sont les droites isotropes. Comme elles sont tangentes à $\Gamma$, $F$ en est un foyer. Les droites $p$ et $q$ sont tangentes à $\Gamma$ en les points $A$ et $B$ définis par :

$$FA = \theta^{*-1}(FC) \quad \text{et} \quad FB = \theta^*(FC) \quad \text{où} \quad C = p \cap q\,.$$

$FC$ est bissectrice de $(FA, FB)$ ; d'après l'exercice 7.34, la normale en $F$ à $FC$ coupe $AB$ en un point de la directrice.

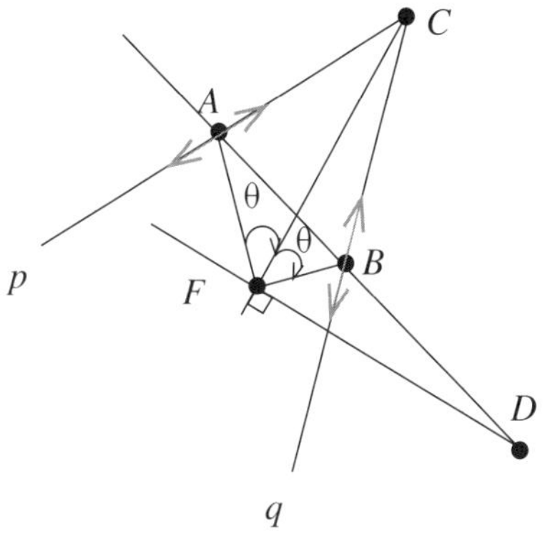


Figure 8.28.

***Discussion.*** Deux cas sont assez évidents :

– L'enveloppe est un cercle si et seulement si $F$ est sur la bissectrice de $(p, q)$ et si l'angle $\theta$ est le complémentaire du demi-angle $(p, q)$. $F$ est alors le cenre du cercle.
– L'enveloppe est une parabole si et seulement si $\theta = (\widehat{p, q})$ ; les projections du foyer $F$ sur $p$ et $q$ donnent la tangente au sommet (problème 8.71.2) ; on construit alors immédiatement l'axe et la directrice.

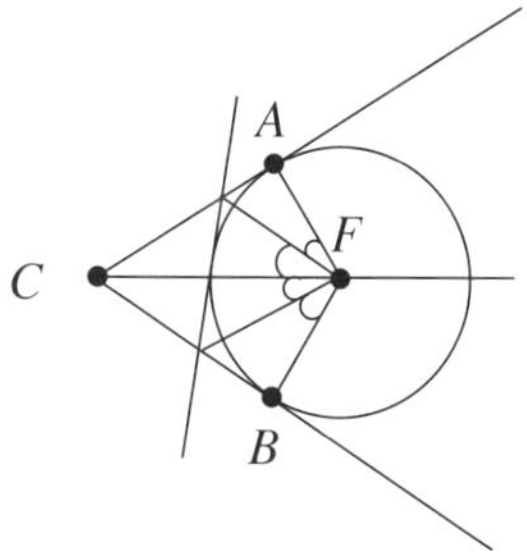


Figure 8.29.

*N.B.* : Pour complément voir le problème suivant 8.36. Il est un cas particulièrement intéressant quand l'angle $\theta$ est droit. Dans les autres cas, on obtient une conique à centre. En plus des éléments obtenus en suivant la solution (deux tangentes avec points de contact, foyer, un point de la directrice) on peut construire à peu de frais une tangente parallèle à $p$ ou à $q$. En projetant le foyer sur une tangente, on détermine le cercle principal (problème 8.59.1) et avec tous ces éléments on construit la conique facilement.
Déterminer le point de contact (5.1.2.c). Avec deux points où les tangentes sont parallèles, on a le centre de la conique.

**Problème 8.36** On donne une droite $t$ et un point $F$ non situé sur $t$. À tout point $H$ de $t$, on associe la droite $h$ qui fait un angle constant avec la droite $FH$. Montrer que $h$ enveloppe une parabole de foyer $F$ lorsque $H$ décrit $t$.

***Solution.*** Ce problème est un cas particulier du précédent, si on se place dans une carte affine et si l'on choisit la droite de l'infini pour l'une des droites de l'énoncé du problème 8.35 ; l'angle constant qui pivote autour de $F$ sera alors l'angle $(FH, h)$.

D'après l'exercice 7.12, la droite $h$ enveloppe une conique tangente à la droite de l'infini ; ce sera donc une parabole de foyer $F$.

Lorsque l'angle constant est droit, l'axe de la parabole est orthogonal à la droite $p$ qui devient la tangente au sommet. On retrouve ainsi cette propriété de la parabole : « La projection du foyer sur une tangente est située sur la tangente au sommet » (voir encore problème 8.71).

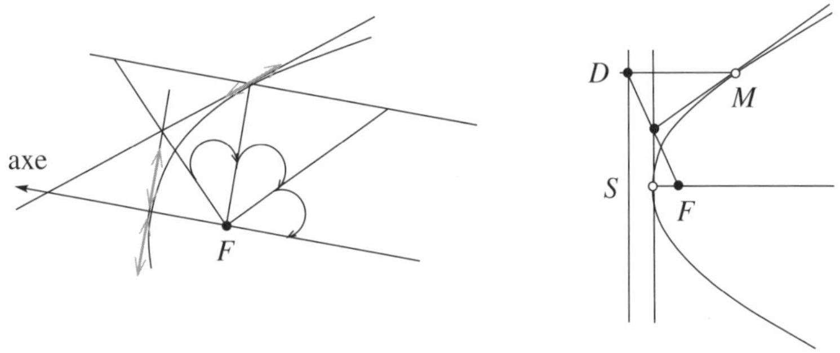


**Figure 8.30.**

**Problème 8.37** Soient $\Gamma$ une conique propre et $\alpha : M \mapsto M'$ une homographie non involutive de $\Gamma$. Montrer que l'enveloppe des droites $MM'$ est une conique, bitangente à $\Gamma$ si $\alpha$ n'est pas parabolique, surosculatrice à $\Gamma$ si $\alpha$ est parabolique.

***Solution.*** Soient $(A, A')$, $(B, B')$, $(M, M')$ trois couples de points homologues. Posons $P = MM' \cap AA'$ et $Q = MM' \cap BB'$. Le point $P' = AM' \cap A'M$ et le point $Q' = BM' \cap B'M$ appartiennent à l'axe de l'homographie et sont les conjugués des points $P, Q$ par rapport à $\Gamma$. On peut décomposer l'application $P \mapsto Q$ de $AA'$ sur $BB'$ en produit de trois homographies : l'homographie $P \mapsto P'$ de $AA'$ sur $a$, l'homographie $P' \mapsto Q'$ de $a$ sur $a$ (exercice 7.11) et l'homographie $Q' \mapsto Q$ de $a$ sur $B'B$. On voit ainsi que la droite $PQ$ enveloppe une conique, ce qui termine la démonstration puisque la droite $PQ$ est par construction la droite $MM'$. Si $M$ est un point fixe de $\alpha$, la droite $MM'$ est la tangente à $\Gamma$ en $M$.

**Problème 8.38** On donne un cercle $\Gamma$ et un point $F$ non situé sur $\Gamma$. Par un point $M$ du cercle, on mène la droite $d$ telle que l'angle $(MF, d)$ soit un angle droit. Montrer que $d$ enveloppe une conique de foyer $F$ lorsque $M$ décrit $\Gamma$.

***Solution.*** Soit $M'$ le second point d'intersection de $d$ avec $\Gamma$ (figure 8.31, page ci-contre). On passe de $M$ à $M'$ en composant l'involution de centre $F$ et l'involution de centre $O$, si $O$ est le centre du cercle. L'application $\alpha : M \mapsto M'$ est une homographie.

D'après le problème 8.37, la droite $MM'$ enveloppe une conique $\Omega$. Il est facile de voir que :

- dans le complexifié, les droites $FI$ et $FJ$ sont des tangentes à $\Omega$, ce qui montre que $F$ est le foyer de $\Omega$ ;
- l'axe de l'homographie $\alpha$ est un diamètre de $\Gamma$. D'après le problème 8.37, $\Omega$ est tangente à $\Gamma$ aux extrémités de ce diamètre.

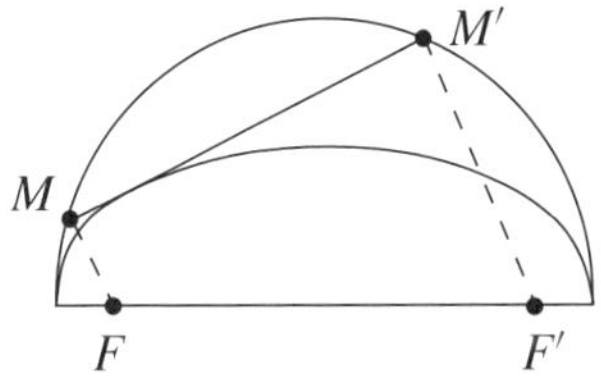


**Figure 8.31.**

Réciproquement, si $\Omega$ est une conique à centre, soit $\Gamma$ le cercle ayant pour diamètre le diamètre de $\Omega$ qui contient les foyers réels. On constate que $\Omega$ est alors la conique obtenue comme ci-dessus à partir de $\Gamma$ et que $\Gamma$ est le cercle principal de $\Omega$. On obtient ainsi la proposition suivante : « Le lieu des projections orthogonales des foyers d'une conique à centre sur les tangentes est le cercle principal. »

***Remarque 8.10.*** Si, dans l'énoncé de cet exercice, on remplace « angle droit » par « angle quelconque », l'enveloppe de la droite $d$ est toujours une conique de foyer $F$. On peut s'en convaincre en reprenant la démonstration précédente et en remarquant que l'on passe de $M$ à $M'$ en composant l'involution de centre $F$, une involution de centre $U$ et une involution de centre $V$ si $U, V$ sont des points à l'infini homologues dans l'homographie qui définit l'angle. (C'est le théorème de l'arc capable, proposition 5.5, qui justifie cette décomposition.)

**Problème 8.39** Soient $O$ et $O'$ deux points donnés. On fait pivoter autour de $O$ deux droites $p, q$ faisant entre elles un angle constant $\alpha$. De même, on fait pivoter autour de $O'$ deux droites $p', q'$ faisant entre elles un angle constant $\alpha'$. Montrer que si le point $q \cap q'$ décrit une droite, alors le point $p \cap p'$ décrit une conique (figure 8.32).

***Solution.*** La correspondance $p \mapsto p'$ est homographique car elle peut se décomposer en un produit de trois homographies :

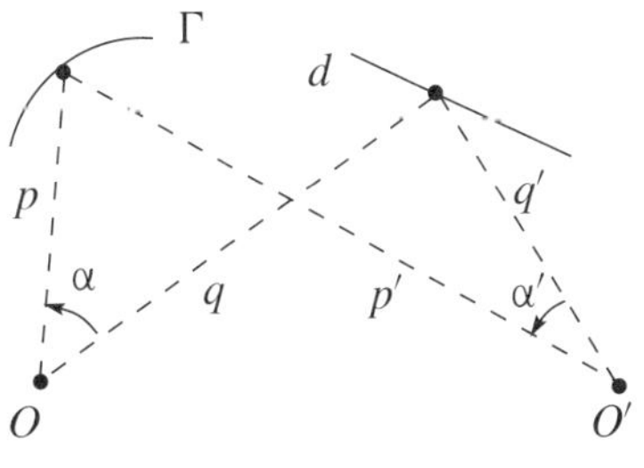


**Figure 8.32.**

– une rotation d'angle $\alpha$,
– une perspective de $O^*$ sur $O'^*$ d'axe $d$,
– une rotation d'angle $\alpha'$.

D'après le théorème de Chasles-Steiner, le point d'intersection de $p$ et de $p'$ décrit une conique passant par $O$ et $O'$. Cette conique est dégénérée si et seulement si les droites $q_0$ et $q'_0$ telles que $(OO', q_0) = \alpha$ et $(q'_0, OO') = \alpha'$, se coupent sur $d$.

***Remarque 8.11.*** Si l'on dispose d'un instrument formé de deux angles tournant autour de leur sommet on peut décrire une conique d'un mouvement continu. Newton a donné ce résultat sous le titre de « description organique des coniques ». Une conique étant donnée par cinq points, ayant choisi deux de ces cinq points, on détermine aisément les angles $\alpha, \alpha'$ et la droite $d$. Chasles, dans son traité des sections coniques, donne une généralisation de ce théorème :

*Si l'on déforme un polygone de manière que tous ses sommets, moins un, glissent sur des droites et que tous ses côtés soient vus, d'autant de points fixes, sous des angles donnés, le dernier sommet du polygone décrit une conique.*

Chasles, *Traité des Coniques*, 91, p. 71.

**Problème 8.40** Les coniques passant par les sommets d'un quadrangle $ABCD$ coupent deux droites $p$ et $q$, issues de $D$, en $P$ et $Q$ respectivement. Étudier l'enveloppe de la droite $PQ$ et énoncer la propriété duale (figure 8.33).

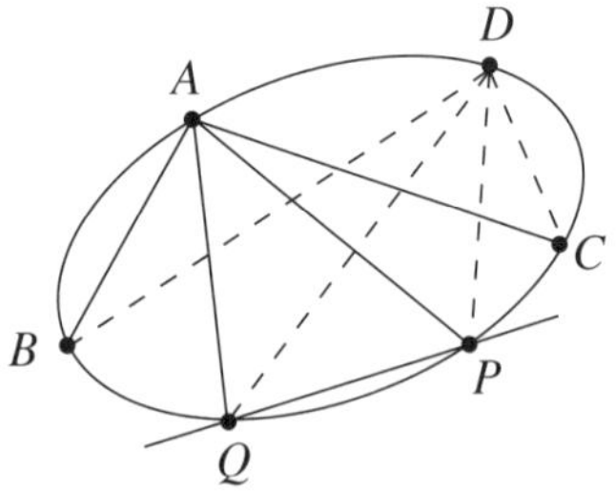


**Figure 8.33.**

***Solution.*** Nous éliminerons le cas trivial où les droites $p$ ou $q$ contiennent l'un des points $A, B, C$. Soit alors $P$ un point de $p$. Par les points $A, B, C, D, P$ il passe une conique $\Gamma$ et une seule qui recoupe $q$ en $Q$.

Le birapport $A(P, Q, B, C) = D(P, Q, B, C) = (p, q, DB, DC)$ est constant ; la correspondance $\alpha : AP \mapsto AQ$ est donc homographique, les droites fixes étant $AB$ et $AC$. Si $\pi$ est la projection de $p$ sur $A^*$ et $\pi'$ la projection de $A^*$ sur $q$, on en déduit que la correspondance $P \mapsto Q = \pi' \alpha \pi(P)$ est homographique.

D'après le dual du théorème de Chasles-Steiner, la droite $PQ$ enveloppe une conique tangente aux droites $p, q$. Si $P = p \cap AB$ (resp. $p \cap AC$) alors $Q = q \cap AB$ (resp. $q \cap AC$) et les droites $AB, AC$ sont tangentes à $\Gamma$. Si on échange le rôle de $A$

et de $B$, on voit que $BC$ est également tangente à $\Gamma$. Finalement, $\Gamma$ est la conique tangente aux droites $p, q$ et aux côtés du triangle $ABC$.

*Dualement*, soient $P, Q$ deux points situés sur le côté $d$ d'un quadrilatère $a, b, c, d$. Les tangentes autres que $d$, issues de $P$ et de $Q$ aux coniques du faisceau tangentiel engendré par le quadrilatère, se coupent en un point d'une conique qui passe par $P, Q$ et par les sommets du triangle $abc$.

***Remarque 8.12.*** Lorsque $d$ est la droite de l'infini, $P, Q$ les points cycliques, on retrouve le problème 8.72.

## Problème 8.41 Hyperboles d'Apollonius

Soient $O$ le centre d'une conique $\Gamma$ et $A$ un point fixe. A toute droite $p$ passant par $O$, on associe la droite $q$ issue de $A$ et orthogonale à $p'$, le diamètre conjugué de $p$ par rapport à $\Gamma$.

**8.41.1** Montrer que le lieu du point $M = p \cap q$ est une hyperbole $\mathcal{H}$ que l'on précisera.

**8.41.2** Montrer que $M$ appartient à $\Gamma \cap \mathcal{H}$ si et seulement si la droite $AM$ est normale à la conique $\Gamma$.

**8.41.3** Montrer que l'hyperbole $\mathcal{H}$ est le lieu des centres des coniques d'un faisceau que l'on précisera.

**8.41.4** Obtenir un résultat analogue lorsque $\Gamma$ est une parabole.

***Solution.***

**8.41.1** La correspondance $p \mapsto q$ est homographique car elle est composée des homographies $p \mapsto p'$ et $p' \mapsto q$ (figure 8.34). Le théorème de Chasles-Steiner montre que le point $p \cap q$ appartient à une conique passant par $A$ et $O$. Si $p$ est un axe de $\Gamma$, la droite $p'$ est orthogonale à $p$ ; alors $q$ est parallèle à $p$ et $p \cap q$ est le point à l'infini de $p$. Le lieu cherché est donc une hyperbole équilatère $\mathcal{H}$ dont les asymptotes sont parallèles aux axes de $\Gamma$. (On remarquera que deux coniques $\Gamma_1$ et $\Gamma_2$ qui ont les mêmes points à l'infini définissent la même hyperbole $\mathcal{H}$.)

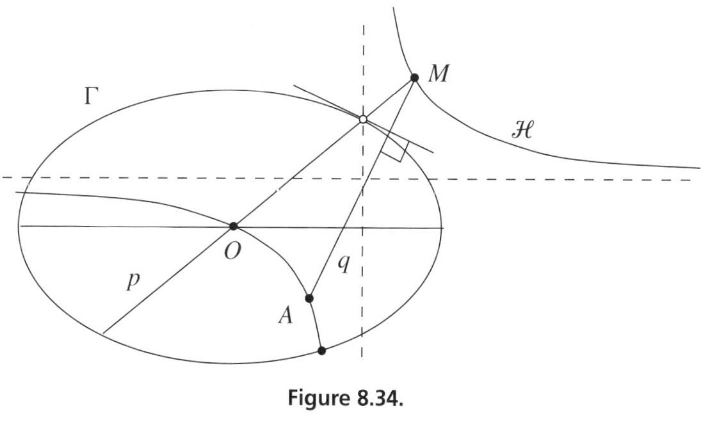


Figure 8.34.

**8.41.2** Soit $M$ un point de $\Gamma \cap \mathcal{H}$. La tangente en $M$ à $\Gamma$ est parallèle au diamètre $p'$, conjugué du diamètre $OM$. La droite $AM$ est donc orthogonale à la tangente en $M$. Réciproquement, si $M$ appartient à $\Gamma$ et si la droite $AM$ est normale à $\Gamma$, alors $AM$ est normale à la tangente en $M$ à $\Gamma$, donc aussi au diamètre conjugué du diamètre $OM$. D'après la définition de $\mathcal{H}$, $M$ appartient à $\mathcal{H}$. On voit ainsi que les pieds des normales à $\Gamma$ qui passent par $A$ sont les points de $\Gamma \cap \mathcal{H}$. L'hyperbole $\mathcal{H}$ est appelée l'*hyperbole d'Apollonius* relative au point $A$.

**8.41.3** Soit $\mathcal{F}$ le faisceau engendré par $\Gamma$ et par un cercle $\Gamma_A$ de centre $A$. D'après l'exercice 7.30, le lieu des centres des coniques de $\mathcal{F}$ est une hyperbole équilatère $\mathcal{H}'$ dont les asymptotes sont parallèles aux axes de $\Gamma$. Cette hyperbole contient les points $A$ et $O$ qui sont les centres de $\Gamma_A$ et de $\Gamma$. Montrons qu'elle coïncide avec $\mathcal{H}$. Pour cela montrons que si $M$ appartient à $\mathcal{H}' \cap \Gamma$, la droite $(AM)$ est normale à la tangente en $M$ à $\Gamma$. La tangente à $\Gamma$ en $M$ est la polaire de $M$ par rapport à $\Gamma$. Or les polaires de $M$ passent par un point fixe qui est ici à l'infini puisque $M$ est le centre d'une conique du faisceau (proposition 6.8). La polaire de $M$ par rapport à $\Gamma_A$ est donc parallèle à la tangente à $\Gamma$ en $M$ ; mais la polaire de $M$ par rapport au cercle $\Gamma_A$ est orthogonale à $AM$. On voit ainsi que la droite $AM$ est normale à $\Gamma$ et que $M$ appartient à $\mathcal{H}$.

***Remarques 8.13.***

- Pour qu'il existe un point $A$ ayant même hyperbole d'Apollonius par rapport à deux coniques $\Gamma_1$ et $\Gamma_2$ il faut et il suffit que le faisceau engendré par $\Gamma_1$ et $\Gamma_2$ contienne un cercle (exercice 7.24).
- Le centre de $\mathcal{H}$ est le barycentre des points de $\Gamma \cap \Gamma_A$.
- Si $\Gamma$ est une hyperbole, les asymptotes sont deux diamètres conjugués et les projections $P$ et $Q$ de $A$ sur elles sont deux points diamétralement opposés. En effet, les bissectrices de $(AP, AQ)$ sont parallèles aux axes ; les directions de $AP$ et de $AQ$ sont donc conjuguées. Le centre de $\mathcal{H}$ est donc le milieu de $PQ$. Si $\Gamma$ est une ellipse, les diagonales du rectangle formé par les tangentes aux sommets sont deux diamètres conjugués (exercice 7.5) ; on obtient ainsi aisément deux points $P$ et $Q$ de $\mathcal{H}$ diamétralement opposés. Là encore, le centre de $\mathcal{H}$ est le milieu de $PQ$.

**8.41.4** Soit $\Gamma$ une parabole, tangente à la droite de l'infini en $U$. Si $p \in A^*$, soit $p'$ la perpendiculaire à $p$ passant par $A$ et $q$ le diamètre de la direction $p'$. La correspondance $p \mapsto q$ de $A^*$ dans $U^*$ est homographique et on vérifie comme ci-dessus :

– que le lieu $\mathcal{H}$ de $p \cap q$ est une hyperbole équilatère passant par $A'$ et admettant pour asymptote l'axe $u$ de $\Gamma$,

– que les pieds des normales à $\Gamma$ qui passent par $A$ sont les points de $\Gamma \cap \mathcal{H}$,

– que $\mathcal{H}$ est le lieu des centres des coniques du faisceau engendré par $\Gamma$ et par un cercle $\Gamma_A$ de centre $A$.

**Problème 8.42** **La trisection d'un angle**

Soient $A$ et $B$ deux points d'un cercle $\Omega$ de centre $O$ et $b$ la tangente à $\Omega$ en $B$. A toute droite $d$ passant par $O$, on associe la droite $d'$ passant par $B$ telle que les angles $(OA, d)$ et $(b, d')$ soient égaux. Étudier le lieu du point $d \cap d'$. Si $M$ est commun à $\Omega$ et au lieu de $d \cap d'$, que peut-on dire des angles $(OA, OM)$ et $(OM, OB)$ ?

Chasles, *Traité des Coniques*, 37, p. 36.

***Solution.*** La transformation $d \mapsto d'$ est homographique car on peut passer de la droite $d$ à la droite $d'$ en composant la translation de vecteur $\overrightarrow{OB}$ et la rotation de centre $B$ et d'angle $(OA, OB) + \frac{1}{2}\pi$.

On peut encore voir cela autrement en se plaçant dans le plan complexifié. Si $I$ et $J$ sont les points cycliques, l'égalité des angles $(OA, d)$ et $(b, d')$ se traduit par l'égalité des birapports $(OI, OJ, OA, d) = (BI, BJ, b, d')$. Cette égalité exprime que $d$ et $d'$ sont homologues dans l'homographie qui transforme $OI, OJ, OA$ en $BI, BJ, b$. Le théorème de Chasles-Steiner montre alors le point $d \cap d'$ décrit une conique passant par les points $O$ et $B$.

Cette conique est dégénérée si et seulement si $OB \mapsto BO$, c'est-à-dire si et seulement si l'angle $(OA, OB)$ est droit. Dans ce cas, la conique est constituée de la droite $OB$ et de la droite de l'infini. Sinon, on vérifie sans difficulté que le lieu de $d \cap d'$ est une hyperbole équilatère $\mathcal{H}$ dont les asymptotes sont parallèles aux bissectrices de l'angle $(OA, b)$. Le centre de $\mathcal{H}$ est le milieu de $OB$.

*Trisection de l'angle* $(OA, OB)$

Si $M$ appartient à $\Omega \cap \mathcal{H}$, l'angle $(OA, OM)$ est le tiers de l'angle $(OA, OB)$. En effet, comme $M$ est sur $\mathcal{H}$, on a $(OA, OM) = (b, BM)$ et comme $M$ est sur $\Omega$, les propriétés de l'arc capable montrent que l'on a $(OM, OB) = 2(b, BM)$.

***Remarque 8.14.*** La théorie de Galois montre qu'il n'est pas possible de « trissecter » un angle quelconque à l'aide d'une règle et d'un compas seulement. Mais cela n'enlève rien à la beauté de cette solution.

**Problème 8.43** Étant donnés deux points $A$ et $B$ d'un plan euclidien, déterminer l'ensemble des points $M$ satisfaisant à la condition

$$(AM, AB) + (BM, AB) = \alpha \pmod{\pi}.$$

***Solution.*** Si $m$ appartient au faisceau $A^*$, soient $m'$ la droite qui passe par $B$ et qui vérifie la condition $(m, AB) + (m', AB) = \alpha$ et $m''$ la droite qui passe par $B$ et qui vérifie la condition $(m, AB) - (m'', AB) = (m, m'') = \alpha$. On vérifie aisément que les droites $m'$ et $m''$ sont symétriques par rapport à la droite $b$ qui passe par $B$ et qui est orthogonale à $AB$. La correspondance $m'' \mapsto m'$ est donc homographique et d'après la proposition 5.5, il en est de même de la correspondance $m \mapsto m''$. Puisque $m \mapsto m'$ est homographique, le théorème de Chasles-Steiner montre que le point $M = m \cap m'$ décrit une conique $\mathcal{H}$ passant par $A$ et $B$.

Il est évident que les droites $p$ et $q$ vérifiant $(p, AB) = \frac{1}{2}\alpha$ et $(q, AB) = \frac{1}{2}(\alpha + \pi)$ donnent les points à l'infini de $\mathcal{H}$. Le lieu de $M$ est donc une hyperbole équilatère.

On peut préciser cette hyperbole en utilisant la proposition § 5.5.3 (figure 8.35). Mais il est plus simple de remarquer que les points $M = m \cap m'$ et $N = m \cap m''$ se correspondent dans l'involution $\sigma$ de centre $A$ et d'axe $b$. Le point $N$ décrit un cercle $\Omega$ si $\alpha \neq 0$ ; il en résulte que $\Gamma$ est l'image de ce cercle $\Omega$ dans l'involution $\sigma$.

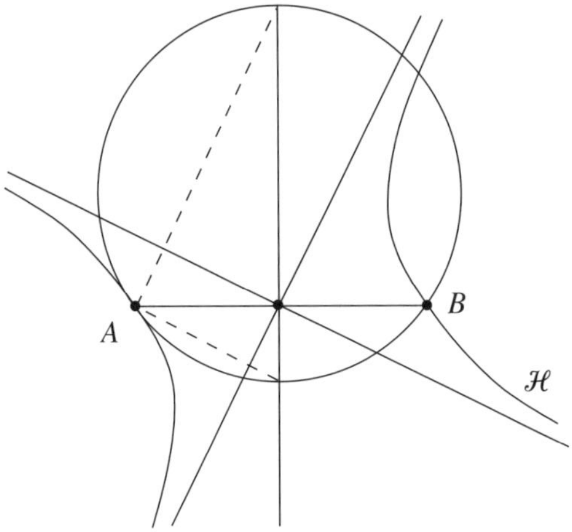


Figure 8.35.

Le centre de $\mathcal{H}$ est le milieu de $AB$ ; les asymptotes sont parallèles aux droites joignant $A$ aux extrémités du diamètre orthogonal à la corde $AB$. La tangente en $A$ à l'hyperbole $\mathcal{H}$ est la tangente en $A$ à $\Omega$. Si $\alpha = 0$, l'hyperbole $\mathcal{H}$ dégénère en la droite $AB$ et en la médiatrice de $AB$.

**Problème 8.44** On donne un triangle $ABC$. Trouver le lieu des points $M$ tels que la droite $MC$ soit une bissectrice de l'angle $(MA, MB)$.

***Solution.*** Nous allons montrer que le lieu cherché est une strophoïde, podaire d'une parabole, ([CC], t. I, p. 511). Si la droite $MC$ est bissectrice de l'angle $(MA, MB)$, l'autre bissectrice, $b$, enveloppe une parabole $\mathcal{P}$ (figure 8.36, page ci-contre). En effet, les droites $b, MC$ coupent la droite $AB$ en $P, P'$ conjugués par rapport à $A, B$. Soit $Q$ le point à l'infini de $MP$. On passe de $P$ à $Q$ en composant :

- l'involution $\tau$ de points fixes $A$ et $B$,
- la perspective $\pi$ de $AB$ sur $d_\infty$, de centre $C$,
- l'involution canonique $\sigma$ de $d_\infty$.

Le théorème de Chasles-Steiner montre que la droite $PQ$ enveloppe une parabole $\mathcal{P}$. Le point $M$, qui est la projection orthogonale de $C$ sur la tangente $PQ$, appartient donc à la *podaire* de $\mathcal{P}$ par rapport à $C$. La réciproque est immédiate.

Le point $C$ appartient à la directrice de $\mathcal{P}$. En effet, il est facile de vérifier que les bissectrices de l'angle $(CA, CB)$ sont tangentes à $\mathcal{P}$. Comme elles sont orthogonales

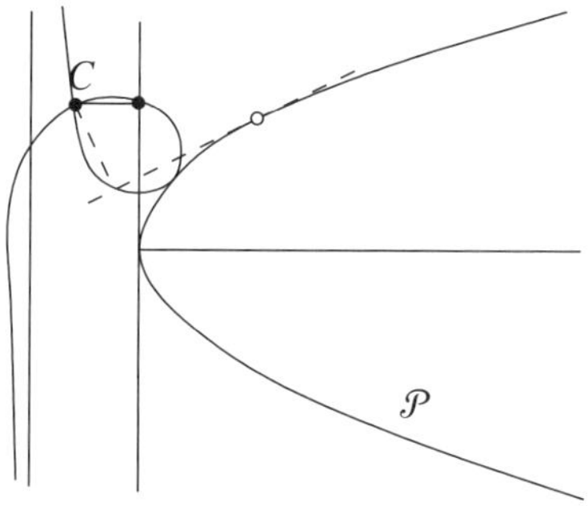


Figure 8.36.

(problème 8.71), elles appartiennent à la directrice de $\mathcal{P}$. Le lieu de $M$ est donc une strophoïde. Précisons que $C$ est le point double de cette strophoïde et que l'asymptote est parallèle à la tangente au sommet.

***Remarque 8.15.*** Une inversion de centre $C$ nous ramène au problème 8.43.

**Problème 8.45** On donne un point $A$ et une conique $\Gamma$. A toute droite $p$, passant par le point $A$, on mène la perpendiculaire qui passe par le pôle de $p$. Déterminer le lieu du pied de cette perpendiculaire.

***Solution.*** Le lieu cherché est une courbe cissoïdale, podaire d'une parabole par rapport au point $A$. En effet, soit $p$ une droite passant par $A$, soit $P$ son pôle et soit $p'$ la perpendiculaire à $\Gamma$ menée par $P$. Le point $P$ appartient à la polaire de $A$ que nous désignerons par $a$. Soit $P' = p \cap a$. L'application $P \mapsto P'$ est l'involution $\gamma$ définie par la conjugaison. Considérons alors l'homographie de $a$ sur $d_\infty$, composée de l'involution $\gamma$, de la perspective $\pi$ de $a$ sur $d_\infty$ de centre $A$ et de l'involution canonique $\sigma$ définissant l'orthogonalité. La droite joignant $P$ à son image $\alpha(P)$ est précisément la droite $p'$ ; elle enveloppe une conique d'après le dual du théorème de Chasles-Steiner. Comme $d_\infty$ est une tangente, cette conique est une parabole $\mathcal{P}$. Le lieu cherché est alors la podaire par rapport à $A$ de cette parabole. C'est donc une courbe cissoïdale ([CC], t. I, p. 223).

***Remarque 8.16.*** Si la sécante $p$ est une normale à $\Gamma$, la tangente à $\Gamma$ correspondante est aussi une tangente à la parabole $\mathcal{P}$. Ainsi, les points de contact avec $\Gamma$ des tangentes communes à $\Gamma$ et à $\mathcal{P}$ sont les pieds des normales à $\Gamma$ issues de $A$ ; ces points sont aussi les points de contact de $\Gamma$ avec la cissoïde.

## 8.3 CONIQUES HOMOLOGIQUES

**Problème 8.46** Soient $P$ une carte euclidienne d'un plan projectif réel et $d_\infty$ la droite de l'infini correspondante. On donne une conique $\Gamma$, un point $F \in P$ et une droite $d$. Trouver une homologie qui transforme $d$ en $d_\infty$ et $\Gamma$ en une conique ayant pour foyer l'image de $F$. Déterminer la droite $d$ pour que $\Gamma$ devienne :

**8.46.1** un cercle,

**8.46.2** une hyperbole équilatère,

**8.46.3** une parabole,

**8.46.4** une conique ayant pour centre l'image d'un point $O$ donné,

**8.46.5** une conique ayant pour foyers les images de deux points $F$ et $F'$.

***Solution.*** Plaçons-nous dans une carte affine du complexifié ; soient $I$ et $J$ les points cycliques. Les tangentes à $\Gamma$ issues de $F$ coupent $d$ en $I'$ et $J'$. Une homologie répondant au problème posé doit nécessairement transformer $I'$ et $J'$ en les points cycliques. Puisque l'on veut une solution réelle, les points $I'$ et $J'$ doivent être complexes ; $F$ doit donc être intérieur à $\Gamma$.

Si $S$ est le centre d'une telle homologie, on doit avoir : $S = I'I \cap J'J$ ou $S = I'J \cap J'I$. Réciproquement, il est clair que si on sait construire un tel point $S$, toute homologie de centre $S$ et d'axe $\Delta$ parallèle à $d$ sera une solution à notre problème.

D'après l'exercice 7.10, on sait déterminer $S$ lorsque les points $I$ et $I'$ sont les points fixes d'une involution elliptique ; on l'obtient en projetant sur $d$ à partir de $F$ l'involution définie par la conjugaison sur la polaire de $F$.

**8.46.1** L'image de $\Gamma$ sera un cercle si et seulement si $d$ est la polaire de $F$ par rapport à $\Gamma$.

**8.46.2** Pour obtenir une hyperbole, il faut que $d$ coupe $\Gamma$ en deux points $P$ et $P'$ ; si les droites $FP$ et $FP'$ sont conjuguées par rapport à $\Gamma$, l'hyperbole sera équilatère.

**8.46.3** $\Gamma'$ sera une parabole si et seulement si $d$ est tangente à $\Gamma$. Si $A$ est le point de contact, l'image de $B$ où $FA$ recoupe $\Gamma$ sera le sommet de la parabole.

**8.46.4** Soit $O$ un point distinct de $F$ et $d$ la polaire de $O$ par rapport à $\Gamma$ ; l'image de $O$ sera le centre de $\Gamma'$.

**8.46.5** Soit $F' \neq F$ intérieur à $\Gamma$ ; d'après l'exercice 7.10, il existe $G$ et $G'$ conjugués par rapport à $\Gamma$. Si $d$ est la polaire de $G$ par rapport à $\Gamma$, l'image de $G$ sera le centre de $\Gamma'$ et l'image de $F'$ sera le deuxième foyer de $\Gamma'$.

**Problème 8.47** Montrer que deux coniques sont homothétiques si et seulement si elles ont mêmes points à l'infini.

***Solution.*** On se place dans une carte affine du complexifié du plan projectif réel. La condition est évidemment nécessaire puisque la droite de l'infini est l'axe de toute homothétie. Pour la réciproque nous allons distinguer plusieurs cas :

- Les coniques $\Gamma_1$ et $\Gamma_2$ coupent la droite de l'infini en deux points distincts et ont même centre $O$. Les coniques $\Gamma_1$ et $\Gamma_2$ sont alors bitangentes en leurs points à l'infini et il existe deux homothéties de centre $O$ qui transforment ces coniques l'une dans l'autre.
- Si les coniques $\Gamma_1$ et $\Gamma_2$ ont mêmes points distincts à l'infini mais ne sont pas concentriques, la translation qui amène le centre de $\Gamma_2$ sur celui de $\Gamma_1$ transforme $\Gamma_2$ en une conique $\Gamma_2'$ qui a même centre que $\Gamma_1$ et mêmes points à l'infini. D'après

la première partie, il existe deux homothéties qui transforment $\Gamma'_2$ en $\Gamma_1$ et, en composant avec la translation, nous obtenons deux homothéties qui transforment $\Gamma_2$ en $\Gamma_1$.

- Les coniques $\Gamma_1$ et $\Gamma_2$ sont deux paraboles ayant même direction d'axe. Si $\Gamma_1$ et $\Gamma_2$ sont surosculatrices. Il existe donc une translation qui amène $\Gamma_2$ sur $\Gamma_1$. Dans les autres cas, soit $U$ un point à l'infini distinct du point de contact, et soient $M_1$ et $M_2$ les points de contact des tangentes menées de $U$ à $\Gamma_1$ et à $\Gamma_2$ et autres que la droite de l'infini. Si $M_1$ et $M_2$ sont confondus, les paraboles sont bitangentes et elles sont homothétiques dans une homothétie de centre $M_1$. Si $M_1 \neq M_2$ la translation qui amène $M_2$ sur $M_1$ transforme $\Gamma_2$ en une parabole $\Gamma'_2$ bitangente à $\Gamma_1$. Comme $\Gamma'_2$ est homothétique de $\Gamma_1$, en composant avec la translation, on voit que $\Gamma_2$ est homothétique de $\Gamma_1$.

**Problème 8.48** Dans un plan projectif réel, on donne deux coniques $\Gamma_1$ et $\Gamma_2$ ayant exactement deux points réels communs $A$ et $B$. Montrer qu'il existe des homologies réelles qui transforment $\Gamma_1$ et $\Gamma_2$ en des cercles.

***Solution.*** Plaçons-nous dans le complexifié. Traçons la droite réelle $d$ qui joint les deux autres points d'intersection (imaginaires) de $\Gamma_1$ et de $\Gamma_2$. Pour cela, on peut construire sur deux droites distinctes $p$ et $q$ l'image des points $p \cap AB$ et $q \cap AB$ pour les involutions de Desargues correspondantes. On peut aussi construire l'axe de l'homographie de $\Gamma_1$ défini par $M \mapsto M'$ si $AM \cap BM' \in \Gamma_2$.

Définissons sur $d$ l'involution $\gamma$ définie par la conjugaison par rapport à $\Gamma_1$ et à $\Gamma_2$ à l'aide de deux couples de points. On obtient une involution elliptique dont les points fixes sont les points complexes de $\Gamma_1 \cap \Gamma_2$ et, comme dans l'exercice 7.10, on construit un point $O$ qui permet de réaliser $\gamma$ par la rotation d'un angle droit autour de $O$.

Il reste à vérifier qu'une homologie de centre $O$ transformant $d$ en la droite de l'infini, répond à la question.

**Problème 8.49** On donne une conique $\Gamma$ et un point $O$ dans un plan réel. Existe-t-il des homologies de centre $O$ qui transforment $\Gamma$ en un cercle $\Omega$ de centre $O$?

***Solution.*** Soient $I$ et $J$ les points cycliques. Si une homologie $\alpha$ transforme $\Gamma$ en un cercle $\Omega$ de centre $O$, les droites $OI$ et $OJ$ (qui sont tangentes à $\Omega$ en $I$ et $J$) sont tangentes à $\Gamma$ en $T_1$ et $T_2$ et l'on a $I = \alpha(T_1)$, $J = \alpha(T_2)$. On voit donc que $O$ est nécessairement un foyer de $\Gamma$ et la droite $T_1T_2$, qui est alors la directrice relative à $O$, est transformée en la droite de l'infini.

Réciproquement, il est clair qu'une homologie dont le centre est un foyer de $\Gamma$ et qui transforme la directrice en la droite de l'infini, transforme $\Gamma$ en un cercle de centre $O$. L'axe d'une telle homologie est alors une droite parallèle à la directrice. À toute parallèle $\Delta$ à la directrice, qui en est distincte et qui ne passe pas par $O$, correspond une homologie $\alpha$ de centre $O$ qui transforme $\Gamma$ en un cercle de centre $O$.

## 8.4 QUELQUES CAS PARTICULIERS DU GRAND THÉORÈME DE PONCELET

**Problème 8.50** Montrer que deux triangles circonscrits à une même conique $\Gamma$ ont leurs sommets sur une conique $\Omega$. Réciproquement et dualement, les côtés de deux triangles inscrits dans une même conique $\Omega$ sont tangents à une conique $\Gamma$.

***Solution.*** Soient $ABC$ et $A'B'C'$ deux triangles circonscrits à une conique $\Gamma$ (figure 8.37). Pour établir que les points $A, B, C, A', B', C'$ appartiennent à une même conique $\Omega$, montrons que l'involution $\delta$ définie sur $BC$ par le quadrangle $AA'B'C'$ échange les points $B$ et $C$. Il suffit pour cela, de vérifier que l'involution $\delta$ est la « projection » sur $BC$ de l'involution $\delta^*$ de $A^*$, définie par le faisceau tangentiel des coniques tangentes aux droites $A'C'$, $A'B'$, $B'C'$ et $BC$. La réciproque est la proposition duale.

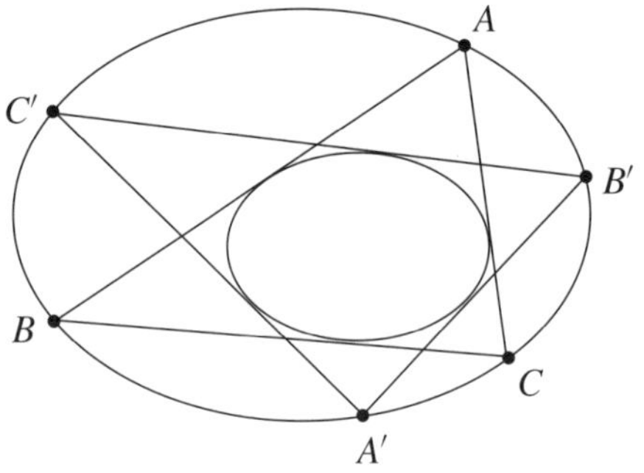


Figure 8.37.

**Corollaire 8.1.** *S'il existe un triangle inscrit dans une conique et circonscrit à une autre conique, il en existe une infinité.*

C'est en particulier le cas lorsque l'on considère un triangle, son cercle circonscrit et ses cercles inscrits et exinscrits.

**Problème 8.51** Soit $ABCD$ un quadrangle inscrit dans une conique $\Gamma$ et circonscrit à une conique $\Gamma'$. Montrer qu'il existe alors une infinité de quadrangles inscrits dans $\Gamma$ et circonscrits à $\Gamma'$.

***Solution.*** Soit $A'$ un point quelconque de $\Gamma$ ; les tangentes issues de $A'$ à $\Gamma'$ recoupent $\Gamma$ respectivement en $B'$ et $D'$ (figure 8.38, page ci-contre). Soit $\mathcal{F}^*$ le faisceau tangentiel engendré par les coniques dégénérées $(A^*, C^*)$ et $(B^*, D^*)$ ; la conique $\Gamma'$ appartient à ce faisceau.

Considérons l'involution de $A'^*$ définie par le faisceau $\mathcal{F}^*$ et projetons-la sur $\Gamma$ à partir de $A'$. On obtient ainsi une involution $\delta$ de $\Gamma$ qui échange $A$ et $C$, $B$ et $D$

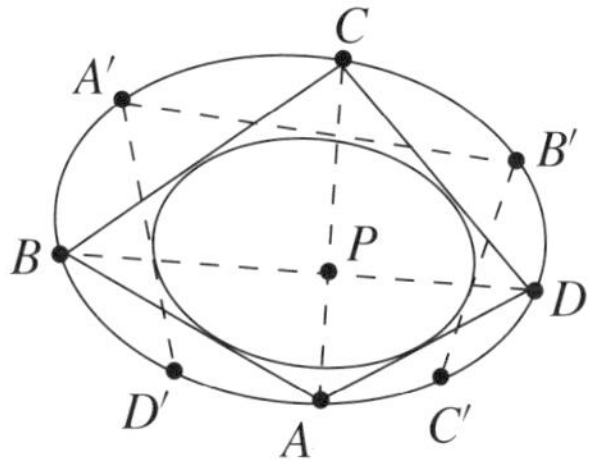


Figure 8.38.

ainsi que $B'$ et $D'$. D'après le théorème de Frégier, la droite $B'D'$ passe par le point d'intersection des droites $AC$ et $BD$. Soit $P$ ce point (qui ne dépend pas de $A'$). Les tangentes à $\Gamma'$ issues de $B'$ recoupent $\Gamma$ en $A'$ et $C'$. L'involution définie par $\mathcal{F}^*$ sur $C'^*$ est la projection de $\delta$ sur $C'^*$ et d'après le dual du grand théorème de Desargues, les droites $C'B'$ et $C'D'$ sont tangentes à une conique du faisceau qui n'est autre que $\Gamma'$ puisque $C'B'$ est tangente à cette conique.

**Problème 8.52** Soient $\Gamma$ et $\Omega$ deux ellipses ayant les mêmes axes. Démontrer que pour qu'il existe un triangle inscrit dans $\Gamma$ et circonscrit à $\Omega$, il faut et il suffit que les sommets du rectangle formé par les tangentes à $\Omega$, parallèles aux axes, soient respectivement sur les côtés du losange déterminé par les sommets de $\Gamma$.

***Solution.*** En raison des symétries de la figure et en référence au problème 8.30, il nous suffira de chercher à quelle condition la droite $UP$ est tangente à $\Omega$, les notations étant celles de la figure 8.39.

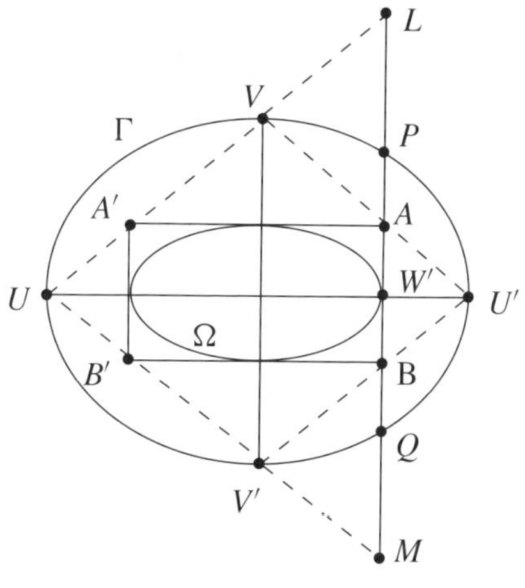


Figure 8.39.

L'homographie $\alpha$ de $AB$ sur $A'B'$ définie par les tangentes à $\Omega$ (théorème 5.8) coïncide sur les points $W'$ et $\infty_{AB}$ avec l'homographie $\alpha'$ composée de la projection de $AB$ sur $\Gamma$ à partir de $U'$ et de la projection de $\Gamma$ sur $A'B'$ à partir de $U$. Si $PU$

est tangente à $\Omega$, $\alpha$ et $\alpha'$ coïncident sur $P$ et alors $\alpha = \alpha'$ et on a nécessairement $U'A \cap UA' \in \Gamma$ et à cause des symétries $U'A \cap UA' = V$ : c'est la configuration demandée.

Réciproquement si $U'A \cap UA' = V$ on a $\alpha(A) = \alpha'(A)$ et là encore $\alpha = \alpha'$ et alors la droite $UP$ est tangente à $\Omega$.

En se plaçant dans le complexifié, on peut particulariser le résultat précédent : « Soient $\mathcal{H}$ et $\mathcal{H}'$ deux hyperboles équilatères concentriques. Pour qu'il existe des triangles inscrits dans $\mathcal{H}$ et circonscrits à $\mathcal{H}'$, il faut et il suffit que les foyers de $\mathcal{H}'$ soient sur les directrices de $\mathcal{H}$. »

## 8.5 SIX OU HUIT POINTS SUR UNE CONIQUE

**Problème 8.53** Montrer qu'il existe une ellipse tangente aux côtés d'un triangle en leurs milieux.

***Solution.*** Les médianes d'un triangle étant concourantes, il existe une conique $\Gamma$ tangente aux côtés en leurs milieux d'après la réciproque du théorème de Brianchon. Il reste à montrer que cette conique est une ellipse.

- *Première preuve.* — Si le triangle est équilatéral, il est bien connu que le cercle inscrit répond à la question. On peut alors transformer le triangle donné en un triangle équilatéral par une transformation affine (figure 8.40). Une telle transformation conserve les milieux et conserve la nature d'une conique puisque la droite de l'infini est invariante. La transformation inverse transforme le cercle inscrit au triangle équilatéral en une ellipse tangente aux côtés du triangle donné en leurs milieux.

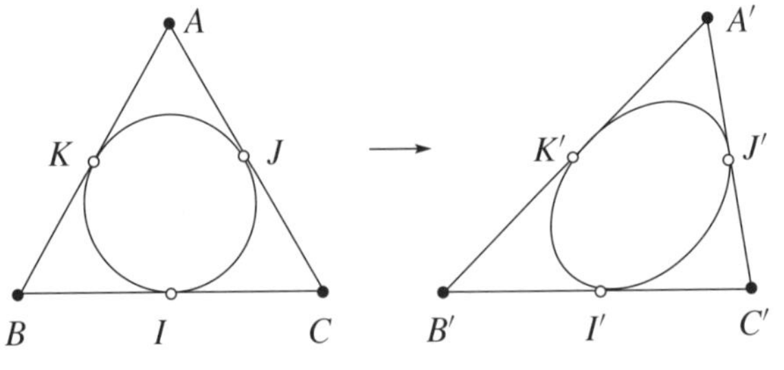


**Figure 8.40.**

- *Deuxième preuve.* — Pour déterminer la nature de la conique $\Gamma$, on peut aussi chercher les points d'intersection de $\Gamma$ avec la droite de l'infini en déterminant les points fixes de l'homographie induite par l'homographie de $\Gamma$ définie par $C'B \mapsto B'C'$, $C'B' \mapsto B'C$, $C'A' \mapsto B'A'$, où $A, B$ sont les sommets du triangle et $A', B', C'$ les milieux des côtés. Cette homographie est elliptique (exercice 4.3).

***Remarques 8.17.***

➤ D'après l'exercice 7.18, le centre de l'ellipse est le centre de gravité $G$ du triangle.

➤ L'homothétie de centre $G$ et de rapport $-2$ transforme cette ellipse en une ellipse circonscrite à $ABC$, ayant $G$ pour centre ; les tangentes à cette ellipse aux sommets du triangle sont parallèles aux côtés opposés.

**Problème 8.54** On donne un triangle $ABC$ et deux points fixes $P$ et $Q$. Montrer que les droites qui joignent $P$ et $Q$ aux sommets du triangle coupent les côtés opposés respectifs en six points qui appartiennent à une même conique (figure 8.41).

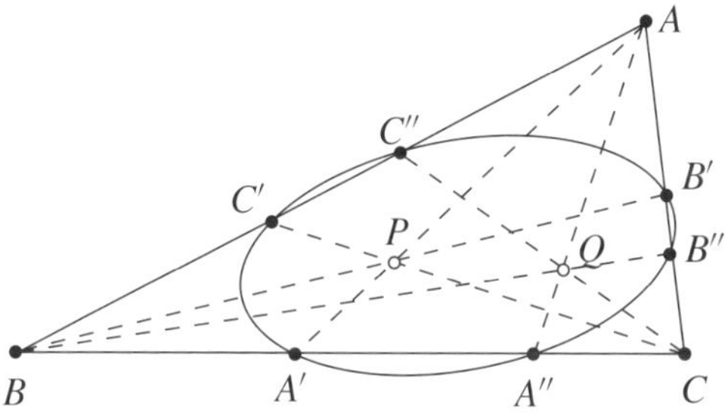


**Figure 8.41.**

***Solution.*** Soient $A', B', C'$ et $A'', B'', C''$ les points d'intersection des droites $PA, PB, PC$ et $QA, QB, QC$ avec les côtés $BC, CA, AB$. En utilisant le critère de la proposition 6.12, nous allons montrer que sur $BC$, le couple $(A', A'')$ « appartient » à l'involution définie par le quadrangle $B'B''C'C''$. Les côtés opposés $B'B'', C'C''$ coupent $BC$ en $B, C$ et les côtés $B''C'', B'C'$ en $U, V$. D'après une configuration classique (exercice 7.1.1), le point $U$ est conjugué de $A''$ par rapport à $B, C$. Le point $V$ est conjugué de $A'$ par rapport à $B, C$. Par conséquent, les points $U, A''$ et les points $V, A'$ sont homologues dans l'involution de points fixes $B$ et $C$. Il est alors facile de vérifier (exercice 3.3) que les couples $(A', A'')$, $(B, C)$, $(U, V)$ « appartiennent » à une même involution.

Réciproquement, soient $ABC$ un triangle et $P$ un point. Les droites $AP, BP, CP$ coupent les côtés $BC, CA, AB$ en $A', B', C'$ ; une conique passant par $A', B', C'$ recoupe les côtés respectifs en $A'', B'', C''$. Les droites $AA'', BB'', CC''$ sont alors concourantes. Nous laissons au lecteur le soin de formuler le résultat dual.

***Remarque 8.18.*** La réciproque donnée ici est un cas particulier de la proposition duale.

**Problème 8.55** Montrer que les tangentes menées par les sommets d'un triangle $ABC$ à une conique $\Gamma$ coupent les côtés opposés respectifs en six points qui appartiennent à une même conique.

***Solution.*** Les tangentes à $\Gamma$ issues de $A$ coupent $BC$ en $A', A''$, celles issues de $B$ coupent $CA$ en $B', B''$ et celles issues de $C$ coupent $AB$ en $C', C''$. Posons $D = BB' \cap CC'$, $U = B'C' \cap BC$, $P = AC \cap BC$, et $E = BB'' \cap CC''$, $V = B''C'' \cap BC$, $Q = AE \cap BC$.

En utilisant le critère de la proposition 6.12, nous allons montrer que sur $BC$, le couple $(A', A'')$ « appartient » à l'involution définie par le quadrangle $B'B''C'C''$, c'est-à-dire à l'involution qui échange $B$ et $C$ ainsi que $U$ et $V$.

Le faisceau des coniques tangentes aux droites $BD, BE, CD, CE$ a pour coniques dégénérées les couples $(B^*, C^*)$ et $(D^*, E^*)$. L'involution de Desargues que donne ce faisceau au point $A$, transforme $AB$ et $AC$, $AA'$ en $AA''$, $AD$ en $AE$, c'est-à-dire en projetant sur $BC$, $B$ en $C$, $A'$ en $A''$, $P$ en $Q$. Mais d'après une construction classique, les points $U$, $V$ sont les conjugués de $P$, $Q$ par rapport à $B$ et $C$. D'après l'exercice 3.3, les couples $(B, C)$, $(U, V)$, $(P, Q)$ « appartiennent » à une même involution ; or cette involution « contient » aussi le couple $(A', A'')$.

***Remarque 8.19.*** On retrouve le problème précédent lorsque la conique $\Gamma$ est dégénérée.

Énoncé dual : « Les droites menées des sommets d'un triangle aux points où les côtés opposés respectifs coupent une conique $\Gamma$ sont tangentes à une même conique. »

Notons que la proposition duale est la réciproque de notre proposition. Comme cas particulier de cette réciproque, on a la proposition suivante. Une conique coupe le côté $BC$ d'un triangle $ABC$ en $A', A''$, le côté $CA$ en $B', B''$ et le côté $AB$ en $C', C''$. Si les droites $AA', BB', CC'$ sont concourantes, les droites $AA'', BB'', CC''$ le sont aussi.

**Problème 8.56** Quatre cordes $AB, CD, A'B', C'D'$ d'une conique $\Omega$, se coupent en un point $O$. Soient $\Gamma$ une conique passant par les points $A, B, C, D$ et $\Gamma'$ une conique passant par $A', B', C', D'$. Montrer que deux sécantes communes $s$ et $s'$ à $\Gamma$ et à $\Gamma'$ se coupent en $O$ et que les couples $(s, s')$, $(AB, CD)$, $(A'B', C'D')$, appartiennent à une même involution. Étudier la réciproque.

***Solution.*** Soit $P$ un point de $\Gamma \cap \Gamma'$ ; sur la droite $OP$, les faisceaux $\mathcal{F}$ et $\mathcal{F}'$ engendrés par $\Omega$ et $\Gamma$ d'une part, $\Omega$ et $\Gamma'$ d'autre part, donnent la même involution dont $O$ est l'un des points fixes. Par conséquent, les coniques $\Gamma$ et $\Gamma'$ recoupent $OP$ en un même point $Q$ et la droite $PQ$ est une sécante $s$, commune à $\Gamma$ et à $\Gamma'$ et passant par $O$. On construit de même, dans le cas générique, une autre sécante commune $s'$ passant par $O$. Il existe alors une sécante $p$ commune à $\Gamma$ et à $\Gamma'$ et distincte de $s$ et de $s'$. Sur cette sécante, l'involution $\delta$ que donne le faisceau $\mathcal{F}$ et l'involution $\delta'$ que donne le faisceau $\mathcal{F}'$ coïncident. Les droites $s, s', AB, CD\ A'B', C'D'$ coupent donc $p$ en des points homologues pour cette involution.

Réciproquement, soient $s, s'$ deux cordes communes à deux coniques $\Gamma$, $\Gamma'$ qui se coupent en un point $O$. Soient $AB$, $CD$ deux cordes de $\Gamma$ et $A'B'$, $C'D'$ deux cordes de $\Gamma'$ qui se coupent aussi en $O$. Si les couples $(AB, CD)$, $(A'B', C'D')$, $(s, s')$ appartiennent à une même involution de $O^*$, les huit points $A, B, C, D, A', B', C', D'$ sont une même conique. En effet, la conique $\Omega$ qui passe par $A, B, C, D, A'$. Cette conique recoupe $\Gamma'$ en $B'', C''$, $D''$. Le point $O$ ayant même polaire par rapport à $\Omega$ et à $\Gamma$, a donc même polaire par rapport à $\Omega$ et à $\Gamma'$. Les cordes $A'B''$ et $C''D''$ passent donc par $O$ et d'après le résultat direct, les couples $(AB, CD)$, $(s, s')$, $(A'B'', C''D'')$ appartiennent à une même involution de $O^*$. Il est alors évident que l'on a $B'' = B'$, $C'' = C'$, $D'' = D'$. Le lecteur pourra examiner lui-même les cas particuliers.

**Problème 8.57** Soient $\Gamma_1, \Gamma_2$ deux coniques ayant quatre points communs distincts. Une conique $\Omega$ est bitangente à $\Gamma_1$ et à $\Gamma_2$. Montrer que $\Gamma_1$ et $\Gamma_2$ ont deux sécantes communes conjuguées harmoniques par rapport aux cordes de contact (figure 8.42). Énoncer et démontrer la réciproque.

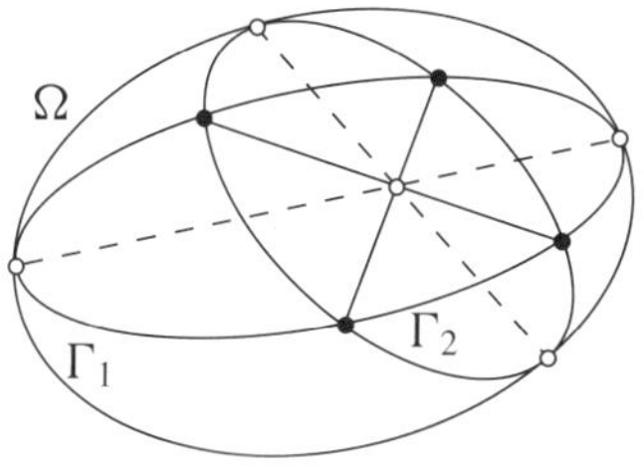


**Figure 8.42.**

***Solution.*** Ce résultat est un cas « limite » du problème précédent. La démonstration directe se calque sur la précédente.

***Remarque 8.20.*** On peut facilement adapter l'énoncé et la démonstration précédents au cas où $\Gamma_1$ et $\Gamma_2$ engendrent des faisceaux de type II ou III (paragraphe 6.2). En revanche, on sait qu'il est plus difficile de saisir géométriquement les faisceaux de type IV et V. Dans ce cas, des démonstrations analytiques sont mieux appropriées à ce genre de problème. On peut écrire par exemple $\Omega = \Gamma_1 - a_1^2$, $\Omega = \Gamma - a_2^2$ où $a_1$ et $a_2$ sont des équations des cordes de contact. Par soustraction, on obtient

$$\Gamma_1 - \Gamma_2 = a_1^2 - a_2^2 = (a_1 + a_2)(a_1 - a_2)$$

et la solution vient sans difficulté.

**Problème 8.58** Montrer que lorsque deux coniques sont inscrites dans un quadrilatère, les huit points de contact sont sur une même conique (figure 8.43, page suivante).

***Solution.*** On supposera les points de contact distincts. Soient $A, B, C, D$ les points de contact d'une conique $\Gamma$ avec les côtés $a, b, c, d$ du quadrilatère et $A', B', C', D'$ ceux d'une conique $\Gamma'$.

Montrons d'abord que les points $A'$ et $B'$ appartiennent à une conique du faisceau $\mathcal{F}$ défini par le quadrangle $ABCD$. En s'appuyant sur le problème précédent et en choisissant judicieusement les notations (voir la figure 8.43, page suivante), on voit que les droites $AB, CD, A'B'$ concourent au point d'intersection de deux sécantes communes des coniques $\Gamma$ et $\Gamma'$. Soit $U$ ce point.

Il est clair que le faisceau $\mathcal{F}$ et le faisceau engendré par $\Gamma$ et $\Gamma'$ induisent sur la droite $A'B'$ la même involution dont les points fixes sont le point $U$ et son conjugué par rapport aux points $A', B'$. Il résulte alors de la proposition 6.12 que les points $A'$ et $B'$ appartiennent à une conique passant par $A, B, C, D$. On montre de manière analogue que le point $C'$ appartient à la conique passant par $A, B, C, D, B'$ et que le point $D'$ se trouve sur la conique passant par $A, B, C, D, C'$.

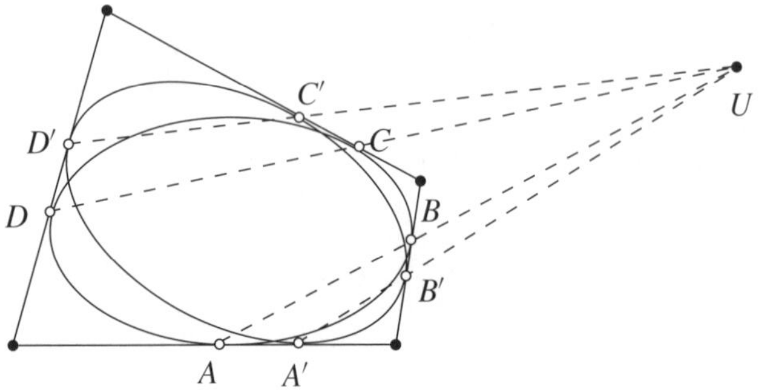


Figure 8.43.

***Remarque 8.21.*** On peut montrer que les points $U, V$ sont les points fixes annoncés sans avoir recours au problème précédent, mais plus simplement en utilisant la polarité (exercices 7.4 et 7.5).

## 8.6 QUELQUES PROPRIÉTÉS CLASSIQUES DES CONIQUES AFFINES

**Problème 8.59** Soit $ABC$ un triangle d'orthocentre $H$ ; soit $O$ le centre du cercle $\Gamma$ circonscrit au triangle. (On supposera que $O$ et $H$ sont distincts.)

**8.59.1** Montrer que les côtés du triangle $ABC$ sont tangents à une même conique $\Omega$, de foyers $O$ et $H$. Montrer que $H$ est l'orthocentre de tout triangle inscrit dans $\Gamma$ et circonscrit à $\Omega$ (figure 8.44a).

**8.59.2** Déterminer les points de contact de $\Omega$ avec les côtés du triangle $ABC$.

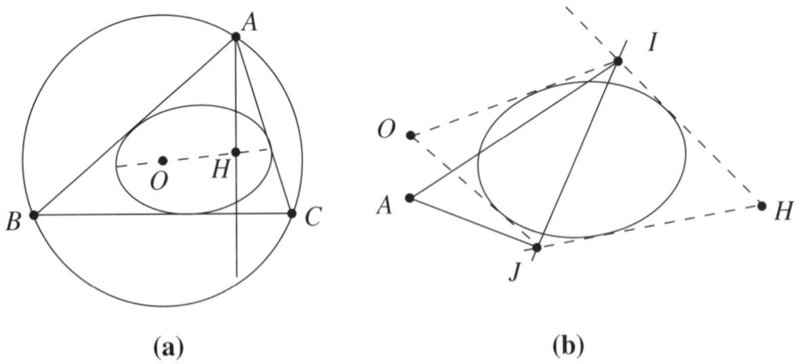


Figure 8.44.

***Solution.*** Considérons le faisceau tangentiel $\mathcal{F}^*$ des coniques de foyers $O$ et $H$, c'est-à-dire, dans le complexifié, des coniques tangentes aux droites isotropes issues de $O$ et de $H$.

Soit $\Omega$ la conique de ce faisceau tangente au côté $AB$ du triangle $ABC$ ; l'involution $\delta_A^*$ de $A^*$ définie par $\mathcal{F}^*$ est la symétrie par rapport aux bissectrices de $(AO, AH)$

(exercice 7.35) ; d'après l'exercice 7.26, $\delta_A^*$ échange les droites $AB$ et $AC$ et le théorème de Desargues 6.2 nous assure que $AC$ est tangente à $\Omega$.

On montre de même que $BC$ est tangente à $\Omega$. Soit une tangente quelconque à $\Omega$ qui coupe le cercle $\Gamma$ en $Q$ et $R$ ; les tangentes à $\Omega$ autre que $QR$ issues de $Q$ et de $R$ se coupent en un point de $\Gamma$ (problème 8.30) ; soit $P$ ce point ; d'après l'exercice 7.35, $PH$ est symétrique de $PO$ par rapport aux bissectrices de $(PQ, PR)$ et d'après l'exercice 7.26, l'orthocentre $H'$ de $PQR$ est sur la droite image de $PO$ dans cette symétrie ; $H'$ est donc sur $PH$ et de même $H'$ est sur les droites $QH$ et $RH$ ; on aura donc $H' = H$.

**8.59.2** La droite $AH$ recoupe $\Gamma$ en $A'$ et la droite $OA'$ coupe $BC$ en $M$. Montrons que $M$ est le point de contact de $BC$ avec $\Omega$. Le point $A'$ étant le symétrique de $H$ par rapport à $BC$ (problème 8.4), la droite $BC$ est bissectrice de $(MO, MH)$. C'est donc une droite fixe de l'involution définie par $\mathcal{F}^*$ sur $M^*$ (exercice 7.26). D'après le dual de la proposition 6.13, $M$ est le point de contact de $BC$ avec $\Omega$.

***Remarques 8.22.***

**8.59.1 :** Ce problème permet de retrouver des énoncés classiques :

- Le lieu des centres des cercles tangents à un cercle fixe $\Gamma$, de centre $O$ et passant par un point fixe $H$, est une conique de foyers $O$ et $H$. Le cercle $\Gamma$ est le cercle directeur de la conique.
- Le lieu des points dont la somme des distances à deux points fixes $O$ et $H$ est constante est une ellipse de foyers $O$ et $H$.
- Le lieu des points dont la différence des distances à deux points fixes $O$ et $H$ est constante est une hyperbole de foyers $O$ et $H$.
- Le lieu des symétriques d'un foyer d'une ellipse ou d'une hyperbole, par rapport aux tangentes à ces coniques, est le cercle directeur relatif à l'autre foyer. (Rappelons que pour une parabole, ce lieu est la directrice d'après les problèmes 8.36 et 8.71.)
- Le lieu des projections orthogonales d'un foyer d'une conique à centre sur ses tangentes, est le cercle principal, homothétique du cercle directeur dans une homothétie de centre le foyer et de rapport $\frac{1}{2}$ (voir encore le problème 8.38). Pour une parabole, ce lieu est la tangente au sommet.

**8.59.2 :** Si le triangle $ABC$ est équilatéral, les points $O$ et $H$ sont confondus et la conique $\Omega$ est le cercle inscrit dans le triangle $ABC$.

**Problème 8.60** Soit $\Gamma$ un cercle de centre $O$ et $AB, CD$ deux cordes orthogonales qui se coupent en un point $K$. Montrer que les droites $AC, CB, BD, DA$ sont tangentes à une même conique $\Omega$ de foyers $O$ et $K$. Transformer ce résultat par polarité par rapport au cercle $\Gamma$.

***Solution.*** On utilise les mêmes arguments que dans le problème précédent. Par exemple, les droites $CK, CO$ et $CA, CB$ ont les mêmes bissectrices (exercice 7.26). Par polarité réciproque par rapport à $\Gamma$, la conique $\Omega$ est transformée en un cercle du faisceau à point de base $K$ et d'axe radical la polaire de $K$ par rapport au cercle $\Gamma$.

**Problème 8.61** Soient $\Sigma$ une ellipse de centre $O$ et $A, A'$ les extrémités d'un de ses axes. Soit $\Gamma$ le cercle de diamètre $AA'$. Montrer que $\Sigma$ est l'image de $\Gamma$ dans une affinité d'axe $AA'$. Appliquer ensuite le résultat précédent à la construction de points de $\Sigma$, des tangentes en ces points et des points d'intersection de $\Sigma$ avec une droite donnée.

***Solution.*** Soient $B$ et $B'$ les extrémités de l'autre axe de $\Sigma$. Le cercle $\Gamma$ coupe la demi-droite $OB$ en $C$ ; considérons l'affinité $\alpha$ d'axe $AA'$ qui transforme $C$ en $B$ : c'est l'une des affinités qui répondent à la question. La conique $\alpha(\Gamma)$ contient les points $A$ et $B$ et on vérifie facilement qu'elle admet pour centre $O$ et les droites $OA$, $OB$ pour axes ; d'après l'exercice 7.37, les coniques $\alpha(\Gamma)$ et $\Sigma$ sont égales.

***Application :*** *Les constructions demandées (figure 8.45) s'appuient essentiellement sur la construction donnée au paragraphe 4.2.1. Quand on a présent à l'esprit cette construction, la figure 8.35, page 142, a valeur de démonstration.*

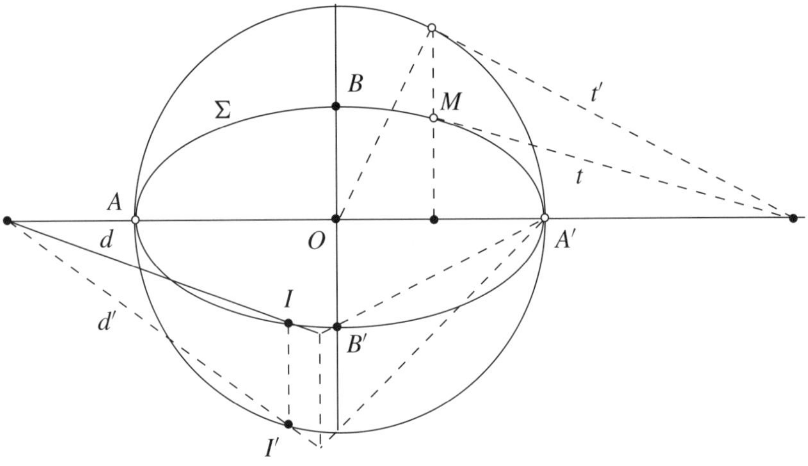


**Figure 8.45.** Construction de la tangente à une ellipse au point *M* et du point d'intersection *I* avec une sécante *d*.

***Remarque 8.23.*** On retrouve de même d'autres propriétés de l'ellipse ; en particulier celles qui sont relatives à des éléments conjugués.

**Problème 8.62** Si les extrémités d'un segment $AB$ de longueur constante se déplacent sur deux droites orthogonales $d$ et $d'$, tout point $M$ de la droite $AB$ décrit une ellipse d'axes $d$ et $d'$.

***Solution.*** Soient $O = d \cap d'$ et $M'$ le quatrième sommet du parallélogramme défini par $A, M, O$ (figure 8.46, page ci-contre). Le point $M'$ décrit un cercle $\Gamma$ de centre $O$ et de rayon $AM$. Si $I = d \cap (MM')$, il est évident que :

$$\frac{\overline{IM}}{\overline{IM'}} = \frac{\overline{AM}}{\overline{BM}}.$$

Le lieu de $M$ est l'image du cercle $\Gamma$ dans une affinité orthogonale $\alpha$ d'axe $d$ et de rapport $\overline{BM}/\overline{AM}$. Ce lieu est donc une ellipse. Les droites $d$ et $d'$ sont des diamètres conjugués pour $\Gamma$ ; l'affinité $\alpha$ conserve globalement $d$ et $d'$ ainsi que la droite de l'infini. Il en résulte que $d$ et $d'$ sont également des diamètres conjugués de l'ellipse.

Le résultat ci-dessus reste valable lorsque les droites $d$ et $d'$ ne sont pas orthogonales. Il est connu sous le nom de *théorème de La Hire*.

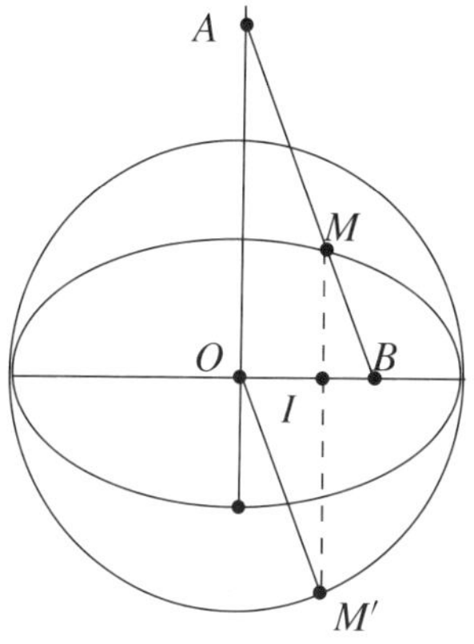


**Figure 8.46.**

On peut se ramener élémentairement au cas où $d$ et $d'$ sont orthogonales en remarquant :

- que le cercle passant par $O, A, B$ a un diamètre constant,
- que les droites joignant $O$ aux extrémités du diamètre passant par $M$ sont fixes,
- que $M$ est invariablement lié à ce diamètre.

**Problème 8.63** Soient $P, Q$ deux points d'une ellipse de centre $O$ et tels que les droites $OP$, $OQ$ soient orthogonales. Déterminer l'enveloppe de la droite $PQ$.

***Solution.*** On se place dans le plan complexifié de points cycliques $I, J$. Vu la définition de l'orthogonalité, on a $(OP, OQ, OI, OJ) = -1$. D'après l'exercice 7.20, la droite $PQ$ enveloppe une conique $\Gamma$ tangente aux droites $OI$, $OJ$. Le point $O$ a même polaire par rapport à $\Sigma$ et par rapport à $\Gamma$. Il en résulte que $\Gamma$ est un cercle de centre $O$.

***Remarques 8.24.***

➤ La hauteur du triangle $OPQ$ étant constante, en appliquant une relation bien connue, on obtient

$$\frac{1}{OH^2} = \frac{1}{OP^2} + \frac{1}{OQ^2} = \frac{1}{a^2} + \frac{1}{b^2}$$

si $a$ et $b$ sont les longueurs des demi axes de $\Sigma$.

➤ Si $A$ est un point intérieur à $\mathcal{E}$, on trouve de manière analogue que l'enveloppe des droites $PQ$ est une ellipse de foyer $A$. La directrice correspondante est la polaire de $A$ par rapport à $\Gamma$.

➤ Le lecteur pourra adapter les résultats ci-dessus au cas d'une hyperbole et au cas d'une parabole.

**Problème 8.64** Déterminer l'enveloppe de la corde $PQ$ joignant les extrémités $P$ et $Q$ de deux diamètres conjugués d'une ellipse $\Gamma$.

***Solution.*** Les diamètres $OP$ et $OQ$ sont conjugués par rapport aux tangentes $t_1, t_2$ issues de $O$. La droite $PQ$ coupe donc $t_1$ et $t_2$ en deux points conjugués par rapport aux points $P$ et $Q$. D'après l'exercice 7.20, la droite $PQ$ enveloppe une conique. Cette conique appartient au faisceau des coniques bitangentes en $U, V$ aux droites $t_1, t_2$. Elle est donc homothétique de $\Gamma$ dans une homothétie de centre $O$. Le rapport d'homothétie se détermine aisément : c'est $\frac{1}{2}\sqrt{2}$.

**Problème 8.65** Soit $\mathcal{H}$ une hyperbole d'asymptotes $p, q$ (figure 8.47).

- La tangente en $M$ à $\mathcal{H}$ coupe $p$ en $A$ et $q$ en $B$. Montrer que $M$ est le milieu de $AB$.
- Une droite $d$ coupe $\mathcal{H}$ en $P$ et $Q$, $p$ en $P'$ et $q$ en $Q'$. Montrer que les segments $PQ$ et $P'Q'$ ont même milieu.
- Appliquer les résultats précédents à la construction de la tangente en un point de $\mathcal{H}$ et à sa construction point par point.

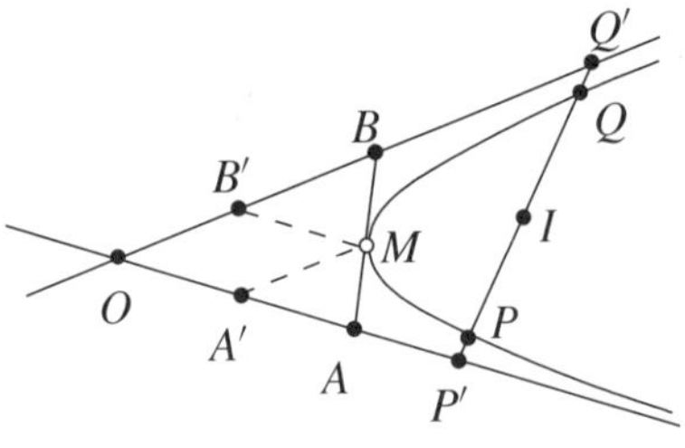


**Figure 8.47.**

***Solution.*** Une même remarque donne la réponse aux deux premières questions : « Si un point $U$ est sur la polaire d'un point $O$ par rapport à une conique $\Gamma$, les polaires de $U$ par rapport à $\Gamma$ et par rapport aux tangentes à $\Gamma$ issues de $O$ coïncident » (voir l'exercice 7.5). Le centre de $\mathcal{H}$ est ici $O = p \cap q$, les droites $p, q$ sont des tangentes, la droite de l'infini est la polaire de $O$ et $U$ est le point à l'infini de la tangente en $A$ ou de $d$.

***Remarque 8.25.*** On retrouve facilement ce résultat en considérant l'involution que donne sur $d$ (ou sur la tangente) le faisceau des coniques bitangentes engendré par $\mathcal{H}$ et par ses asymptotes. Le point $U$ est un point fixe de cette involution, l'autre est conjugué de $U$ par rapport aux intersections de $d$ avec les coniques du faisceau.

➤ Applications :

- Construction de la tangente en un point $M$ d'une hyperbole quand on connaît les asymptotes $p, q$ (figure 8.47). Si $AB$ est la tangente en $M$, le point de contact est le milieu de $AB$. D'après le théorème de Thalès, les parallèle à $q, p$ passant par $M$ coupent $p, q$ aux milieux $A', B'$ de $OA, OB$. La tangente cherchée est la parallèle à $A'B'$ passant par $M$.

– Construction point par point d'une hyperbole dont on connaît les asymptotes et un point $P$. On fait passer par ce point une droite variable qui recoupe l'hyperbole en un point $Q$ (provisoirement inconnu). Pour construire géométriquement ce nouveau point, il suffit de remarquer que $PQ$ et $P'Q'$ ont même milieu $I$.

**Problème 8.66** Construire les asymptotes d'une hyperbole dont on connaît les sommets et un foyer.

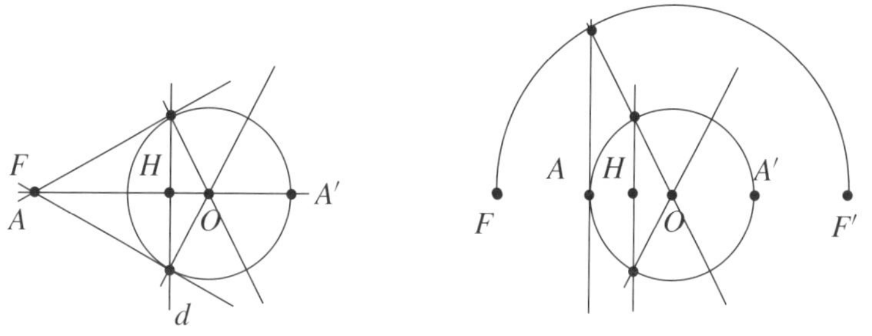


**Figure 8.48.**

***Solution.*** La projection orthogonale du foyer $F$ sur une asymptote est sur le cercle principal, c'est-à-dire le cercle $\Gamma$ de diamètre $AA'$ où $A$ et $A'$ sont les sommets de l'hyperbole (problème 8.59.1) ; comme l'asymptote passe par le centre de $\Gamma$, cette projection de $F$ est nécessairement un point de tangence, autrement dit, un point où la **directrice** $d$ **relative à** $\Gamma$, qui est aussi la polaire de $F$ par rapport à $\Gamma$, **coupe** $\Gamma$.

Les asymptotes passent également par les points où la tangente en $A$ à $\Gamma$ coupe le cercle $\Gamma'$, de centre $O$ et de rayon $OF$ ; en effet, la relation de conjugaison $\overline{OF}\cdot\overline{OH} = \overline{OA}^2$ où $H = d \cap AA'$, entraîne que $\dfrac{\overline{OF}}{\overline{OA}} = \dfrac{\overline{OA}}{\overline{OH}}$ c'est-à-dire que l'homothétie de centre $O$ qui envoie $A$ sur $F$, transforme $H$ en $A$, le cerlcle $\Gamma$ en $\Gamma'$, la directrice $d$ en la tangente en $A$ à $\Gamma$.

**Problème 8.67 Hyperbole équilatère et cercle**

On considère une hyperbole équilatère $\mathcal{H}$ de centre $H$ et un cercle $\Omega$ de centre $O$.

**8.67.1** Montrer que le symétrique par rapport à $H$ de l'un des points d'intersection de $\mathcal{H}$ et de $\Omega$ est l'orthocentre du triangle formé par les trois autres (figure 8.49a, page suivante).

**8.67.2** Montrer que si $O$ appartient à $\mathcal{H}$ et que si l'un des points de $\mathcal{H} \cap \Omega$ est symétrique de $O$ par rapport à $H$, alors le triangle formé par les trois autres points de $\mathcal{H} \cap \Omega$ est équilatéral.

**8.67.3** Montrer que si deux des points de $\mathcal{H} \cap \Omega$ sont symétriques par rapport à $H$, les deux autres sont symétriques par rapport à $O$ et réciproquement.

**8.67.4** Montrer que le centre de la conique des neuf points du faisceau engendré par $\mathcal{H}$ et par $\Omega$ est le milieu du segment $OH$.

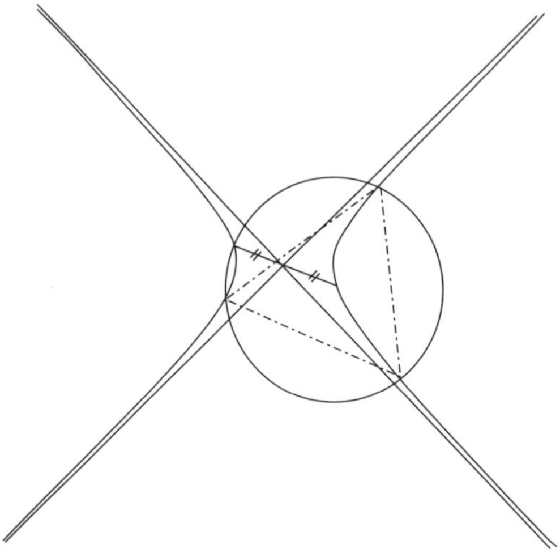

Figure 8.49.

***Solution.*** Nous allons montrer ces résultats en nous appuyant sur le corollaire de l'exercice 7.24 et sur l'exercice 7.16. Soit $\delta$ l'involution que donne sur $d_\infty$ le faisceau $\mathcal{F}$ engendré par $\mathcal{H}$ et $\Omega$. Soient $\gamma$ l'involution définie par la conjugaison par rapport à $\mathcal{H}$ et $\sigma$ l'involution canonique (conjugaison par rapport à $\Omega$). D'après l'exercice 7.24, nous avons $\gamma = \delta \circ \sigma$. Nous noterons $\infty_{PQ}$ le point à l'infini de la droite $PQ$ et $A, B, C, D$ les points de $\mathcal{H} \cap \Omega$.

**8.67.1** Considérons par exemple le symétrique $D'$ de $D$ par rapport à $H$ (figure 8.49b). D'après l'exercice 7.31, $D'$ appartient à l'hyperbole $\mathcal{H}$. Ce point est une hauteur de $ABC$ si et seulement si on a $\infty_{AD'} = \sigma(\infty_{BC})$, $\infty_{BD'} = \sigma(\infty_{CA})$ et $\infty_{CD'} = \sigma(\infty_{AB})$. Comme nous avons $\gamma(\infty_{AD}) = \infty_{AD'}$, $\gamma(\infty_{BD}) = \infty_{BD'}$ ainsi que $\gamma(\infty_{CD}) = \infty_{CD'}$, on obtient :

$$\sigma \begin{cases} \infty_{BC} \overset{\delta}{\longmapsto} \infty_{AD} \overset{\gamma}{\longmapsto} \infty_{AD'}\,, \\ \infty_{CA} \longmapsto \infty_{BD} \longmapsto \infty_{BD'}\,, \\ \infty_{AB} \longmapsto \infty_{CD} \longmapsto \infty_{CD'}\,. \end{cases}$$

**8.67.2** Si $D'$ est le centre de $\Omega$, le triangle $ABC$ est équilatéral car $D'$ est orthocentre du triangle et centre du cercle circonscrit.

**8.67.3** D'après l'exercice 7.16, la droite $AB$ est un diamètre de $H$ si et seulement si $\gamma(\infty_{DA}) = \infty_{DB}$, c'est-à-dire, en vertu du corollaire de l'exercice 7.24, si et seulement si $\sigma(\infty_{DA}) = \delta \circ \gamma(\infty_{DA}) = \infty_{CA}$, relation qui exprime que $C$ et $D$ sont diamétralement opposés sur $\Gamma$.

**8.67.4** Soit $\Gamma$ la conique des neuf points du faisceau (qui d'après l'exercice 7.30 est une hyperbole équilatère). Les points $O$ et $H$ appartiennent par hypothèse à $\Gamma$ et d'après la proposition 6.11, le milieu $M$ de $AB$ appartient aussi à $\Gamma$. Le problème revient à montrer que $OH$ est un diamètre de $\Gamma$, c'est-à-dire à montrer que $\infty_{MO}$ et $\infty_{MH}$ sont conjugués par rapport à $\Gamma$ (exercice 7.16).

D'après la proposition 6.9, deux points sont conjugués par rapport à $\Gamma$ si et seulement si ils sont conjugués par rapport aux points fixes de $\delta$, c'est-à-dire s'ils sont homologues pour $\delta$. Nous allons donc montrer que $\infty_{HM} = \delta(\infty_{OM})$. Comme $A, B$ appartiennent à l'hyperbole $\mathcal{H}$ et au cercle $\Omega$, on sait que $\infty_{HM} = \gamma(\infty_{AB})$ et $\infty_{AB} = \sigma(\infty_{OM})$. Il suffit alors d'appliquer le corollaire de l'exercice 7.24 : $\infty_{HM} = \delta \circ \sigma(\infty_{AB}) = \delta \circ \sigma \circ \sigma(\infty_{OM}) = \delta(\infty_{OM})$.

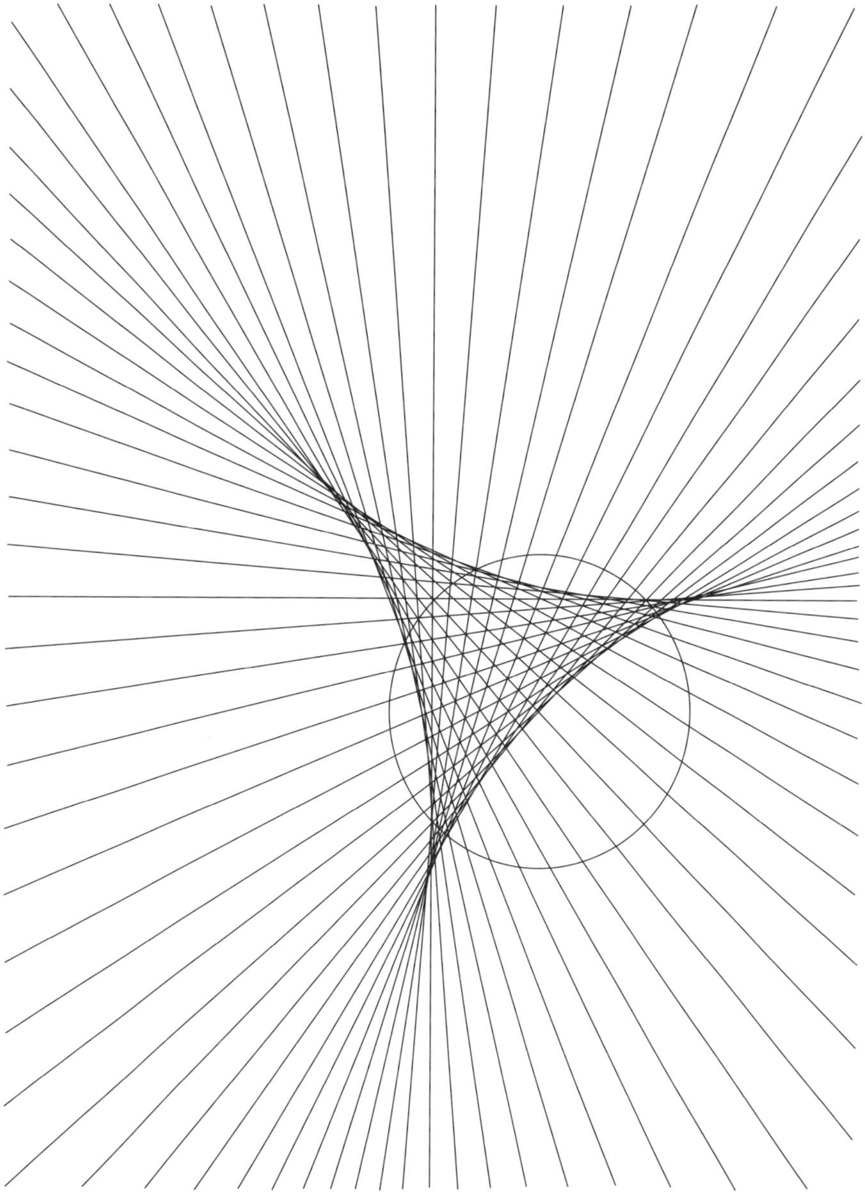

**Figure 8.50.** Enveloppe des asymptotes des hyperboles équilatères circonscrites à un triangle.

**Problème 8.68** Montrer que les asymptotes d'une hyperbole équilatère circonscrite à un triangle $ABC$ sont des droites de Simson de ce triangle.

***Solution.*** Rappelons que les hyperboles équilatères circonscrites à un triangle $ABC$ forment un faisceau $\mathcal{F}$ et que l'orthocentre $H$ du triangle est un point de base de $\mathcal{F}$ (exercice 7.31). Voici une solution élémentaire.

Soit $p$ une asymptote d'une hyperbole $\mathcal{H}$ du faisceau. Montrons que $p$ est une droite de Simson du triangle $ABC$ en montrant que les perpendiculaires aux côtés de ce triangle aux points où les côtés coupent $p$ sont concourantes. Ces perpendiculaires s'obtiennent en joignant les points à l'infini des hauteurs du triangle aux points où les côtés opposés coupent $p$. Nous allons montrer que l'homographie $\alpha$ de la droite de l'infini sur $p$, qui aux points à l'infini des hauteurs associe les points où les côtés opposés coupent $p$, est une perspective.

En effet, $\alpha$ est composée de la perspective de centre $H$ suivie de l'involution $\delta$ que donne $\mathcal{F}$ sur $p$. La perspective conserve le point d'intersection de $p$ et de la droite de l'infini (proposition 2.2). Ce point est un point double de $\delta$ puisque $p$ est tangente à $\mathcal{H}$ en ce point (proposition 6.5). Il est clair que $\alpha$ est une perspective et que les perpendiculaires aux côtés du triangle (aux points où ces côtés coupent $p$) sont concourantes. La réciproque se fonde sur les mêmes arguments.

***Remarque 8.26.*** On démontre (voir [CC], t. III, § 384]) que les droites de Simson d'un triangle enveloppent une hypocycloïde à trois points de rebroussement.

**Problème 8.69 Hyperboles remarquables d'un triangle**

On considère un triangle $ABC$, son cercle circonscrit $\Omega$ de centre $O$ et les milieux $A', B', C'$ de $OA, OB, OC$.

**8.69.1** Soient $\mathcal{H}_A, \mathcal{H}_B, \mathcal{H}_C$ les hyperboles équilatères de centres $A', B', C'$ et ayant leurs axes parallèles aux bissectrices des angles $A, B, C$. Ces trois hyperboles ont quatre points communs. Montrer que l'un de ces points est le point $O$ et que les trois autres $M, P, Q$, sont situés sur le cercle circonscrit à $ABC$ et forment un triangle équilatéral.

**8.69.2** En remplaçant dans l'énoncé précédent « axes parallèles aux bissectrices » par « asymptotes parallèles aux bissectrices », on obtient trois hyperboles équilatères $\mathcal{H}'_A, \mathcal{H}'_B, \mathcal{H}'_C$ ayant trois points communs $M', P', Q'$ sur $\Omega$.

***Solution.*** Soient $\delta_A, \delta_B, \delta_C$ les involutions définies sur la droite de l'infini $d_\infty$ par les faisceaux $\mathcal{F}_A$, $\mathcal{F}_B$, $\mathcal{F}_C$ engendrés par $\mathcal{H}_A$, $\mathcal{H}_B$ $\mathcal{H}_C$ et le cercle $\Omega$. La démonstration de la première partie découle essentiellement de la remarque

$$\delta_B \circ \delta_A = \gamma . \tag{8.1}$$

où $\gamma$ est l'homographie de $d_\infty$ qui définit l'angle $C$.

En effet d'après l'exercice 7.24, les points à l'infini des axes de $\mathcal{H}_A$ et de $\mathcal{H}_B$ sont les points fixes de $\delta_A$ et de $\delta_B$. On voit ainsi les points cycliques $I, J$ sont les points fixes de $\delta_B \circ \delta_A$ et que les côtés d'un triangle sont conjugués par rapport aux bissectrices.

Si $M, N, P$ sont les points d'intersection de $\mathcal{H}_A$ avec $\Omega$, on vérifie aisément à l'aide de (8.1), de l'exercice 7.24 et de l'exercice 7.31, que $\mathcal{H}_B$ appartient au faisceau de points de base $M, N, P, B$. On procède pareillement avec $\mathcal{H}_C$.

D'après le problème 8.67, les points $M, N, P$ sont les sommets d'un triangle équilatéral.

***Remarque 8.27.*** Les droites $MO, PO, QO$ sont parallèles aux droites de Simson du triangle $ABC$ aux points $M, P, Q$. De même les droites $M'O$, $P'O$, $Q'O$ sont normales aux droites de Simson de $ABC$ relatives aux points $M', P', Q'$.

D'après l'exercice 7.24, si $\sigma$ désigne l'involution canonique de $d_\infty$, les points à l'infini des hyperboles $\mathcal{H}'_A$, $\mathcal{H}'_B$, $\mathcal{H}'_C$ sont les points fixes des l'involutions $\delta_A \circ \sigma$, $\delta_B \circ \sigma$, $\delta_C \circ \sigma$. On a alors :

$$(\delta_B \circ \sigma)(\delta_A \circ \sigma) = (\delta_B \circ \sigma), \quad (\sigma \circ \delta_A) = \delta_B \circ \delta_A = \gamma$$

et on raisonne comme dans la première partie.

**Problème 8.70** Si l'on coupe une ellipse par une hyperbole équilatère dont les asymptotes sont parallèles aux axes de l'ellipse, trois points d'intersection et le point diamétralement opposé au quatrième sur l'ellipse sont sur un même cercle.

***Solution.*** L'ellipse $\Sigma$ et l'hyperbole équilatère $\mathcal{H}$ se coupent en $A, B, C, D$. Soit $D'$ le symétrique de $D$ par rapport au centre de $\Sigma$. Sur la droite de l'infini, considérons les involutions :

- $\delta$ définie par le faisceau engendré par $\Sigma$ et $\mathcal{H}$,
- $\gamma$ conjugaison par rapport à $\Sigma$,
- $\alpha$ définie par le quadrangle $ABCD'$.

Si l'on tient compte de l'exercice 7.12, on voit facilement que $\alpha = \gamma \circ \delta$. À l'aide de cette décomposition, on vérifie sans peine que les points à l'infini de $\mathcal{H}$ sont les points fixes de $\alpha$, d'où il ressort que $\alpha$ échange les points cycliques puisque $\mathcal{H}$ est équilatère. D'après l'exercice 7.24, les points $A, B, C, D'$ sont cocycliques.

**Problème 8.71 La parabole dans le plan euclidien**

Soit $\Pi$ une parabole d'axe $a$, de foyer $F$, de directrice $d$.

**8.71.1** Montrer que tout point d'une parabole dans le plan euclidien est équidistant du foyer et de la directrice.

**8.71.2** Montrer que la projection orthogonale du foyer sur une tangente appartient à la tangente au sommet.

**8.71.3** Montrer que les tangentes issues d'un point $K$ de la directrice sont orthogonales et réciproquement.

***Solution.*** Soit $M \in \Pi$, $t$ la tangente en $M$ et $D$ la projection orthogonale de $M$ sur la directrice $d$.

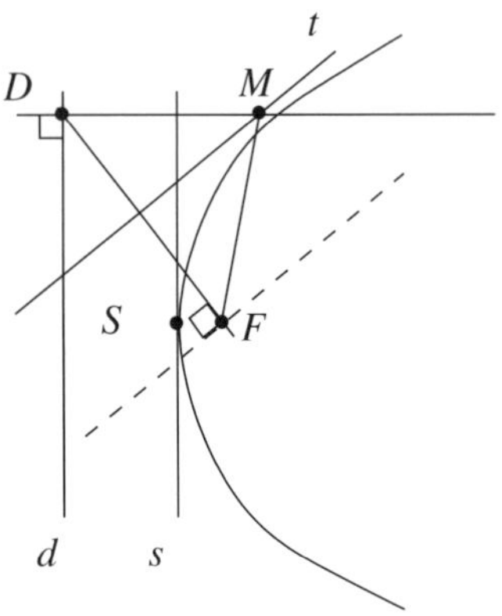


Figure 8.51.

**8.71.1** La polaire de $D$ passe par $F$ et est parallèle à $t$ car $D$ est sur la polaire de $F$ et sur celle du point à l'infini de $t$ ; est $DF$ **est donc orthogonale à cette polaire** (exercice 7.34).

D'autre part, suivant l'exercice 7.35, $t$ est bissectrice de l'angle $(MF, MD)$ ; ainsi, dans le **triangle *MDF* *t* est bissectrice et hauteur**, elle est donc **médiatrice** du segment $DF$ et on a $MF = MD$.

**8.71.2** La tangente au sommet, $s$, est l'homothétique de $d$ dans l'homothétie de centre $F$ et de rapport $\frac{1}{2}$. Le milieu de $DF$, qui est la projection orthogonale de $F$ sur $t$ est donc sur la tangente au sommet.

(Pour un autre point de vue sur ce résultat, voir le problème 8.6.)

**8.71.3** Ce problème a déjà été résolu dans l'exercice 7.22, mais il est intéressant de remarquer qu'il n'est qu'un cas particulier de l'exercice 7.6.

Soient $t_1$ et $t_2$ les tangentes issues d'un point $K$ à la parabole $\Pi$ ; les droites isotropes $FI, FJ$ sont par définition tangentes à la parabole, ainsi que $d_\infty$, la droite de l'infini ; d'après la proposition 5.7 le birapport des quatre tangentes $t_1, t_2, FI, FJ$ est le birapport des intersections de ces tangentes avec $d_\infty$ ; les tangentes $t_1$ et $t_2$ seront orthogonales si et seulement si le birapport de ces intersections est harmonique c'est-à-dire, si $(t_1, t_2, FI, FJ) = -1$ sur $\Pi$. Or d'après l'exercice 7.6, ce birapport est harmonique si et seulement si $K = t_1 \cap t_2$ est sur le polaire de $F$ alias, la directrice.

**Problème 8.72** Soient $a, b, c$ trois tangentes à une parabole $\Pi$.

**8.72.1** Montrer que le foyer $F$ de $\Pi$ appartient au cercle circonscrit au triangle $abc$.

**8.72.2** Montrer que l'orthocentre $H$ du triangle $abc$ est sur la directrice.

***Solution.*** Soient $A, B, C$ les sommets opposés aux côtés $a, b, c$ du triangle.

Considérons le faisceau tangentiel $\mathcal{F}^*$ engendré par les droites $a, b, c$ et par la droite de l'infini, $d_\infty$. Si $D$ est un point non situé sur les droites de base de $\mathcal{F}^*$

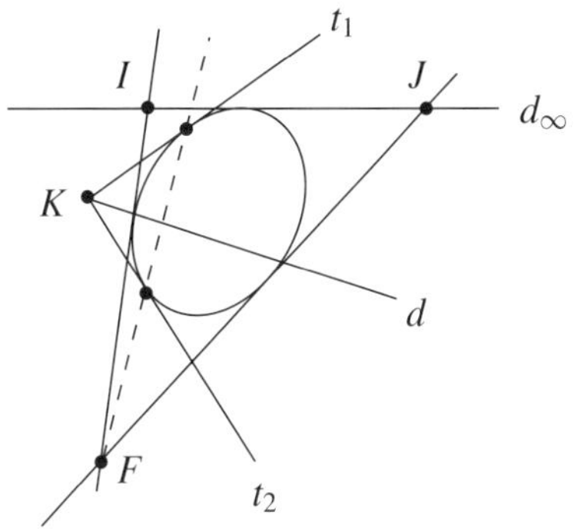


Figure 8.52.

l'involution $\delta^*$ de $D^*$ définie par le faisceau (théorème 6.2) est donnée par :

$$\delta^* : DA \to D\infty_{BC}, \quad DB \to D\infty_{AC}, \quad DC \to D\infty_{AB}$$

**8.72.1** Si $D$ est le foyer, les droites isotropes sont échangées par $\delta^*$ ; or, la projection de $\delta^*$ sur $d_\infty$ coïncide avec l'involution $\delta$ du quadrangle $ABCF$ ; comme $\delta$ échange les points cycliques, les points $A, B, C, F$ sont cocycliques (exercice 7.24).

**8.72.2** Si $D$ est l'orthocentre de $ABC$, l'involution $\delta^*$ liée à $H$ est à l'évidence l'involution canonique de $H^*$ car $D\infty_{BC}$ et $D\infty_{AC}$ sont parallèles à $BC$ et $AC$ ; d'après le problème 8.71, $H$ est sur la directrice de $\Pi$.

***Remarque 8.28.*** On retrouve ces résultats en s'appuyant sur les problèmes 8.6 et 8.7 relatifs à la droite de Simson ; en effet, les projections de $F$ sur les tangentes $a, b, c$ sont alignées sur la tangente au sommet (problème 8.71) donc $F$ appartient au cercle $ABC$.

**Problème 8.73** Soient $A, B, C$ trois points appartenant à une parabole $\mathcal{P}$. Pour que le cercle circonscrit au triangle $ABC$ passe par le sommet $S$ de la parabole, il faut et il suffit que le centre de gravité du triangle $ABC$ soit sur l'axe de la parabole.

***Solution.*** On considère le faisceau des coniques passant par $A, B, C, S$. D'après l'exercice 7.32, le lieu des centres de ces coniques est une conique appelée *conique des neuf points*. Son centre est le barycentre des points $A, B, C, S$. Si les points $A, B, C, S$ sont cocycliques, l'exercice 7.32 montre que la conique des neuf points est une hyperbole équilatère dont les asymptotes sont les axes des deux paraboles du faisceau. Son centre est leur intersection ; mais comme $S$ est sur l'axe de $\mathcal{P}$, le barycentre de $ABC$ est nécessairement sur cet axe. La réciproque utilise les mêmes arguments.

**Problème 8.74** Pour que les normales en trois points $A, B, C$ d'une parabole $\mathcal{P}$ soient concourantes, il faut et il suffit que le cercle circonscrit au triangle $ABC$ passe par le sommet de la parabole.

***Solution.*** Trois points $A, B, C$ de la parabole $\mathcal{P}$ et son sommet $O$ sont sur un même cercle $\Gamma$ (figure 8.53). D'après l'exercice 7.30 le lieu des centres des coniques du faisceau engendré par $\mathcal{P}$ et $\Gamma$ est une hyperbole équilatère $\mathcal{H}$ passant par les milieux des côtés au quadrangle $OABC$ et ayant pour asymptote l'axe de $\mathcal{P}$. Une homothétie de centre $O$ et de rapport 2, transforme $\Gamma$ en une hyperbole équilatère $\mathcal{H}'$ passant par $A, B, C$ et admettant l'axe de $\mathcal{P}$ pour asymptote. La normale en $A$ à $\mathcal{P}$ coupe $\Gamma'$ en $P$. D'après le problème 8.21, l'hyperbole d'Apollonius de $P$ coïncide avec $\Gamma'$. Les normales en $A, B$ et $C$ à $\Gamma$ sont ainsi concourantes.

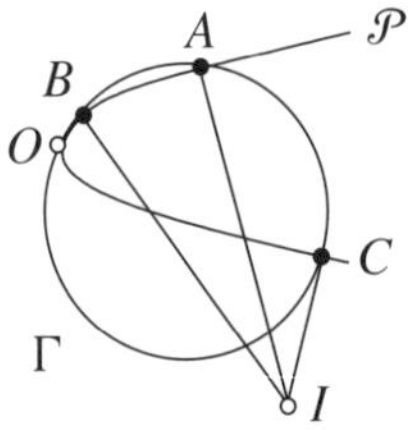


**Figure 8.53.**

Réciproquement, si les normales à $\mathcal{P}$ en $A, B, C$ se coupent au point $P$, considérons l'hyperbole d'Apollonius $\mathcal{H}^*$ qui passe par $A, B, C$ et qui admet l'axe de $\mathcal{P}$ pour asymptote. L'homothétique $\mathcal{H}$ de $\mathcal{H}'$ dans l'homothétie de centre $O$ et de rapport $\frac{1}{2}$ est une hyperbole équilatère passant par les milieux $A', B', C'$ de $OA, OB, OC$ et qui admet l'axe de $\mathcal{P}$ pour asymptote. Le lieu des centres des coniques du faisceau engendré par $\mathcal{P}$ et par le cercle $OAB$ coïncide avec $\mathcal{H}$. Il est alors évident que le cercle $OAB$ passe par $C$.

***Remarque 8.29.*** Le centre $O' = \frac{1}{4}(O + A + B + C)$ de $\mathcal{H}$ est sur l'axe de $\mathcal{P}$, ce qui donne l'énoncé : « Le centre de gravité d'un triangle $ABC$ inscrit dans une parabole $\mathcal{P}$ est situé sur l'axe de $\mathcal{P}$ si et seulement si le cercle circonscrit au triangle $ABC$ passe par le sommet $O$ de $\mathcal{P}$. »

**Problème 8.75** Déterminer l'enveloppe des tangentes au sommet et l'enveloppe des axes des paraboles inscrites dans un triangle $ABC$.

***Solution.*** Le foyer $F$ d'une parabole $\mathcal{P}$ tangente aux côtés d'un triangle $ABC$ se trouve sur le cercle $ABC$ (exercice 7.34). D'après l'exercice 7.22, la droite de Simson de $F$ est la tangente au sommet de $\mathcal{P}$. La réciproque est sans difficulté. Par conséquent, les tangentes au sommet des paraboles inscrites dans le triangle $ABC$ sont les droites de Simson relatives au triangle $ABC$. On sait qu'elles enveloppent une hypocycloïde à trois rebroussements.

D'après ce qui précède, l'axe de $\mathcal{P}$ est la perpendiculaire menée de $F$ à la droite de Simson de $F$. Soient $A', B', C', F'$ les symétriques des points $A, B, C, F$ par rapport au centre du cercle $ABC$. Compte tenu des symétries, on montre aisément que l'axe de $\mathcal{P}$ est l'homothétique de la droite de Simson de $F$ relativement au triangle $A'B'C'$. L'enveloppe des axes des paraboles inscrites au triangle $ABC$ est donc une hypocycloïde à trois rebroussements, homothétique de l'enveloppe des tangentes au sommet.

**Problème 8.76** Déterminer l'enveloppe des axes des paraboles circonscrites et des paraboles conjuguées à un triangle donné.

***Solution.***

**8.76.1** Enveloppe des axes des paraboles circonscrites à un triangle $ABC$ donné. Soit $\mathcal{P}$ une telle parabole. L'hyperbole équilatère $\mathcal{H}$, lieu du centre des coniques du faisceau engendré par $\mathcal{P}$ et par le cercle $ABC$, passe par les

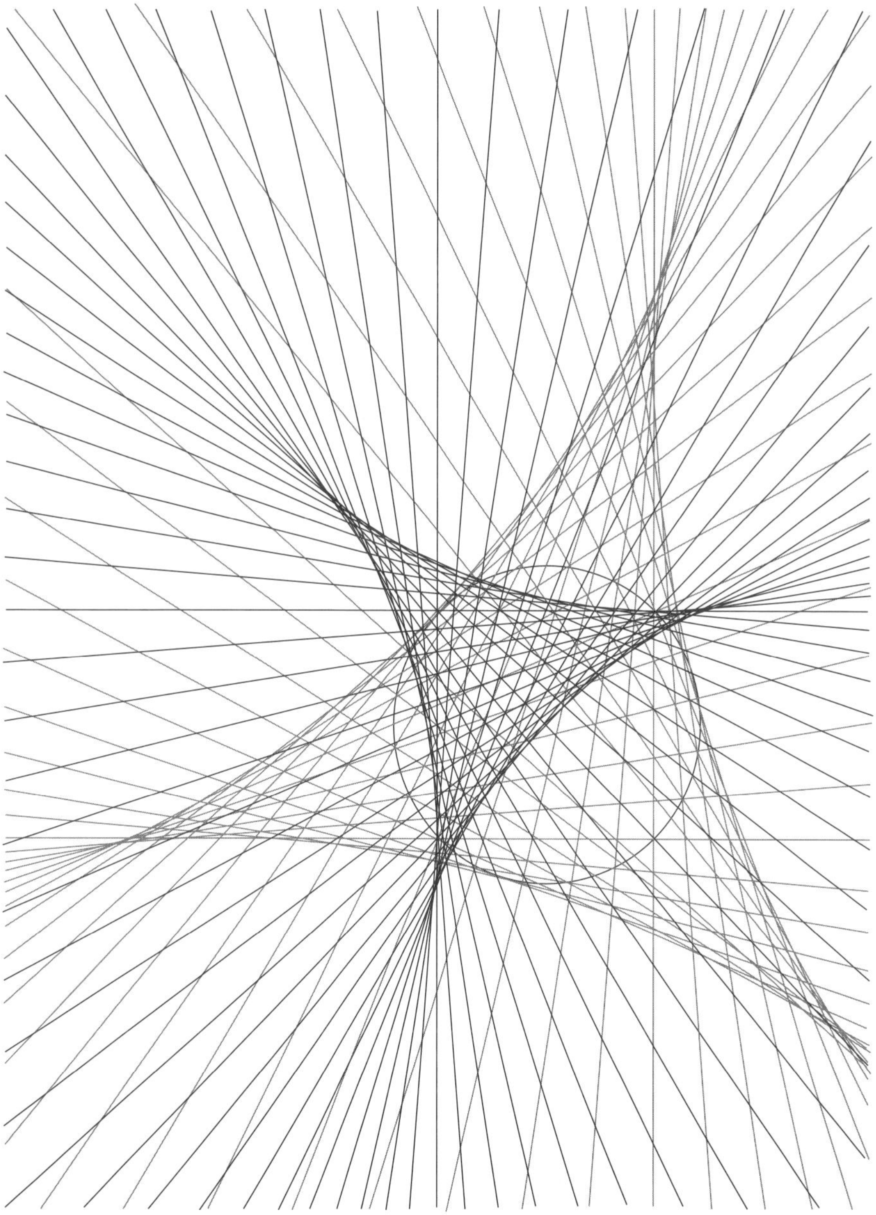

**Figure 8.54.** Enveloppe des axes des paraboles inscrites dans un triangle.

milieux $A', B', C'$ des côtés du triangle $ABC$ et a pour asymptote l'axe de $\mathcal{P}$. D'après le problème 8.49, les asymptotes de $\mathcal{H}$ sont des droites de Simson du triangle $A', B', C'$ ; l'enveloppe est donc une hypocycloïde à trois rebroussements.

**8.76.2** Enveloppe des axes des paraboles conjuguées au triangle $ABC$. Les paraboles conjuguées au triangle $ABC$ sont inscrites dans le triangle $A', B', C'$ car d'après l'exercice 7.3, les côtés du triangle $ABC$ sont les diagonales du quadrilatère formé par les côtés du triangle $A', B', C'$ et la droite de l'infini. On est alors ramené au problème 8.55. L'enveloppe cherchée est une hypocycloïde à trois rebroussements.

**Problème 8.77 Trois paraboles remarquables d'un triangle**
On donne un triangle $ABC$. Soient $A', B', C'$ les pieds des hauteurs issues de $A, B, C$ et $O$ le centre du cercle $ABC$. Montrer que les paraboles $\mathcal{P}_A$, $\mathcal{P}_B$, $\mathcal{P}_C$ de foyers $A', B', C'$ et de directrices $OA, OB, OC$ sont tangentes aux côtés du triangle $A''B''C''$ formé par les milieux des côtés du triangle $ABC$.

***Solution.*** Soit $\Omega$ le cercle des neuf points du triangle $ABC$ (exercice 7.32). Comme $\Omega$ est circonscrit à $A''B''C''$ et contient $A'$, la parabole $\mathcal{P}$ tangente aux côtés du triangle $A''B''C''$ et de foyer $A'$ a pour tangente au sommet la droite de Simson du point $A'$. Il suffit alors de remarquer :

– que le point $D$ milieu de $AA'$ appartient à la droite de Simson de $A'$,
– que le centre $O'$ de $\Omega$ est l'orthocentre du triangle $A''B''C''$.

D'après un résultat classique, la droite $OA$ est la directrice de $\mathcal{P}$. On a donc $\mathcal{P} = \mathcal{P}_A$. On montre pareillement que les paraboles $\mathcal{P}_B$ et $\mathcal{P}_C$ sont inscrites dans le triangle $A''B''C''$.

**Problème 8.78** En transformant par polaires réciproques le problème 8.72, prouver le résultat suivant : le cercle passant par les pieds des perpendiculaires abaissées d'un point $M$ d'une conique $\Gamma$ sur les côtés d'un triangle inscrit dans cette conique, passe par un point fixe quand le triangle varie.

***Solution.*** Soient $\mathcal{P}$ une parabole de foyer $F$ et $\Omega$ un cercle de centre $M$. Une transformation par polaires réciproques (paragraphe 5.5.1) ayant $\Omega$ pour conique directrice transforme :

– la parabole $\mathcal{P}$ en une conique $\Gamma$ passant par $M$,
– un triangle $\tau$ circonscrit à $\mathcal{P}$ en un triangle $\tau'$ inscrit dans $\Gamma$,
– le cercle $\Sigma$ circonscrit à $\tau$ en une conique $\Sigma'$ inscrite dans $\tau'$ ayant $M$ pour foyer.

Or, d'après le problème 8.72, le foyer $F$ de $\mathcal{P}$ appartient au cercle $\Sigma$. La polaire de $F$ par rapport à $\Omega$ est donc une droite fixe $f$, indépendante de $\tau$ et tangente à $\Sigma'$.

D'après les exercices 7.21 et 7.22, les projections de $M$ sur les tangentes à $\Sigma'$ appartiennent à un cercle (ou une droite si $\Sigma'$ est une parabole, c'est-à-dire si $M$ appartient à $\Sigma$, cas que nous pouvons exclure). Par conséquent, les projections orthogonales de $M$ sur les côtés du triangle $\tau'$ sont sur un cercle qui passe par la projection de $M$ sur $f$.

# Solutions des exercices de fin de chapitre

## CHAPITRE 2

**2.1** On reconnaît la configuration de Desargues : les côtés $(DS, PB)$, $(DR, BP)$, $(SR, PQ)$ des triangles $DSR$ et $BPQ$ se coupent par hypothèse en trois points alignés. Les droites joignant les sommets sont donc concourantes. Énoncé dual : « Soient $abcd$ un quadrilatère et $p, q, r, s$ des droites issues des points $a \cap b$, $b \cap c$, $c \cap d$ et $d \cap a$. Si la droite qui joint les points $p \cap q$ et $r \cap s$ passe par le point $a \cap c$, alors la droite qui joint $p \cap s$ et $q \cap r$ passe par $b \cap d$. »

**2.2** La correspondance $AP \mapsto BQ$ de $A^*$ sur $B^*$ (figure S.1, page suivante) est composée de la perspective de $A^*$ sur $O^*$ d'axe $d$ et de la perspective de $O^*$ sur $B^*$ d'axe $d'$. C'est donc une homographie qui est une perspective car $AB \mapsto BA$ (théorème 2.9). Le lieu du point $AP \cap BQ$ est donc une droite dont on vérifie immédiatement qu'elle passe par le point d'intersection $S$ de $d$ et $d'$. Situation duale : on donne deux points $D$ et $D'$ et une droite $O$, ne passant ni par $D$ ni par $D'$, et deux droites $a$ et $b$ qui se coupent en $O$. À tout point $M$ de $O$, on associe la droite $MD$ qui coupe $a$ en $P$ et la droite $MD'$ qui coupe $b$ en $Q$. Lorsque $M$ varie, la droite $PQ$ passe par un point fixe situé sur la droite $DD'$. La démonstration duale consiste à remarquer que la correspondance $P \mapsto Q$ est composée de deux perspectives de centres $D$ et $D'$.

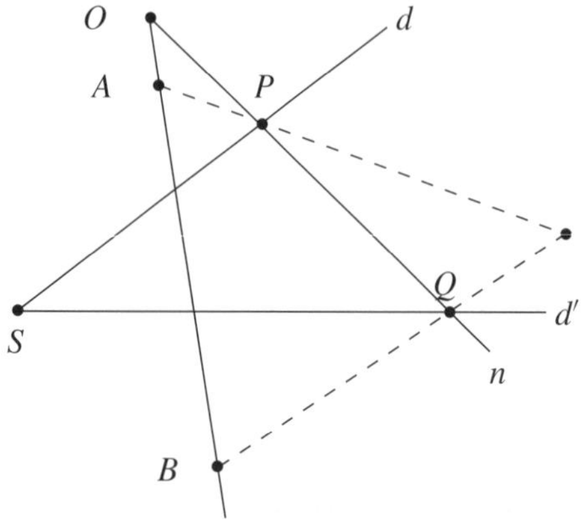


**Figure S.1.**

**2.3** La correspondance $P \mapsto Q$ est homographique parce qu'elle est la composée de la projection de $p$ sur $A^*$, d'une symétrie et de la projection de $A^*$ sur $q$. Dans cette homographie, le point $O$ reste évidemment fixe. D'après la proposition 2.2, on a une perspective. Le centre de cette perspective est, sur la perpendiculaire à $OA$ passant par $A$, le conjugué harmonique de $A$ par rapport aux points d'intersection avec les droites $p, q$.

**2.4** En transformant la figure par une application affine, on constate que l'énoncé peut se généraliser à des situations non métriques. En effet, la solution est une application du théorème de Pappus. Considérons les points $C, A', B$ sur le côté $BC$ et les points $\alpha, \beta, \gamma$ sur la droite de l'infini, définissant ainsi les directions des hauteurs issues de $A, B, C$. Il suffit alors de vérifier que $H = \beta B \cap \gamma C$, $P = \gamma A' \cap \alpha B$ et $Q = \beta A' \cap \alpha C$. Le théorème de Pappus montre que ces trois points sont alignés.

**2.5** Appliquons le dual du théorème de Pappus aux droites $a, p, p'$ issues du point $A$ et $b, q, q'$ issues du point $B$. Les droites $PQ$, $P'Q'$ et la droite qui joint les points $p' \cap q$ et $p \cap q'$ sont concourantes. Mais cette dernière droite est fixe car c'est une diagonale du quadrilatère $p, q, p', q'$. Cette diagonale est donc le lieu du point $PQ \cap P'Q'$. On démontre de même que le point $PQ' \cap P'Q$ est sur une autre diagonale.

**2.6** Avec les notations de la figure S.2, page ci-contre, considérons sur la droite $BA'$ les points $P, A', B$ et $K = BA' \cap CB'$ et sur la droite $CA'$, les points $Q, C, A'$ et $L = CA' \cap BC'$, $R = BC' \cap B'C$. L'homographie de $BA'$ sur $CA'$ définie par $A' \mapsto A'$, $K \mapsto C$, $B \mapsto L$ est une perspective de centre $R = BL \cap KC$. Les points $P$ et $Q$ se correspondent dans cette perspective si et seulement si $(P, K, A', B) = (Q, C, A', L)$ d'après la proposition 2.2. Or, nous avons bien cette égalité, puisque $(PKA'B) = B'(PKA'B) = B'(ACSB) = C'(QCA'L) = (QCA'L)$. Il en résulte que $P$ et $Q$ sont alignés avec le centre $R$ de la perspective. Autrement dit, notre perspective est composée de la perspective de $BA'$ sur $d$ de centre $B'$ et de la perspective de $d$ sur $CA'$ de centre $C'$.

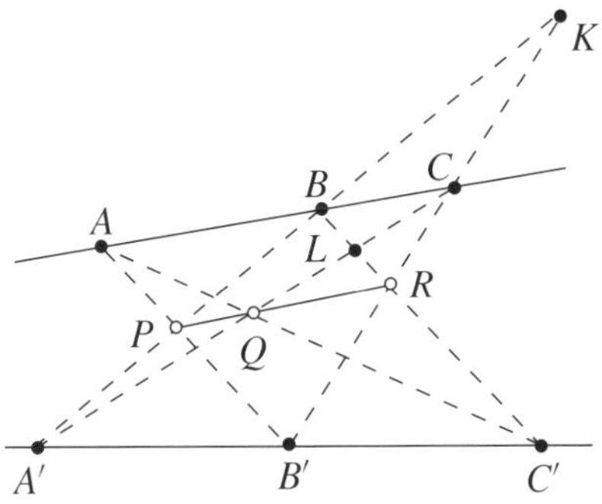


**Figure S.2.**

**2.7** Les triangles $ABC$ et $LMN$ sont homologiques car leurs côtés se coupent deux à deux en des points alignés. En effet, on a $AB \cap MN = A'$, $AC \cap NL = B'$ et $BC \cap LM = C'$. Les droites $AM$, $BN$, $CL$ sont concourantes (théorème de Desargues). On remarquera que la situation est plus évidente si on se place dans une carte où $d$ est la droite de l'infini. La configuration duale est également très claire.

**2.8** On a évidemment une configuration de Pappus. D'après le théorème 2.6, les points $BF \cap EH$, $GF \cap EC$ et $GH \cap BC$ sont alignés. Comme deux de ces points sont à l'infini, il en est de même du troisième qui est le point $GH \cap BC$.

***Remarque S.1.*** Une démonstration élémentaire utiliserait le théorème de Thalès ou les homothéties qui en sont la « forme dynamique ». Dans ce dernier cas, l'argument décisif est la commutativité des homothéties de centre $A$ qui transforment respectivement $G$ en $E$ et $E$ en $B$. On constate ainsi combien la configuration de Pappus est liée à la commutativité du corps sur lequel est construit l'espace vectoriel définissant le plan.

**2.9** À l'aide de la règle traçons une parallèle $d$ à $AB$ (figure S.3). Soit $S$ un point extérieur à $AB$ et à $d$. Les droites $SA, SB$ coupent les droites $d, d'$ aux points $A', B'$. Le milieu $I$ cherché se trouve sur la droite qui joint $S$ au point $A'B \cap AB'$. En effet, la construction classique de l'exercice 7.1 montre que le point $I$ est conjugué du point à l'infini de $AB$ par rapport à $A$ et $B$ ; c'est donc le milieu de $AB$.

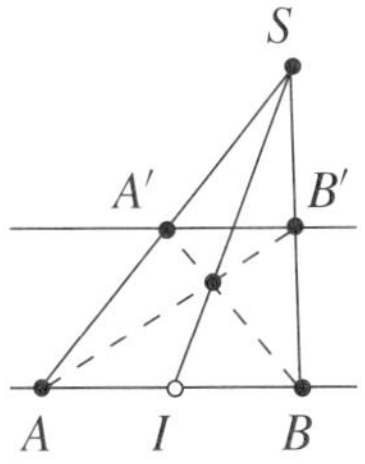


**Figure S.3.**

Classiquement, on met en jeu les homothéties de centres $S$ et $T = AB' \cap BA'$ qui transforment respectivement $A$ en $A'$ et $A$ en $B'$. Pour ces deux homothéties, le milieu

$I$ de $AB$ a pour image le milieu $I'$ de $A'B'$, aussi $S$ et $T$ sont tous les deux alignés sur $II'$.

***Remarque S.2.*** Sur cet exemple extrêmement simple on voit encore, comme dans l'exercice précédent, la dynamique des applications.

**2.10** Construisons à la règle un point $A'$ conjugué de $A$ par rapport aux deux droites (figure S.4). Construisons ensuite un conjugué $A''$ de $A'$, distinct de $A$ et situé dans les limites de l'épure. La droite $AA''$ est la droite cherchée : c'est la construction classique du quadrilatère (exercice 7.2).

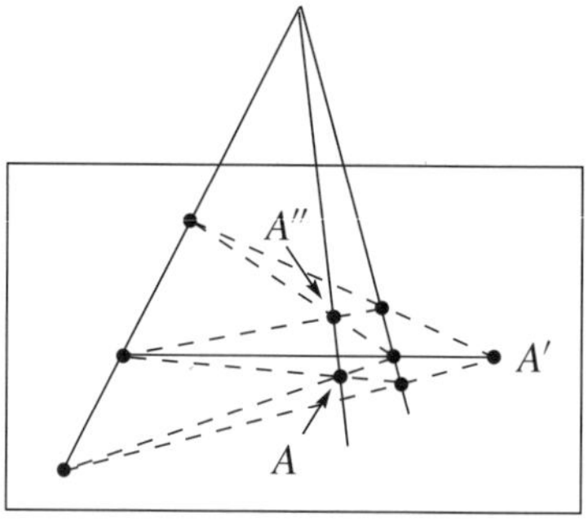


**Figure S.4.**

**2.11** Considérons l'homographie $\beta$ de $a$ sur $b$ définie par $A_1 \mapsto B_2, A_2 \mapsto B_1$ et $A_3 \mapsto B_4$. Comme $\alpha$ conserve le birapport, on a $(A_1, A_2, A_3, A_4) = (B_1, B_2, B_3, B_4)$. Mais $(B_1, B_2, B_3, B_4) = (B_2, B_1, B_4, B_3)$ d'après (1.1). On a donc l'égalité des birapports $(A_1, A_2, A_3, A_4) = (B_2, B_1, B_4, B_3)$, relation qui montre que $B_3 = \beta(B_4)$. D'après le théorème 2.5, les quatre points en question appartiennent à l'axe d'homographie de $\beta$.

**2.12** Le théorème de Thalès peut s'énoncer ainsi : soient $A, B, C$ trois points situés sur une droite $d$ et $A', B', C'$ trois points situés sur une droite $d'$. Si on suppose que les droites $AA', BB'$ sont parallèles alors la droite $CC'$ leur est parallèle si et seulement si on a la relation

$$\frac{\overline{AC}}{\overline{BC}} = \frac{\overline{A'C'}}{\overline{B'C'}}.$$

En se plaçant dans une carte affine d'un plan projectif, les droites $AA', BB'$ se coupent en un point $S$ de la droite de l'infini $d_\infty$. Si $D$ et $D'$ sont les points à l'infini de $d$ est de $d'$, la relation précédente peut s'écrire :

$$(A, B, C, D) = (A', B', C', D'),$$

relation qui exprime, d'après la proposition 3.3, une condition nécessaire et suffisante pour que les points $C, C'$ se correspondent dans la projection de centre $S$ de $d$ sur $d'$.

# CHAPITRE 3

**3.1** Nous allons utiliser la construction donnée au paragraphe 3.6. Les figures S.5 montrent que l'on peut décomposer l'homographie en un produit de projections de centres $S$ et $S'$. L'intersection de la droite $SS'$ avec la droite $d$ est un point fixe de l'homographie. S'il coïncide avec $U$, l'homographie est parabolique.

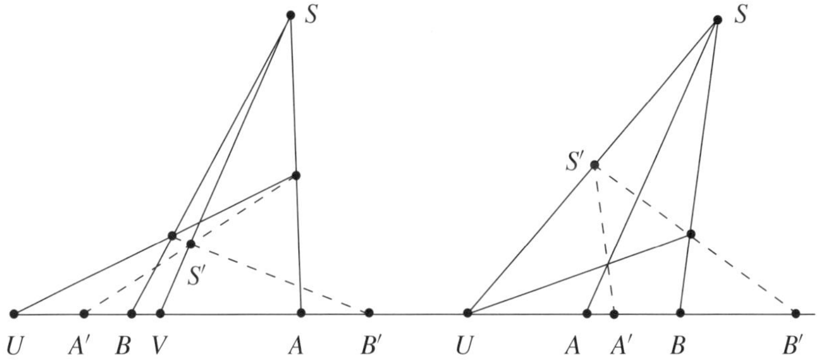


**Figure S.5.**

**3.2** Avec les notations de la figure S.6, considérons l'homographie de la droite $AA'$ obtenue en composant la projection de $AA'$ sur $BB'$ de centre $C$ et la projection de $BB'$ sur $AA'$ de centre $C'$. Cette homographie échange $A$ et $A'$ ; c'est donc une involution. Comme les points $U, V$ sont des points fixes on a la relation $(U, V, A, A') = -1$ d'après théorème 3.1.

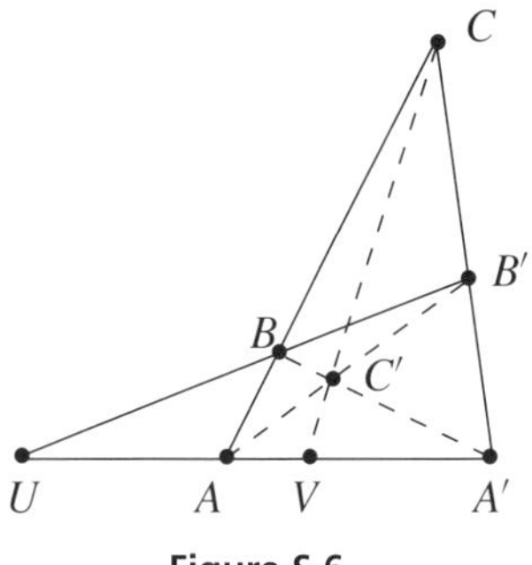


**Figure S.6.**

**3.3** Considérons l'homographie $\alpha$ définie par $P \mapsto Q$, $Q \mapsto P$, $A \mapsto B$. C'est une involution d'après la proposition 3.2. Elle transforme $C$ en $D$ si et seulement si on a l'égalité $(PQAC) = (QPBD)$, ce qui découle de $(PQAC) = (QPBD) = -1$. En interprétant ce résultat sur une conique $\Gamma$ (voir la proposition 5.2), on obtient une démonstration évidente basée sur les propriétés de la polarité et sur le théorème de Frégier (*cf.* exercice 7.7).

**3.4** Rappelons que si $n = 2$, l'homographie $\alpha$ est une involution qui peut être elliptique ou hyperbolique. Si $n > 2$, on peut se reporter aux formes canoniques définies au théorème 2.7.

- Si $\alpha$ est hyperbolique, dans une carte où l'un des points fixes est le point à l'infini, $\alpha$ est une homothétie. Si on désigne par $x, x', x'_n$ les abscisses des points $M$, $\alpha(M)$, $\alpha^n(M)$, on peut écrire $x' = kx$ et $x'_n = k^n x$ avec $k \neq 1$. Pour obtenir $k^n x = x$, il faut avoir $k = 1$, ce qui est contraire à l'hypothèse. On ne peut donc pas avoir $\alpha^n = \mathrm{id}$ si $\alpha$ est hyperbolique.
- Si $\alpha$ est parabolique, c'est dans une carte où le point fixe est à l'infini. Alors $\alpha^n$, qui est une translation, ne peut pas être égale à l'identité sans que $\alpha$ le soit.

On conclut que $\alpha$ est nécessairement elliptique. Par exemple, si $n = 3$ l'homographie définie par $A \mapsto B, B \mapsto C, C \mapsto A$ est elliptique.

**3.5** Si on se place dans une carte affine de $d$ dont $A$ est le point à l'infini et $A'$ l'origine, des calculs simples montrent que $\alpha$ est définie par la formule $xx' = -k^2$ qui caractérise une involution elliptique (*cf.* proposition 3.4).

Solution géométrique : supposons $d$ contenue dans un plan projectif réel. Construisons un triangle dont les côtés passent par les points $A, B, C$. En joignant judicieusemement les sommets de ce triangle aux points $A', B', C'$, on obtient trois droites concourantes d'après l'exercice 7.3. Il en résulte que $\alpha$ est une involution (deuxième théorème de Desargues).

**3.6** Soient $a, b, c$ les côtés $BC, CA, AB$ d'un triangle $ABC$ et soient $P, Q, R$ appartenant à $c, a, b$. On considère les perspectives $\pi_1 : a \to b$ de centre $P$, $\pi_2 : b \to c$ de centre $Q$ et $\pi_3 : c \to a$ de centre $R$. Le produit $\alpha = \pi_3 \circ \pi_2 \circ \pi_1$ est une homographie de $a$. Pour montrer que $\alpha$ est une involution il suffit, d'après la proposition 3.2, de montrer que $\alpha$ échange deux points. Il est immédiat de vérifier que $\alpha(B) = C$ et que $\alpha(C) = B$ puisque :

$$B \overset{\pi_1}{\longmapsto} A \overset{\pi_2}{\longmapsto} A \overset{\pi_3}{\longmapsto} C\,,$$
$$C \overset{\pi_1}{\longmapsto} C \overset{\pi_2}{\longmapsto} B \overset{\pi_3}{\longmapsto} B\,.$$

Soit $U = a \cap PR$, d'où l'on tire $\alpha(U) = Q$. Supposons le plan réel. Si $Q$ et $U$ sont tous deux intérieurs ou tous deux extérieurs au segment $BC$, l'homographie $\alpha$ est hyperbolique ; si $Q, U$ séparent $B, C$ l'homographie $\alpha$ est elliptique.

- Si les points $P, Q, R$ sont alignés, $Q$ est un point fixe de $\alpha$ ; l'autre point fixe est le conjugué de $Q$ par rapport à $B$ et $C$.
- Ce résultat est équivalent au dual du théorème de Pappus. Dans certains cas, son emploi est plus commode que le théorème lui-même comme on pourra le constater en résolvant l'exercice suivant.

  *D'un point $M$ situé sur le côté $AB$ d'un triangle $ABC$, on mène la parallèle à $AC$ qui coupe $BC$ en $N$ ; de $N$ on mène la parallèle à $AB$ qui coupe $AC$ en $P$ ; de $P$ on mène la parallèle à $BC$ qui coupe $AB$ en $M'$. On recommence ce cycle à partir de $M'$ pour obtenir les points $N', P', N''$. Montrer que les points $M$ et $M''$ sont confondus.*

**3.7** Considérons l'homographie $\alpha : a \to a$, produit des perspectives $a \to b$, $b \to c$, $c \to a$ de centres respectifs $I, J, K$. Le point $U$ où la droite $K$ coupe $a$ est un point fixe de $\alpha$ et il est aisé de se convaincre que si $\alpha$ possède un autre point fixe, on obtient un triangle répondant au problème.

Pour construire l'autre point fixe $V$, on peut se reporter au paragraphe 3.6. On construit les images $P'$ et $Q'$ de deux points $P$ et $Q$ de $a$. La droite qui joint les points $PI \cap QK$ et $P'I \cap Q'K$ par exemple, coupe $a$ en un point fixe de $\alpha$. On simplifie la construction en prenant $P$ aligné avec $I$ et $A$. Si $V = U$, le problème n'a pas de solution auquel cas $\alpha$ est parabolique. Il est facile de construire des cas de figures où il en est ainsi.

***Remarques S.3.***

- On obtient d'autres solutions en échangeant le rôle donné à $I, J, K$ comme centres de perspectives.
- Si $I, J, K$ appartiennent à $c, a, b$, l'homographie est alors une involution dont $J$ est un point fixe. L'autre point fixe est le conjugué de $J$ par rapport à $B$ et $C$. Les deux triangles sont homologues, et l'on retrouve les résultats de l'exercice 7.3.

**3.8** Ce résultat est une application très simple du deuxième théorème de Desargues. Pour cela, il suffit de s'assurer que les couples de points $(P, P')$, $(Q, Q')$, $(R, R')$ appartiennent à une même involution. En effet ces couples sont conjugués par rapport à $I$ et par rapport au point à l'infini de $d$.

**3.9** On considère le quadrilatère constitué par les côtés du triangle $A'B'C'$ et par la droite de l'infini ; les côtés du triangle $ABC$ sont les diagonales de ce quadrilatère ; on peut alors appliquer **7.2.2** : si $L, M, N$ sont alignés, les conjugués de ces points par rapport aux sommets correspondants sont aussi alignés.

En dualisant, on montre que si les droites $AL, BM, CN$ sont concourantes, les droites $AL', BM', CN'$ le sont aussi.

**3.10** Nous avons ici une forme duale de l'exercice précédent.

**3.11** L'application qui à toute droite passant par $S$ associe sa perpendiculaire passant par $S$ est une involution du faisceau des droites $S^*$. Dans cette involution, on a $SA \mapsto SP$, $SB \mapsto SQ$ et $SC \mapsto SR$. Le dual du deuxième théorème de Desargues montre que les points $P, Q, R$ sont alignés.

**3.12** Soit $S$ le point à l'infini de la droite $d$. Les droites $SA, SB, SC$ coupent $BC, CA, AB$ en $L', M', N'$. Ces points sont conjugués de $L, M, N$ par rapport aux sommets correspondants de $ABC$, vu l'égalité des birapports

$$(L, L', B, C) = (AL, AL', AB, AC) = (A', S, K, J) = -1$$

et de même pour les autres couples de points. On peut alors appliquer l'exercice 7.3. On peut aussi invoquer le dual du deuxième théorème de Desargues.

**3.13** On considère les triangles $ABC$ et $A'B'C'$ tels que les droites $AA', BB', CC'$ soient concourantes en un point $S$. Les côtés $AB, A'B'$ se coupent en $P$ et les côtés $AC, A'C'$ en $Q$. Soient $\delta$ et $\delta'$ les involutions déterminées sur la droite $PQ$ par les quadrangles $ABCS$ et $A'B'C'S$. Les involutions $\delta$ et $\delta'$ transforme identiquement les points $P$ et $Q$ ; d'après le théorème 3.2, elles sont égales. Les points $BC \cap PQ$ et $B'C' \cap PQ$, images de $AA' \cap PQ$, sont confondus. La réciproque se montre de même.

## CHAPITRE 4

**4.1** Si $A, B$ appartiennent à $b, a$, pour tout point $C$ qui n'appartient pas à $a \cup b$, on a $\alpha \circ \beta(C) = \beta \circ \alpha(C)$ d'après la construction donnée au paragraphe 4.2.2. Réciproquement, supposons $\alpha \circ \beta = \beta \circ \alpha$ et soient $A_1 = AB \cap a$ et $B_1 = AB \cap b$. Les restrictions de $\alpha$ et de $\beta$ commutent et, d'après la réciproque du théorème 3.6, ont les même points fixes. Comme les points fixes de $\alpha$ sont $A, A_1$ et ceux de $\beta$ sont $B, B_1$, nous voyons que $B = A_1$ et que $A = B_1$.

**4.2** Soit $A$ un point qui n'est pas situé sur les côtés du triangle $UVW$ et soit $A' = \varphi(A)$. Les droites $UA$ et $VA'$ se coupent en $A_0$. Soit $\alpha$ l'homologie de centre $U$, d'axe $VW$ et transformant $A$ en $A_0$ ; soit $\beta$ l'homologie de centre $V$, d'axe $UV$ et transformant $A_0$ en $A'$. Alors $\beta \circ \alpha$ coïncide avec $\varphi$ sur les points $U, V, W, A$. On a donc $\varphi = \beta \circ \alpha$. D'après l'exercice 3.1, on a aussi $\varphi = \alpha \circ \beta$. On obtient deux autres décompositions semblables en échangeant le rôle donné aux points $U$ et $V$.

**4.3** Nous raisonnerons ici en supposant que $A$ n'appartient pas à $a$. Dans le cas contraire, on fait un raisonnement analogue laissé aux soins du lecteur. Soit $\beta$ une homologie de centre $A$ et d'axe $a$. Montrons que l'on a $\beta \circ \alpha(M) = \alpha \circ \beta(M)$ pour tout point $M$ du plan.

- Si $M = A$ ou si $M$ appartient à la droite $a$, le résultat est évident.
- Si $M \neq A$ et si $M$ n'appartient pas à la droite $a$, soient $K = AM \cap a$ et $K' = \alpha(K)$. Le point $\varphi(M)$ appartient à la droite $AK$ et les points $\alpha(M)$, $\alpha\big(\varphi(M)\big)$ et $\varphi\big(\alpha(M)\big)$ appartiennent tous les trois à la droite $AK'$. Le paragraphe 4.2.1 montre que l'on peut écrire les égalités $\big(A, K, M, \varphi(M)\big) = \Big(A, K', \alpha(M), \varphi\big(\alpha(\mu)\big)\Big) = \big(A, K, M, \varphi(M)\big) = \Big(A, K, \alpha(M), \alpha(\varphi(M))\Big)$ D'après la formule 1.5.2.a, on a $\varphi\big(\alpha(M)\big) = \alpha\big(\varphi(M)\big)$.

**4.4** Le produit de deux homologies de même axe laisse évidemment invariants les points de cet axe ; il s'agit d'une homologie. En étudiant l'image d'un des centres on obtient l'alignement des centres.

**4.5** Soit $d$ la droite joignant les points fixes. Le point $d \cap d_\infty$ est fixe ; la restriction de la transformation est ainsi l'identité et, d'après le théorème 4.2, on obtient une homologie (qui peut être l'identité).

**4.6** Soient $\alpha$ et $\beta$ de telles transformations. La restriction à $d_\infty$ de $\alpha \circ \beta^{-1}$ est alors l'identité et d'après le théorème 4.2.1, $\alpha \circ \beta^{-1}$ est une homologie d'axe $d_\infty$, c'est-à-dire une translation ou une homothétie (paragraphe 4.2.2).

**4.7** Les deux triangles sont homothétiques car ils ont leurs côtés deux à deux parallèles. Soit $A', B', C'$ les images de $A, B, C$ dans cette homothétie $\varphi$. Pour montrer que $\varphi$ est une symétrie centrale, il nous suffira de montrer que sa restriction à la droite $CC'$ est une involution (théorème 4.4). Pour cela, soient $K, K', L, L'$ les projections sur la droite $CC'$ des points $A, A', B, B'$ parallèlement à la direction $U$ de l'énoncé. Comme les droites $A'K'$ et $B'L'$ sont les images droites $AK$ et $BL$, on a $K' = \varphi(K)$ et $L' = \varphi(L)$. La restriction de $\varphi$ à $CC'$ est donc une involution car les couples de points $(C, C')$, $(K, K')$ et $(L, L')$ sont les intersections avec $CC'$ des couples de droites $(UC, UC')$, $(UK, UK')$ et $(UL, UL')$ qui se correspondent dans l'involution de $U^*$ définie par $UA \mapsto UA'$, $UB \mapsto UB'$ et $UC \mapsto UC'$ (dual du deuxième théorème de Desargues).

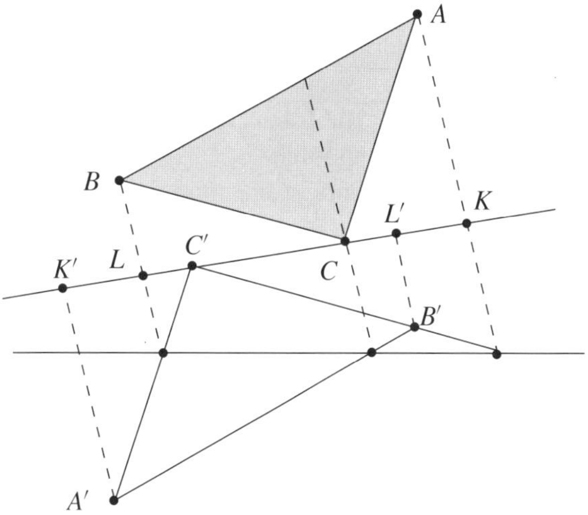


**Figure S.7.**

**4.8** L'homographie $\alpha^4$ est l'identité. Sa restriction à la droite de l'infini est également l'identité. D'après l'exercice 3.4, elle est elliptique. Comme $\alpha$ a nécessairement un point fixe $O$, ce point fixe appartient à la carte. Comme d'autre part l'application $\alpha^2$ est une involution, on voit que son centre est le point $O$ et que la droite de l'infini est son axe. La droite $AB$ et son image $CD$ se coupent à l'infini sur l'axe : elles sont donc parallèles. Pour la même raison, les droites $BC$ et $DA$ sont parallèles. Pour qu'une telle application $\alpha$ existe, il est nécessaire que *abcd* soit un parallélogramme. Réciproquement, la donnée d'un parallélogramme définit une telle application. En effet, il suffit de considérer l'application $A \mapsto B$, $B \mapsto C$, $C \mapsto D$ et $O \mapsto O$.

**4.9** Pour déterminer la nature de la transformation affine $\varphi$, nous allons étudier sa restriction à la droite de l'infini. Il est clair que le point à l'infini de la droite $AB$ est un point fixe de $\varphi$. On connaît les images des points à l'infini des droites $CA$ et $CB$, qui sont les points à l'infini des droites $C'A'$ et $C'B'$. Nous allons à présent déterminer le deuxième point fixe de $\varphi$ sur la droite de l'infini en appliquant l'exercice 3.1. Projetons la droite de l'infini sur la droite $AB$ à partir du point $C$ et par les points $A, B$

menons les parallèles aux droites $A'C'$, $B'C'$. Le point d'intersection $C_1$ de ces droites est le deuxième point de projection (exercice 3.1).

- Si la droite $CC_1$ est parallèle à $AB$, la restriction à la droite de l'infini est parabolique et $\varphi$ est du type VI.
- Si la droite $CC_1$ n'est pas parallèle à $AB$, $\varphi$ a deux points fixes sur la droite de l'infini et est du type V.

***Remarque S.4.*** La construction du point $C_1$ montre que $\overrightarrow{C'C_1} = \overrightarrow{A'A}$.

**4.10** En raisonnant comme dans l'exercice précédent, on montre que la transformation donnée est du type V.

**4.11** Pour simplifier l'exposé, appelons droite *imaginaire* une droite du complexifié qui ne contient aucune droite réelle. Une droite imaginaire peut contenir un point réel, mais pas deux (sinon, elle contiendrait la droite réelle qui joint ces points). Le lecteur vérifiera facilement les assertions suivantes à l'aide d'équations.

a) La conjugaison dans le complexifié transforme points alignés en points alignés (attention, ce n'est pas une homographie !).
b) Une droite du complexifié qui contient un point $M$ et son conjugué $\bar{M}$ contient aussi une droite réelle.
c) Une droite du complexifié qui contient une droite réelle est stable par conjugaison.

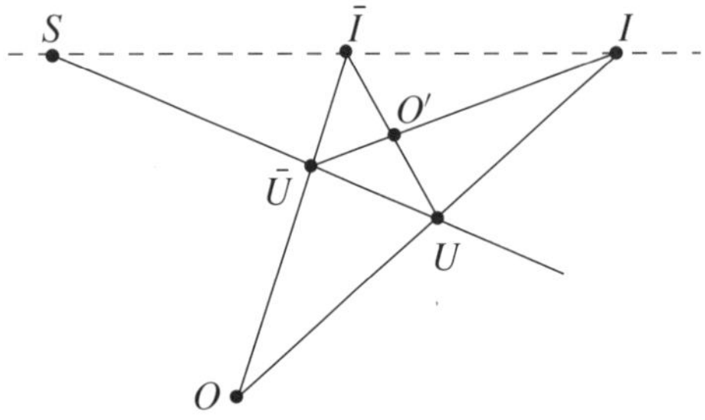


**Figure S.8.**

Pour répondre à la question posée, commençons par remarquer d'une part que les droites $I\bar{I}$ et $U\bar{U}$ contiennent chacune une droite réelle d'après (b). D'autre part, les droites $IU, \bar{I}\bar{U}, I\bar{U}, \bar{I}U$ sont des droites imaginaires. En effet, si $IU$ contenait une droite réelle, elle contient $\bar{I}$ et $\bar{U}$ d'après (c), ce qui est contraire à l'hypothèse. Le point $S$ est réel car son conjugué $\bar{S}$ appartient aux droites $I\bar{I}$ et $U\bar{U}$ d'après (c). Le point $O = IU \cap \bar{I}\bar{U}$ est lui aussi réel car son conjugué $\bar{O}$ appartient à $\bar{I}\bar{U} \cap IU$.

**4.12** Un déplacement est le produit d'un nombre pair de symétries ; soit $\sigma_1$ la symétrie dont l'axe $s_1$ est la médiatrice de $AA'$ ; l'image de $B$ dans cette symétrie est $B_0$ ; comme $\sigma_1$ conserve les distances, $d(A'B_0) = d(A'B')$ la médiatrice $s_2$ de $B_0B'$ passe alors par $A'$ et $B'$ est l'image de $B_0$ dans la symétrie $\sigma_2$ d'axe $s_2$. Le déplacement $p = \sigma_2 \cdot \sigma_1$ répond à la question.

Si $\sigma_3$ est la symétrie par rapport à la droite $A'B'$, $\tau = \sigma_3 \circ \sigma_2 \circ \sigma_1$ est un antidéplacement qui transforme $A$ en $A'$ et $B$ en $B'$. Unicité : soit $\varphi$ une isométrie transformant $A$ en $A'$ et $B$ en $B'$ ; $\varphi \circ \rho^{-1}$ et $\varphi \circ \tau^{-1}$ sont des isométries ayant deux points fixes $A'$ et $B'$, c'est-à-dire $\sigma_3$.

On a alors $\varphi = \sigma_3 \rho = \tau$ ou $\varphi = \sigma_3 \cdot \tau = \sigma_2 \cdot \sigma_1 = \rho$.

***Remarque S.5.*** Ce résultat presque trivial se montre d'une grande souplesse dans les problèmes et nous le recommandons.

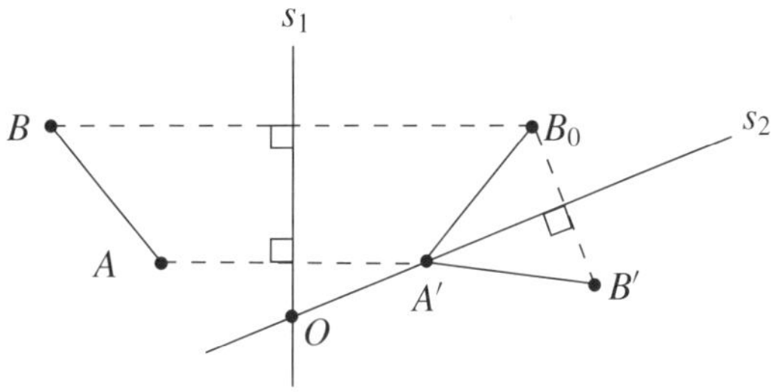


**Figure S.9.**

**4.13** Soit $\varphi$ l'antidéplacement ; $\varphi^2$ est un déplacement sans point fixe ; en effet, si $O$ est point fixe de $\varphi^2$, $O$ ou le milieu de $O\varphi(O)$ est point fixe de $\varphi$ contrairement à l'hypothèse ; **$\varphi^2$ est ainsi une translation**.

Considérons les points $A$, $\varphi(A)$, $\varphi^2(A)$, $I$ milieu de $A\varphi(A)$ et $J$ milieu de $\varphi(A)\varphi^2(A)$ ; on a $J = \varphi(I)$. Comme les distances sont conservées, le triangle $A\varphi(A)\varphi^2(A)$ est isocèle et la figure S.10 suffit pour comprendre que $\varphi$ est composé de la symétrie par rapport à la droite $IJ$ et de la translation de vecteur $\overrightarrow{IJ} = \frac{1}{2}\overline{A\varphi^2(A)}$ ; d'après l'exercice 4.12, $\varphi$ est unique.

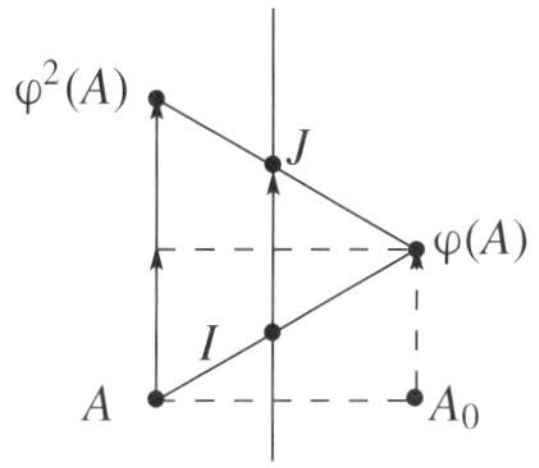


**Figure S.10.**

**4.14** Soient $P, Q$ deux points de $\mathcal{F}$, $P', Q'$ leurs images par $r$, $P'', Q''$ les images de $P', Q'$ par $r'$. Soient $P_0$ et $Q_0$ les images de $P'$ et $Q'$ dans la symétrie $s'$ d'axe $AA'$ ; il existe une unique symétrie $s$ par rapport à une doite $a$ passant par $A$ et telle que $r = s' \circ s$, $P_0$ et $Q_0$ sont alors les symétriques de $P$ et $Q$ par rapport à $a$. De même, $r' = s'' \circ s'$ où $s''$ est une symétrie d'axe $a''$ passant par $A'$, et l'on a $S''(P_0) = P''$, $S''(Q_0) = Q''$. Il est clair que $S \circ S''(P'') = P$ et $S \circ S''(Q'') = Q$ ; comme il existe un unique déplacement qui transforme $P''$ en $P$ et $Q''$ en $Q$, $S \cdot s'' = r''$ et alors $a \cap a'' = A''$.

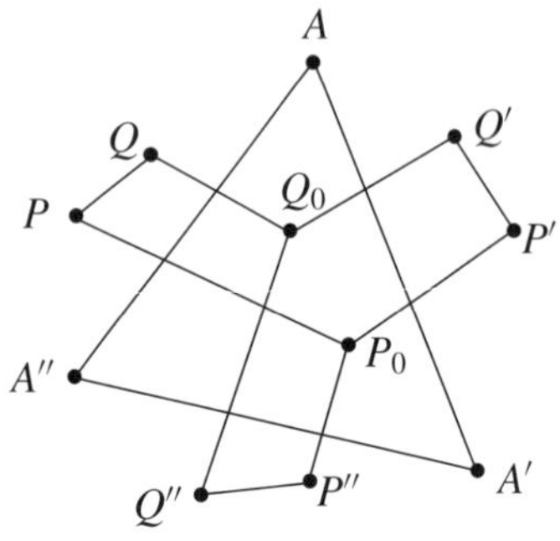


Figure S.11.

**4.15** Soit $I = AB \cap A'B'$ (si $AB \parallel A'B'$ on a une homothétie) ; les égalités d'angles

$$(OA, OA') = (OB, OB') = (AB, A'B')$$

impliquent (exercice 7.23) que $O$ appartient aux cercles $IAA'$ et $IBB'$ ; ces cercles se coupent en $I$ et en un point $O$ qui est le centre cherché ; en effet, les angles $(OA, OA')$ et $(OB, OB')$ étant égaux, la rotation de centre $O$ qui amène $A$ sur la droite $OA'$ en $A_1$, envoie $B$ en $B_1$ sur la droite $OB'$ ; comme on a l'égalité d'angles $(OA, AB) = (A'O, A'B')$ (exercice 7.23), les droites $A_1B_1$, et $A'B'$ sont parallèles et l'homothétie de centre $O$, $A_1 \to A'$ transforme $B_1$ en $B'$.

Montrons que $O$ est aussi le centre de la similitude $A \to B$, $A' \to B'$. D'après la démonstration ci-dessus, il nous suffira de montrer que $O$ est sur les cercles $ABJ$ et $A'B'J$ où $J = AA' \cap BB'$. Une seule démonstration suffira : montrons que $O$ est sur le cercle $ABJ$ ; en effet, les involutions $\delta$ et $\delta'$ de $d_\infty$, définies par les quadrangles $IOAA'$ et $IOBB'$ vérifient :

$$\infty_{BB'} = \delta' \circ \delta(\infty_{AA'}) \quad \text{et} \quad \infty_{OA} = \delta' \circ \delta(\infty_{OB})\,.$$

Les points fixes de $\delta \circ \delta'$ sont les points cycliques (voir exercice 7.24) et $\delta' \circ \delta$ définit un angle (proposition 4.4) ; d'après exercice 7.23, $OIAB$ sont cocycliques. (Voir problème 8.24 et figure S.12.)

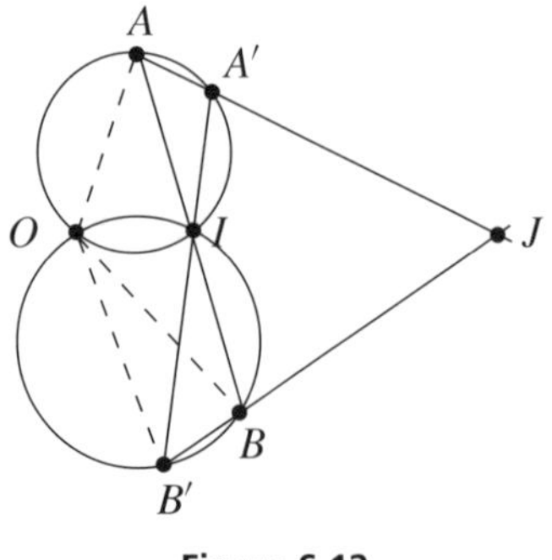


Figure S.12.

**4.16** On considère la similitude directe $\varphi$, de centre $A$, qui envoie $C$ sur $D$, et on pose $E = \varphi(B)$ ; on a la relation :

$$\frac{DE}{CB} = \frac{AD}{AC} \tag{S.1}$$

qui peut s'écrire $AD \cdot CB = AC \cdot DE$.

D'après 4.15 il existe une similitude directe $\varphi'$ de centre $A$ telle que $\varphi'(C) = B$ et $\varphi'(D) = E$ d'où :

$$\frac{BE}{CD} = \frac{AB}{AC} \quad \text{autrement : } AB \cdot CD = AC \cdot BE \tag{S.2}$$

En ajoutant membre à membre (S.1) et (S.2) on obtient :

$$AB \cdot CD + AD \cdot BC = AC(BE + DE)$$

et comme $BE + DE \geq BD$ on retrouve l'inégalité de l'énoncé. On peut montrer que l'on a l'égalité si et seulement si le quadrangle $ABCD$ est convexe et inscriptible dans un cercle.

**4.17** Soient $h_{A'}, h_{B'}, h_{C'}$ les homothéties de centres $A', B', C'$ et de rapport 2 ; il est immédiat que :

$$h = h_{C'} \circ h_{B'} \circ h_{A'}(B) = B$$

le point $B$ est donc l'unique point fixe de $h$ (car $h \neq id$). Pour trouver $B$, nous allons appliquer $h$ à deux points bien choisis, $I_1$ le milieu de $A'B'$ et $I_2$ le milieu de $A'I$ où $I$ est le milieu de $B'C'$.

On voit facilement que $h(I_1) = I_1' = h_{C'}(B')$ c'est-à-dire que $B'$ est le milieu de $I_1'C'$ et que $h(I_2) = C'$ les droites $I_1I_1'$ et $I_2C'$ se coupent en $B$. Ensuite $h_{A'}(B) = C$ et $h_{B'}(C) = A$.

**4.18** On peut trouver le trésor en partant d'un point quelconque $P$ différent de $A$ et de $S$ ; en effet, on passe de $M$ à $M'$ en composant la rotation de centre $A$ d'angle $\frac{\pi}{2}$, suivie d'une rotation de centre $S$, d'angle $\frac{\pi}{2}$, c'est-à-dire, par une symétrie centrale dont le centre est le milieu de $MM'$.

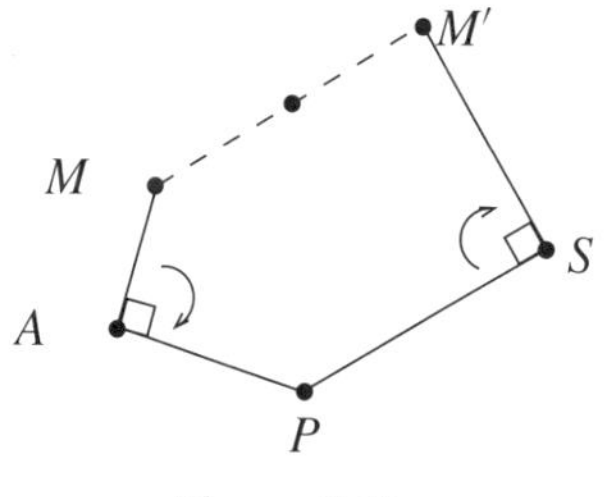


**Figure S.13.**

**4.19** La translation $\tau$, de vecteur $\overrightarrow{AB}$ suivie de la rotation $\rho$ de centre $C$ et d'angle 60° transforme $A$ en $E$ ; montrons que $F$ est point fixe de ce déplacement ; comme $\overrightarrow{FF'} = \overrightarrow{AB} = \overrightarrow{DC}$, le triangle est équilatéral et l'on a $\rho(F') = F$ donc $\rho_0\tau(F) = F$ ; $F$ est l'unique point fixe de ce déplacement qui est une rotation d'angle 60°.

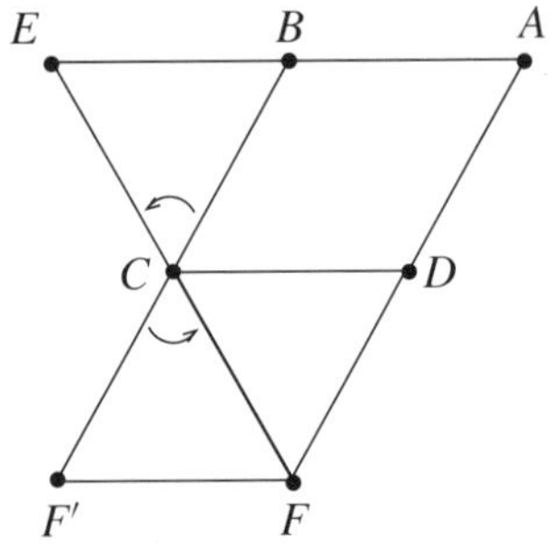


**Figure S.14.**

**4.20** Une rotation de centre $A$ et d'angle $\frac{\pi}{2}$ amène $AEF$ sur $ABF'$ ; le point $A$ est le milieu de $CF'$ et le point $K$ où la hauteur issue de $A$ coupe $EF$ devient un point $K' \in BF'$ tel que $AK$ soit orthogonal à $AK'$. La droite $AK'$ est donc parallèle à $BC$ et comme $A$ est milieu de $CF'$, $K'$ est milieu de $BF'$ (Thalès) ; revenant au triangle $AEF$, $AK$ est médiane (voir figures S.15).

***Remarque S.6.*** En échangeant le rôle des deux triangles on montre que la médiane issue de $A$ dans $ABC$ est hauteur du triangle $AEF$. (Voir aussi le problème 8.28.)

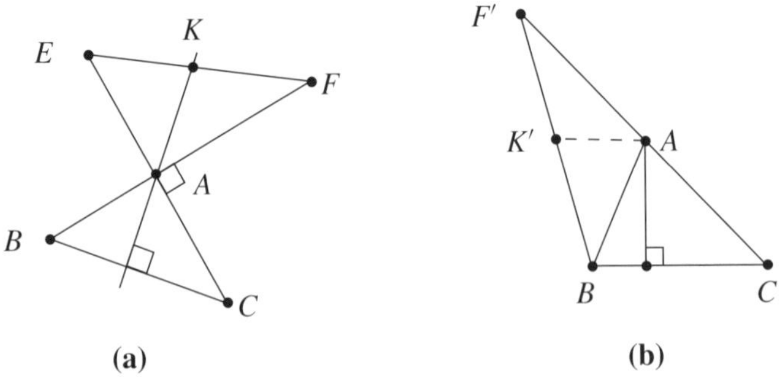


**Figure S.15.**

## CHAPITRE 5

**5.1** Les points $M$ et $M'$ se correspondant homographiquement, il résulte directement de l'exercice 7.11 que le point $AM \cap AM'$ décrit une conique $\Gamma$ passant par $A$ et $B$. D'après la proposition 5.2, on sait construire les tangentes à $\Gamma$ en $A$ et $B$ ; ce sont les droites $DA$ et $DB$ où $D$ est le symétrique de $AB \cap d = C$ pour $\sigma$.

Le point $J$ et le point à l'infini $U$ de $d$ appartiennent à $\Gamma$. Les tangentes en ces points se construisent comme il est dit dans la proposition 5.2 : si $C'$ est le conjugué harmonique de $C$ par rapport à $A$ et $B$, $JC'$ est la tangente en $J$ et $UC'$ est une asymptote.

Le centre de $\Gamma$ est à l'intersection de cette asymptote et de la droite joignant $D$ au milieu de $AB$. Il est aisé de voir que le second point à l'infini de $\Gamma$ est le point à l'infini de la droite qui joint $J$ au milieu de $AB$. La conique $\Gamma$ est dégénérée si $J$ ou $U$ sont sur la droite $AB$. (Cet exercice est un cas particulier de l'exercice 7.19.) Si $C'$ est le milieu de $AB$, tout en étant différent de $J$, la conique $\Gamma$ est une parabole dont l'axe a la direction de $d$.

**5.2** Soit $\theta$ l'involution de $\Omega$ de centre $T$, le pôle de $AB$, et $\alpha$ l'homographie de $\Omega$ dont l'axe est la droite de l'infini et qui transforme $B$ en $A$. D'après le théorème 5.5, deux points $P$ et $Q$ de $\Omega$ sont tels que $AP \parallel BQ$ si $Q = \alpha(P)$ ; ils seront alignés avec $T$ si $Q = \theta(P)$. Le point $P$ que nous cherchons à déterminer est donc un point fixe de $\theta \circ \alpha$ ; d'après la proposition 5.4 ce point fixe $P$ est sur l'axe d'homographie de $\theta \circ \alpha$. En appliquant la proposition 5.4 et la première remarque de 7.4 il vient facilement que :

$$\theta \circ \alpha = \psi \circ \varphi$$

où $\varphi$ est l'involution dont le centre est le point à l'infini de la tangente $BT$ et $\psi$ l'involution de centre $I$, milieu de $AB$ (c'est-à-dire le pôle de la parallèle à $AB$ passant par $T$).

Ainsi, l'axe de l'homographie $\theta \circ \alpha$ est la droite parallèle à $BT$ passant par $I$.

Nous obtenons donc deux solutions.

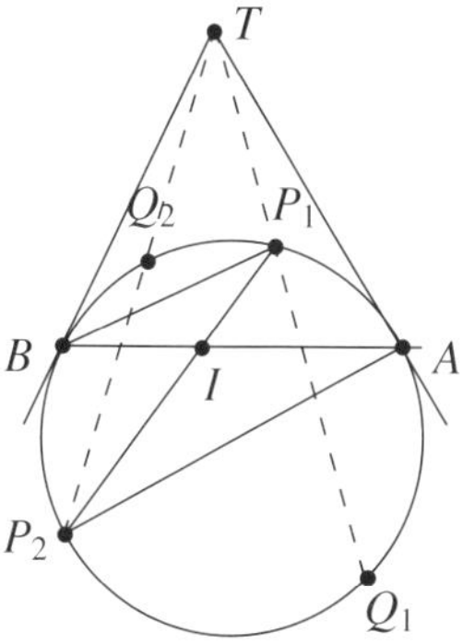


**Figure S.16.**

**5.3** La correspondance $M \mapsto M'$ est homographique comme composée d'une projection et d'une symétrie. On peut encore appliquer le dual du théorème de Chasles-Steiner. D'après le théorème 5.8, l'axe de l'homographie ainsi obtenue est facile à déterminer : c'est la droite $QF$ si $Q$ est le symétrique de $O = a \cap b$ par rapport à $I$. Le dual du théorème de Chasles-Steiner montre alors que la droite $MM'$ enveloppe une conique $\Gamma$ tangente en $Q$ à la droite $a$ et en $P = QF \cap a$ à la droite $b$.

Il est immédiat que la droite $IJ$ est une tangente à $\Gamma$ ; comme $IJ$ coupe l'axe $PQ$ en $F$ (milieu de $IJ$), le point de contact est à l'infini. La droite $IJ$ est donc une asymptote de $\Gamma$. Le centre de $\Gamma$ est le point $C$, intersection de $IJ$ avec la droite $OO'$ joignant $O$ au milieu $O'$ de $PQ$.

Les points à l'infini des droites $PQ$ et $OO'$ étant conjugués par rapport à $\Gamma$, on détermine facilement l'autre asymptote : elle passe par $C$ et par le symétrique de $F$ par rapport à $O'$ (on retrouve ici le problème 8.65). La conique $\Gamma$ est ainsi parfaitement déterminée. Pour compléter, on peut construire quelques points, par exemple ceux qui correspondent aux cas où $M$ ou $M'$ sont à l'infini.

**5.4** La correspondance $\alpha : P \mapsto Q$ est homographique car on peut la réaliser comme produit de trois homographies : la projection à partir de $H$ de $AB$ sur $d_\infty$, l'involution canonique de $d_\infty$ et la projection à partir de $H$ de $d_\infty$ sur $AC$. D'après le théorème 5.8, la droite $PQ$ enveloppe une conique $\Gamma$ tangente aux droites $AB$ et $AC$. Il est facile de vérifier les points suivants :

- $\alpha(B) = A$, $\alpha(A) = C$. D'après le paragraphe 5.1.3, $B$ et $C$ sont points de contact et la droite $BC$ est l'axe de l'homographie $\alpha$.
- $\alpha(\infty_{AB}) = \infty_{AC}$. La droite de l'infini est donc tangente à $\Gamma$ qui est donc une parabole.
- Les tangentes $AB, AC$ étant orthogonales, le point $A$ appartient à la directrice de $\Gamma$ (exercice 7.22).
- $H$ est le foyer de $\Gamma$ d'après l'exercice 7.35.
- L'axe est parallèle à $AO$.
- La tangente au sommet joint les points où $H$ se projette orthogonalement.
- La médiatrice de $AH$ est tangente à $\Gamma$ ; c'est le lieu des milieux de $PQ$.

**5.5** Soient $b$ et $c$ les hauteurs issues de $B$ et de $C$. La correspondance $b \rightarrow c$ est homographique parce que composée d'homographies évidentes :

$$\begin{array}{lll} \delta & : b \rightarrow CA & : \text{orthogonalité} \\ \pi & : CA \rightarrow BA & : \text{perspective d'axe } d \\ \delta & : BA \rightarrow c & : \text{orthogonalité} \\ \alpha = \delta\pi\delta & & \end{array}$$

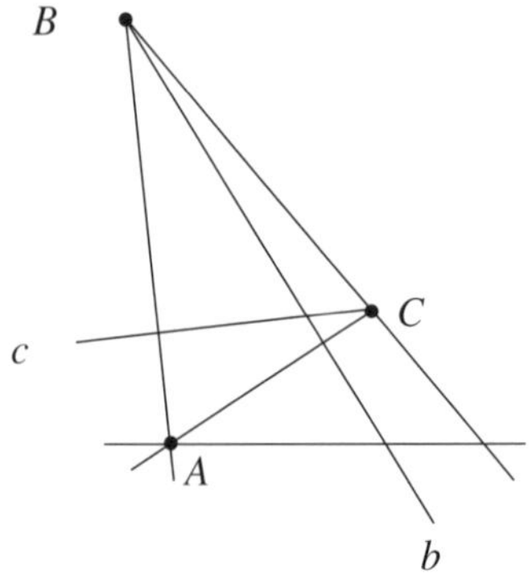


**Figure S.17.**

Le théorème de Chasles-Steiner (5.2) nous assure que le point $b \cap c$ décrit une conique $\Gamma$.

Les tangentes à $\Gamma$ aux points $B$ et $C$ se construisent comme il est précisé en 5.1.3.

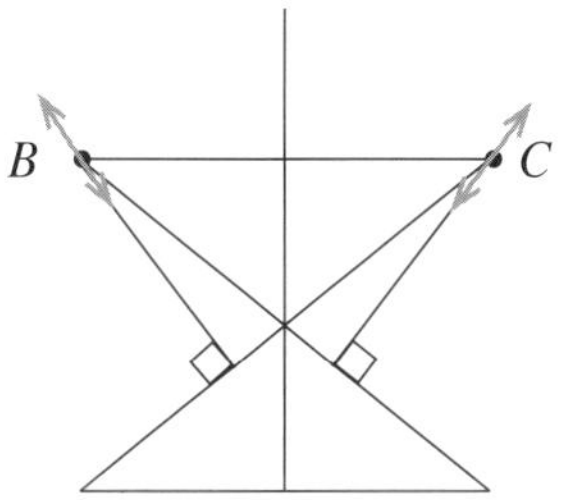


**Figure S.18.**

***Discussion.***

- Si $BC$ est orthogonale à $d$, la conique dégénère en les droites $BC$ et $d$.
- Si $BC$ est parallèle à $d$, la droite $b$ orthogonale à $d$ a pour image par $\alpha$ une droite orthogonale à $d$. La tangente en ce point à l'infini construite à partir des tangentes en $B$ et $C$ comme en 5.1.2.c est la droite de l'infini. La conique $\Gamma$ est une parabole d'axe perpendiculaire à $d$ passant par le milieu de $BC$. (Pour la construction du sommet voir le problème 8.1.)
- Dans les autres cas, $\Gamma$ est une hyperbole car il est aisé de le vérifier, la direction orthogonale à $BC$ et celle orthogonale à $d$ donnant des points à l'infini.

**5.6** Soit $M$ le milieu de $PQ$. Les droites $d$ et $OM$ se correspondent homographiquement car elles coupent la droite de l'infini $d_\infty$ en deux points homologues dans une involution. En effet, en posant $D = d \cap d_\infty$, $M' = OM \cap d_\infty$, $P' = OP \cap d_\infty$ et $Q' = OQ \cap d_\infty$ on a $(P', Q', M', D) = (OP, OQ, OM, OD) = (P, Q, M, D) = -1$ puisque $M$ est milieu de $PQ$. Les points $M'$ et $D$ sont homologues dans l'involution de points fixes $P', Q'$.

D'après le théorème de Chasles-Steiner, le point $M = OM \cap d$ décrit une conique $\Gamma$ qu'il est aisé de préciser car elle passe par les points $O, A, P', Q'$. C'est une hyperbole dont les asymptotes sont parallèles aux droites $p, q$. Le pôle de la droite $AO$ est sur la droite de l'infini ; $AO$ est donc un diamètre et le centre de $\Gamma$ est le milieu de $AO$. D'après le paragraphe 5.1.3, la tangente en $O$ est donc la conjuguée de $OA$ par rapport aux droites $a, b$.

**5.7** Le point $Q$ est conjugué de $P$ par rapport à $\Gamma$ ; il est donc l'intersection de $p$ et de la polaire de $P$. La polaire de $P$ passe par le pôle $D$ de $d$ et par le conjugué $P'$ de $P$ situé sur $d$. On voit donc que la correspondance de $A^*$ sur $D^*$ définie par $p \mapsto DQ$ est homographique car c'est la composée de :

- la projection de $A^*$ sur $d$,
- l'involution de conjugaison définie par $\Gamma$ sur $d$,
- la projection de $d$ sur $D^*$.

Le théorème de Chasles-Steiner montre alors que le point $Q$ appartient à une conique $\Gamma'$ passant par $A$ et $D$. Il est évident que les points de $\Gamma \cap d$ appartiennent à $\Gamma'$. Soit $D_0$ le pôle de $AD$ par rapport à $\Gamma$. D'après le paragraphe 5.1.3, les droites $D_0A, D_0D$ sont les tangentes à la conique $\Gamma'$ en $A, D$. La conique $\Gamma'$ est dégénérée si et seulement si la droite $AD$ est tangente à $\Gamma$ en l'un des points de $\Gamma \cap d$.

**5.8** La correspondance $AP \to BQ$ est homographique ; en effet, elle s'obtient en composant la projection de $A^*$ sur $\Omega$, l'involution $\theta$, de centre $T$ et la projection de $\Omega$ sur $B^*$. D'après le théorème de Chasles 5.2 et le paragraphe 5.1.3, le lieu du point $AP \cap BQ$ est une conique $\Gamma$ tangente en $A$ et en $B$ aux droites $TA$ et $TB$.

On remarquera que $\Gamma$ est symétrique par rapport au diamètre de $\Omega$ qui passe par $T$.

On montre que $\Gamma$ est une hyperbole en construisant des points $P$ et $Q$ de $\Omega$ tels que $AP$ et $BQ$ soient parallèles. Soit $\alpha$, l'homographie de $\Omega$ dont l'axe est $d_\infty$ et qui transforme $A$ en $B$ ; $P_0 \in \Omega$ est tel que $AP_0 \parallel BQ_0$ si et seulement si $P_0$ est point fixe de $\theta_0\alpha$.

La démonstration de ce résultat fait l'objet de l'exercice 5.2.

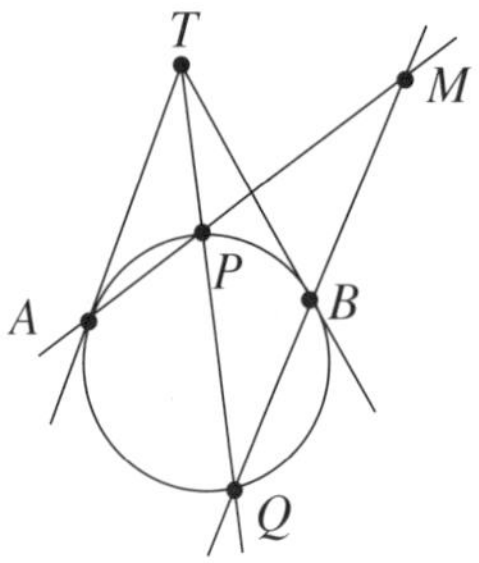


**Figure S.19.**

**5.9** Il a été démontré dans l'exercice 7.11 que la correspondance $P \mapsto Q$ est homographique et que les points fixes de cette homographie sont les points d'intersection de la droite avec la conique. Ici, la correspondance est parabolique ; son unique point fixe étant à l'infini, c'est donc une translation, d'où le résultat.

**5.10** D'après le théorème 5.8, le birapport $(P, Q, R, S)$ est celui des quatre tangentes $a, b, c, d$. D'après l'exercice 7.6, ce birapport est égal à $-1$ car le pôle de $a \cap b$ se trouve sur la polaire de $c \cap d$.

**5.11** La solution est une conséquence immédiate du théorème 5.9 définissant le birapport de quatre tangentes à une même conique et du fait que la droite de l'infini est tangente à la parabole. Une tangente $t_0$ coupe les tangentes fixes $m, m'$ en $M_0, M'_0$. Soit $P_0$ un point de $t_0$ défini par $(M_0, M'_0, P_0, U_0) = \overline{PM_0}/\overline{PM'_0} = k$. Le lieu de $P$ est donc la tangente, autre que $t_0$, issue de $P_0$.

**5.12** La définition d'un foyer montre que les quatre tangentes sont les tangentes issues des points cycliques $I, J$. Les points à l'infini d'une hyperbole équilatère étant conjugués par rapport aux points cycliques, la polaire de $I$ passe par $J$. Cette propriété, d'après l'exercice 7.6, exprime que les tangentes $FI, F'I$ sont conjuguées harmoniques par rapport aux tangentes $FJ, F'J$, où $F, F'$ sont les foyers réels de l'hyperbole.

**5.13** Soit $t$ la tangente au sommet et montrons que l'application $M' \mapsto P'$ est une involution. Pour cela, soit $U$ le point à l'infini de la parabole. On passe de $M'$ à $P'$ comme suit : projection de $t$ sur $\Gamma$ à partir de $U$ suivie sur $\Gamma$ de l'involution de centre $A$ (théorème de Frégier), suivie enfin de la projection de $\Gamma$ sur $t$ à partir de $U$. Dans cette involution de la droite $t$, l'image de $A'$ est le point à l'infini de $t$. Il en résulte que $A'$ est le point central de l'involution et que l'on a $\overline{A'M} \cdot \overline{A'P'} = \mathrm{C^{te}}$. (On remarquera que cette involution est elliptique ou hyperbolique selon que $A$ est intérieur ou extérieur à la parabole.)

**5.14** La droite $d$ recoupe $\Gamma$ en $I$ et sa perpendiculaire en $A$ recoupe $\Gamma$ en $J$. On a donc $(AM, AM', AI, AJ) = -1$, ce qui donne $(M, M', I, J) = -1$ sur $\Gamma$. On voit ainsi que les points $M, M'$ se correspondent dans une involution de $\Gamma$ dont les points fixes sont $I, J$. D'après le théorème de Frégier, la droite $MM'$ passe par un point fixe. D'après l'exercice 7.6, ce point fixe est le pôle de $IJ$ par rapport à $\Gamma$.

**5.15** On applique la proposition 5.2 établissant une bijection entre homographie d'une droite $d$ et d'une conique $\Gamma$. La correspondance $M \mapsto M'$ sur $\Gamma$ s'obtient en composant l'involution conique $\sigma$ de la droite de l'infini avec la projection $\pi$ de $d_\infty$ sur la conique $\Gamma$ à partir de $A$. On obtient ainsi une involution de $\Gamma$, ce qui montre que la droite $MM'$ passe par un point fixe $I$ qui est le centre de l'involution (théorème de Frégier). Si $M$ est en $A$, la droite $AM$ est la tangente de $\Gamma$ en $M$ et la droite $AM'$ devient la normale.

***Remarques S.7.***

- Si $\Gamma$ est un cercle, le point $I$ est le centre du cercle quelque soit $A$ sur ce cercle.
- Le lieu de $I$ est une conique homothétique de $\Gamma$ dans une homothétie de centre $O$ lorsque $\Gamma$ est une conique à centre. Si $\Gamma$ est une parabole, le lieu de $I$ est une parabole obtenue à partir de $\Gamma$ par une translation. En effet, le point $I$ est sur la normale à $\Gamma$ en $A$. Si $M$ est le symétrique de $A$ par rapport à l'axe de la parabole, $M'$ est le point à l'infini de $\Gamma$ et $I$ est à l'intersection de la normale à $\Gamma$ en $A$ et de la parallèle à l'axe passant par $M$.

La droite $MA$ coupe l'axe en $P$ et la normale en $A$ le coupe en $N$. Comme $PN = HF$ est constant (proposition 3.5), on a $\overline{MI} = 2\overline{PN}$ (théorème de Thalès).

**5.16**

*Première partie.* — Soit $s$, l'une des bissectrices de l'angle $(a, b)$, $A'', B''$ les symétriques de $A', B'$ par rapport à $s$. La droite $A'', B''$, symétrique d'un des côtés du triangle podaire de $ABD$, est parallèle à $AB$ (exercice 7.26). On constate alors que la similitude $\varphi$ est composée de l'homothétie $\lambda$, de centre $D$ qui envoie $A$ sur $B''$ et de la symétrie $\sigma$ par rapport à $s$.

*Deuxième partie.* — La similitude $\varphi$ établit une homographie entre les droites $AB, A'B'$. Le dual du théorème de Chasles-Steiner montre que la droite $M\varphi(M)$ enveloppe une conique tangente aux droites $AB$ et $A'B'$. Comme $\varphi$ conserve la droite de l'infini, la conique est une parabole $\mathcal{P}$. Les remarques suivantes, faciles à vérifier, permettront de préciser cette parabole :

– Les bissectrices des droites $a$ et $b$ sont tangentes à la parabole.

– Ces bissectrices étant orthogonales, $D$ est un point de la directrice (exercice 7.22).
– Soit $O$ le point d'intersection des droites $AB, A'B'$. Les points de contact de $\mathcal{P}$ avec $AB$ et $A'B'$ sont les points $\varphi^{-1}(O)$ et $\varphi(O)$. Ces points sont alignés avec $D$ car les transformations $\sigma$ et $\lambda$ commutent.
– La polaire de $D$ contient le foyer $F$ et passe par $O$ ; elle coïncide avec la polaire de $D$ par rapport aux droites $AB$ et $A'B'$.
– La symétrique de cette polaire par rapport à $s$ est parallèle à l'axe de $\mathcal{P}$.
– Le foyer est sur le cercle passant par $O$ et par les points où $s$ coupe $AB$ et $A'B'$.

**5.17** Posons $A = b \cap c$, etc. (figure S.20), de sorte que $a, b, c$ et $a', b', c'$ sont les côtés des triangles $ABC$ et $A'B'C'$. D'après la proposition 5.1.2.b, il suffit de montrer que l'on a $A(B, B', C, C') = A'(B, B', C, C')$. Compte tenu de la définition du birapport de quatre tangentes, on a $A(B, B', C, C') = (L', B', K', C') = (c, c', b, b') = (B, L, C, K) = A'(B, B', C, C')$. Par dualité, on obtient le résultat suivant : « Les côtés de deux triangles inscrits dans une même conique enveloppent une conique. »

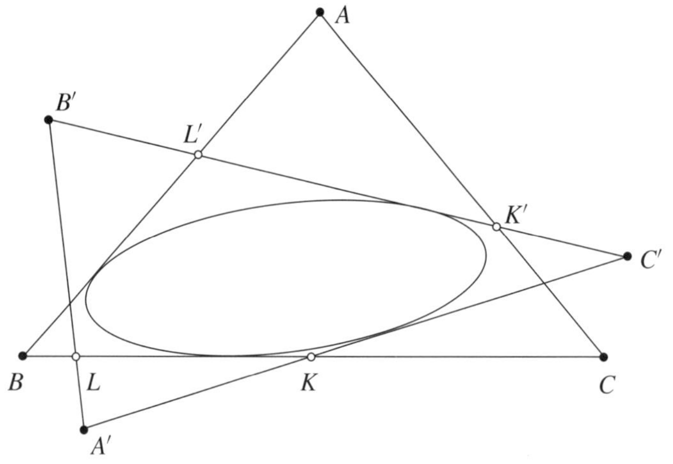


**Figure S.20.**

**5.18** Soient $A, B, C$ les points à l'infini des côtés du triangle donné. Il est évident qu'un point $P$ de $\Gamma$ est le sommet d'un triangle répondant à la question si et seulement si $P$ est point fixe d'une homographie du type $\alpha \circ \beta \circ \gamma$, où les homographies $\alpha, \beta, \gamma$ sont les involutions de centres $A, B, C$. D'après l'exercice 7.8, le produit de ces trois involutions (dont les centres sont alignés) est une involution. Le centre de cette involution étant à l'infini, sa polaire passe par le centre de $\Gamma$. Il en résulte que cet axe coupe nécessairement $\Gamma$ en deux points lorsque $\Gamma$ est une conique à centre et en un seul point lorsque $\Gamma$ est une parabole. On obtient ainsi le ou les points fixes.

Le centre de $\alpha \circ \beta \circ \gamma$ s'obtient facilement, il est dans la direction de $M(\alpha \circ \beta \circ \gamma / M)$ où $M \in \Gamma$.

**5.19** Le théorème de Pascal appliqué à l'hexagone $PP'QQ'RR'$ montre que l'on a $A = PP' \cap QR$, $B = QQ' \cap PR'$ et $C = P'Q' \cap RR'$. Pour terminer, il suffit de remarquer que les points $A, B, C$ sont alignés.

**5.20** La solution se simplifie si l'on se place sur une conique. Soit $U$ le point fixe commun. Les centres des involutions sont alors situés sur la tangente $t$ en $U$ à cette conique conique. La proposition 5.4 montre alors que cette tangente est l'axe de l'homographie produit.

**5.21** On applique la réciproque du théorème de Pascal. Considérons les points $P_1 = BC \cap A'B'$, $P_2 = BC \cap A'C'$, $P_3 = CA \cap B'C'$, $P_4 = CA \cap B'A'$, $P_5 = AB \cap C'A'$, $P_6 = AB \cap C'B'$ et l'hexagone $P_1P_2P_5P_6P_3P_4$. On vérifie que les points $P_1P_2 \cap P_3P_6$, $P_3P_4 \cap P_2P_5$, $P_5$ et $P_5P_6 \cap P_1P_4$ coïncident avec les points $BC \cap B'C'$, $CA \cap C'A'$ et $AB \cap A'B'$. Or ces derniers points sont alignés car les triangles $ABC$ et $A'B'C'$ sont homologiques (théorème de Desargues).

**5.22** Nous allons « transporter » le problème sur une conique $\Gamma$ en utilisant la proposition 5.2. Si $\alpha \circ \sigma = \theta$ est une involution, on peut écrire $\alpha = \theta \circ \sigma$. D'après la proposition 5.4, l'axe de $\alpha$ est la droite joignant les centres de $\theta$ et de $\sigma$. Comme $\sigma$ est elliptique, son centre est intérieur à $\Gamma$. L'axe coupe donc nécessairement $\Gamma$ en deux points. D'après l'exercice 7.6, ces points sont conjugués par rapport aux points fixes de $\Gamma$.

**5.23** L'involution définie sur $d$ par le quadrangle $abcd$ échange les points $E = AC \cap d$, $E' = BD \cap d$ d'une part et les points $F' = BC \cap d$, $F = AD \cap d$ d'autre part. Soient $P, Q$ les points d'intersection de $d$ avec $\Gamma$. D'après la proposition 5.1.2.b, on a $A(P,Q,F,E) = B(P,Q,D,C)$ d'où l'on tire $(P,Q,F,E)_d = (P,Q,E',F')_d$. Par un double échange, on obtient la relation $(P,Q,F,E)_d = (Q,P,F',E')_d$ qui caractérise, d'après la proposition 3.3, une involution de $d$ échangeant les couples de points $(E,E')$, $(F,F')$ et $(P,Q)$.

**5.24** Une « symétrie » par rapport à une « droite » $d$ sera la restriction au disque de l'involution du plan ayant le support de $d$ pour axe et son pôle par rapport à $\Gamma$ pour centre. La figure S.21c illustre la manière de construire l'unique « symétrie » qui échange deux points donnés $A$ et $B$.

- Une « symétrie » par rapport à un point sera la restriction au disque de l'involution de centre ce point et d'axe sa polaire.

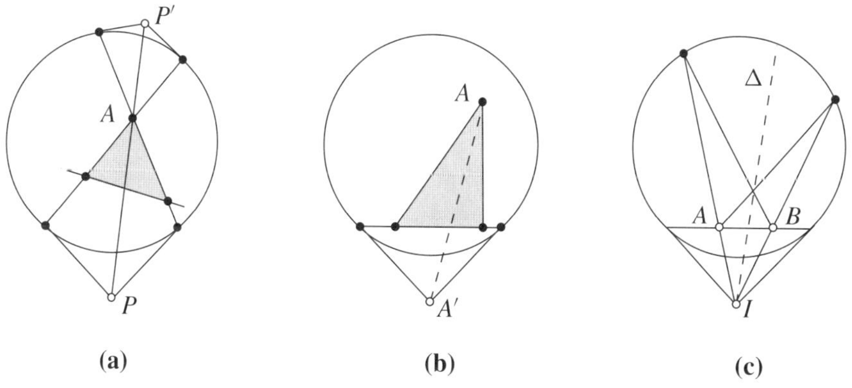


Figure S.21.

– Une « bissectrice » sera l'axe d'une des symétries qui transforme une « droite » dans l'autre (figure S.21a, page précédente).
– Deux « droites » seront « orthogonales » si et seulement si le support de l'une passe par le pôle du support de l'autre (figure S.21b, page précédente).
– La « médiatrice » d'un « segment » $AB$ sera l'axe de l'unique « symétrie » qui échange $A$ et $B$ (figure S.21c, page précédente).
– Les « bissectrices » d'un « triangle » sont concourantes d'après le théorème de Brianchon.
– Les « hauteurs » sont concourantes car d'après le problème 8.9, les supports des « droites » du « triangle » et leurs pôles par rapport à $\Gamma$ sont deux triangles homologiques.

## CHAPITRE 6

**6.1** Soient $A, B, C$ les trois points donnés et $E, F$ deux points de $d$ non homologues pour $\theta$ et d'images $E', F'$ par cette involution. Désignons par $\Gamma_1$ et $\Gamma_2$ les coniques qui passent par les points $A, B, C, E, E'$ et $A, B, C, F, F'$. Le faisceau $\mathcal{F}$ défini par ces deux coniques induit une involution $\delta$ sur la droite $d$. Cette involution coïncide avec $\theta$ (théorème 3.2). Considérons une conique $\Gamma$ passant par $A, B, C, M, \theta(M)$ et soit $\Gamma'$ la conique de $\mathcal{F}$ qui passe par $M$. D'après le théorème 6.1, cette conique passe aussi par le point $\delta(M) = \theta(M)$. Les coniques $\Gamma$ et $\Gamma'$, ayant cinq points communs, sont égales. La réciproque est analogue.

**6.2** Il s'agit d'un un cas particulier de l'exercice précédent où deux des points donnés sont les points cycliques.

**6.3** On est ramené à l'exercice précédent où l'involution $\theta$ est l'involution de points fixes $P, Q$.

**6.4** Les droites $PA, PB$ coupent $p, d$ en $Q, R$. Une conique $\Gamma$ répondant à la question passe nécessairement par le conjugué harmonique $A'$ de $A$ par rapport à $P, Q$ et par le point $B'$ conjugué de $B$ par rapport à $P, R$. La conique $\Gamma$ appartient donc au faisceau des coniques passant par quatre points. Réciproquement, il est évident que toute conique de ce faisceau possède la propriété demandée.

**6.5** Les cercles passant par le point $A$ et dont les centres sont sur $d$ passent également par le point $B$, symétrique de $A$ par rapport à $d$. Passant par les points $A, B$ et par les points cycliques, ils forment un faisceau de type I.

**6.6** Les paraboles en question forment un faisceau tangentiel. Nous sommes en effet dans une situation duale de celle de l'exercice 6.1 : les paraboles sont tangentes à trois droites, la droite de l'infini et les deux droites $FI, FJ$ qui définissent le foyer $F$ (où $I, J$ sont les points cycliques) et tangentes à deux droites en involution.

**6.7** La condition cherchée est que l'involution de $O^*$ définie par le faisceau ait des droites fixes orthogonales. (Cet énoncé est dual de celui de l'exercice 7.24.) En voici une démonstration directe. Pour que $O$ soit le foyer d'une conique de ce faisceau, il suffit que les droites $OI, OJ$ où $I, J$ sont les points cycliques, soient tangentes à cette conique. Autrement dit, il suffit que $\delta$ échange les droites $OI, OJ$. Mais d'après l'exercice 7.26, $\delta$ échange $OI, OJ$ si et seulement si les droites fixes de $\delta$ sont orthogonales.

**6.8** Nous allons jongler avec des faisceaux de coniques, qui, sur la droite $CD$ donnent la même involution de Desargues (6.1).

Le faisceau $\mathcal{F}'$ des coniques passant par les points $A, B, M, N$ détermine sur $CD$ l'involution $\delta'$ qui comporte les couples $(C, D)$, $(L, L')$, $(K, K')$ où $L, L', K, K'$ sont les intersections de la droite $CD$ avec les droites $PA, PB, MN, AB$.

Cette involution $\delta'$ ne dépend pas de la conique $\Gamma \in \mathcal{F}$ choisie car $B, C, L, L', K'$ sont identiques pour toute conique de $\mathcal{F}$. Ainsi, le point $K = MN \cap CD$, image de $K'$ par $\delta'$, est fixe. (Voir encore, à ce sujet, exercice 7.20.)

Considérons maintenant le faisceau $\mathcal{F}''$ des coniques tangentes en $P$ à $PK$ et passant par $A$ et $B$ ; sur $CD$, l'involution $\delta''$ définie par $\mathcal{F}''$ coïncide avec $\delta'$ sur les couples $(K, K')$ et $(L, L')$ ; comme $D = \delta''(C)$, la conique de $\mathcal{F}''$ qui passe par $C$ passe par $D$, c'est donc une conique de $\mathcal{F}$ puisqu'elle passe aussi par $A$ et par $B$.

***Remarque S.8.*** Cet exercice est un cas particulier de la proposition suivante :

**Intersection de trois coniques.** *Si trois coniques ont deux points communs* A *et* B, *les trois droites joignant les autres points communs des coniques (prises deux à deux) sont concourantes.*

***Solution.*** *Soient $\Gamma_1, \dots, \Gamma_3$ les trois coniques,* d *la droite* AB *et* $\mathrm{d}_{ij}$ *la droite qui joint les autres points communs à $\Gamma_i$ et à $\Gamma_j$. Les faisceaux engendrés par $\Gamma_1$, $\Gamma_3$ d'une part et $\Gamma_2$, $\Gamma_3$ d'autre part, définissent sur la droite* $\mathrm{d}_{12}$ *la même involution de Desargues car elles coïncident sur deux couples de point distincts. Dans cette involution, les points* $\mathrm{d}_{13} \cap \mathrm{d}_{12}$ *et* $\mathrm{d}_{23} \cap \mathrm{d}_{12}$ *ont la même image* $\mathrm{d} \cap \mathrm{d}_{12}$ *; ces points sont donc confondus et les droites* $\mathrm{d}_{12}$, $\mathrm{d}_{13}$, $\mathrm{d}_{23}$ *sont concourantes.*

***Remarque S.9.*** Si les points $A$ et $B$ sont les points cycliques du plan complexifié, les coniques $\Gamma_i$ sont des cercles et le résultat ci-dessus montre l'existence du centre radical.

**6.9** Si $I$ est le centre de $\Gamma$, le résultat est immédiat. Dans le cas général, $I$ est un point fixe de l'involution définie par le quadrangle $PP'QQ'$ sur la droite $AB$. Comme $A$ et $B$ sont homologues pour cette involution, et comme $I$ est le milieu de $AB$, le second point fixe est le point à l'infini de $AB$. L'involution est une symétrie, d'où le résultat. De manière analogue, les droites $PQ$ et $P'Q'$ coupent $AB$ en deux points dont $I$ est le milieu.

***Remarque S.10.*** Voici comment on peut dualiser ce résultat : « Soient $p, q$ deux tangentes à une conique $\Gamma$ et $a, b, c, d$ quatre tangentes à $\Gamma$ telles que les points $a \cap b$ et $c \cap d$ soient situés sur une bissectrice des droites $(p, q)$. Les droites qui joignent le point $p \cap q$ aux points $a \cap c$ et $b \cap d$ ont mêmes bissectrices que les droites $(p, q)$. »

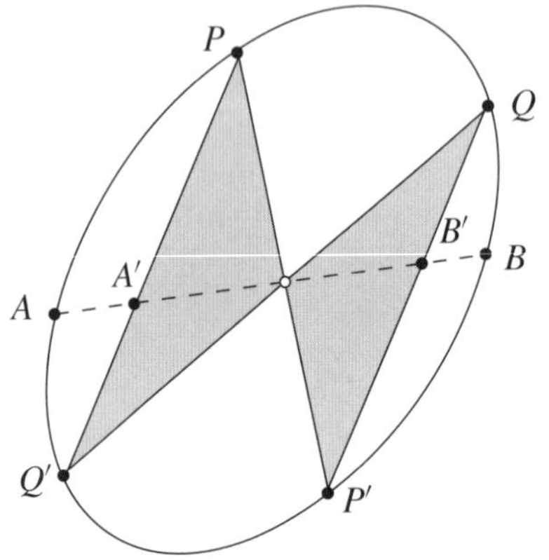


**Figure S.22.** « Le papillon ».

**6.10** Nous supposerons les quatre points à distance finie. Soit $\mathcal{F}$ le faisceau des coniques passant par ces quatre points ; nous savons que $\mathcal{H}$ appartient à $\mathcal{F}$ par hypothèse. L'involution $\delta$ induite par $\mathcal{F}$ sur une asymptote $a$ de $\mathcal{H}$ a pour point fixe le point à l'infini où $a$ est tangente à $\mathcal{H}$. L'autre point fixe est le milieu de tout segment $M\delta(M)$ ou $M$ appartient à $a$. Mais, d'après le troisième théorème de Desargues, toute conique $\Gamma$ du faisceau coupe $a$ en deux points homologues pour $\delta$.

**6.11** Le résultat est immédiat par des considérations sur les angles. On peut aussi remarquer que le faisceau engendré par $\Gamma$ et par les droites $p, q$ détermine sur la droite de l'infini une involution qui coïncide avec celle du faisceau engendré par les droites $p, q$ d'une part et les droites $BC, B'C'$ d'autre part. D'après l'exercice 7.24, cette involution commute avec l'involution canonique et le faisceau contient un cercle (voir l'exercice 7.27).

**6.12** Considérons le faisceau engendré par les coniques $\Omega, \Gamma$ et étudions l'involution $\delta$ qu'il induit sur la tangente $a$ en $A$ à $\Gamma$ :
- $A$ est un point fixe de $\delta$,
- $P$ et $\infty_a$ (le point à l'infini de $a$) sont homologues pour $\delta$,
- les points $L, L'$ où $a$ coupe $\Omega$ sont aussi homologues pour $\delta$.

Le second point fixe $B$ de $\delta$ est défini par $(A, B, P, \infty_a) = -1, (A, B, L, L') = -1$. La première relation exprime que $P$ est le milieu de $AB$ ; la seconde que $B$ est sur la polaire de $A$ par rapport à $\Omega$. Il est alors évident que le lieu de $B$ est la polaire de $A$ par rapport à $\Omega$ et que le lieu de $P$ en est l'image dans l'homothétie de centre $A$ et de rapport $\frac{1}{2}$.

**6.13** On considère l'hexagone $AB'CA'BC$ inscrit dans une conique $\Gamma$. Considérons les points $L = A'C \cap AC'$ et $M = BC' \cap B'C$. La droite $LM$ coupe la conique aux points $P, Q$. Soient $\lambda$, $\mu$ les involutions définies sur $LM$ par les quadrangles $AB'BC', A'BB'C$. D'après le troisième théorème de Desargues, ces deux involutions échangent $P, Q$ d'une part et $L, L' = LM \cap BB'$ d'autre part : elles sont donc égales. Il en résulte que $\lambda(M) = AB' \cap LM$ et $\mu(M) = A'B \cap LM$ coïncident. On obtient donc un point $N$ de la droite $LM$ : c'est le théorème de Pascal. On voit bien comment faire la réciproque.

***Remarque S.11.*** On peut de même démontrer le premier théorème de Desargues et le théorème de Pappus à partir du troisième théorème de Desargues.

## 6.14

*Première partie* — Les coniques considérées ne forment pas un faisceau. Si $\Gamma$ est une conique tangente en $U, V$ aux droites $a, b$, on peut cependant considérer le faisceau $\mathcal{F}(\Gamma)$ des coniques bitangentes à $\Gamma$ en $U, V$. Les points fixes de l'involution de Desargues définie par $\mathcal{F}(\Gamma)$ sur la droite $AB$ sont conjugués par rapport à $A, B$ et par rapport aux intersections de $AB$ avec les tangentes $a, b$. Soient $H, H'$ ces points. Ils sont indépendants de $\Gamma$ et sont donc fixes sur $AB$. L'enveloppe de la droite $UV$ est donc constituée par $H^*$ et $H'^*$.

***Remarques S.12.***

- Si on se place dans une carte où les points $A, B$ sont les points cycliques, les coniques considérées sont alors des cercles tangents à deux droites données. Les cercles sont homothétiques et les droites $UV$ sont parallèles.
- Si les droites $a, b$ passent par les points cycliques on obtient des coniques ayant un foyer commun et passant par $A, B$.
- Dualement, le point d'intersection des tangentes à deux droites $a$ et $b$ est situé sur l'une des droites fixes de l'involution de $(a \cap b)^*$ définie par les couples $a \mapsto b$ et $OA \mapsto OB$.

*Deuxième partie* — Plus généralement, cherchons le lieu des pôles d'une droite $d$ donnée. Nous allons montrer que ce lieu est constitué par deux coniques constituées par le lieu des pôles de $d$ par rapport aux coniques dont la droite de contact passe par les points $H, H'$.

Soit $D''$ le conjugué de $D = AB \cap d$ par rapport aux points $A, B$ et $D'$ un conjugué de $D$ par rapport aux droites $a, b$. Pour toute droite $p$ passant par $O$, soit $p'$ la droite conjuguée de $p$ par rapport à $a, b$ et qui coupe $d$ en $P$. La droite $HP$ coupe $OD'$ en $Q$. On vérifie immédiatement que $D''Q$ est la polaire de $D$ par rapport à la conique $\Gamma$ dont la droite de contact est $PH$ et que $p$ est la polaire de $P$. Le point $p \cap D''Q$ est donc le pôle de $d$ par rapport à $\Gamma$. D'autre part, il est clair que la correspondance $p \mapsto D''Q$ est homographique, comme composée d'homographies évidentes.

Le théorème de Chasles-Steiner montre que le point $p \cap D''Q$ décrit une conique passant par $O$ et $D''$. On voit facilement que $\Omega$ passe par $D'$ et que $OH$ est la tangente à $\Omega$ en $O$. On montre de même que les pôles de $d$ par rapport aux coniques $\Gamma'$ dont la droite de contact passe par $H'$ sont sur une conique $\Omega'$ qui passe par $O$, $D'$, $D''$ et donc la tangente en $O$ en $OH$. Nous laissons au lecteur le soin d'étudier les cas particuliers où $d$ passe par $O$, par $H$, et le cas où $d = AB$.

**6.15** Pour chaque droite $p$, considérons le faisceau $\mathcal{F}_p$ engendré par $\Gamma$ et par le cercle $OAB$. Soient $I, J$ les points cycliques du plan. Sur les droites $OI$ et $OJ$, les involutions de Desargues $\delta = \delta_p$ et $\delta' = \delta'_p$ définies par $\mathcal{F}_p$ sont indépendantes de $p$ car les intersections de $OI, OJ$ avec $\Gamma$ et les cercles $OAB$ sont fixes. Une sécante $p$ coupe $OI, OJ$ en $Q, Q'$ et la sécante commune associée coupe $OI$ et $OJ$ en $M$ et $M'$. L'application $\alpha : OI \to OJ$ définie par $M \mapsto M'$ est homographique car $\alpha = \delta' \circ \pi \circ \delta$. En outre, on a $\alpha(I) = J$. L'enveloppe cherchée est donc une parabole de foyer $O$.

***Remarque S.13.*** On peut aisément généraliser l'énoncé ci-dessus, le choix du centre de $\Gamma$ et le choix d'un cercle n'étant pas essentiels pour la démonstration.

## 6.16

*Première partie* — Les droites $a, b, c$ sont concourantes parce que l'homographie $\alpha$ qui aux points à l'infini de $a, b, c$ associe les points à l'infini des côtés $BC, CA, AB$, est une involution comme composée de l'involution canonique $\sigma$ et de la restriction $\theta$ de la symétrie d'axe $s$ (exercice 7.7).

*Deuxième partie* — Soit $P$ le point de concours des droites $a, b, c$. Le quadrangle $ABCP$ définit sur la droite de l'infini l'involution $\alpha$ qui commute évidemment avec $\sigma$ puisque $\alpha = \theta \circ \sigma$ ; d'après l'exercice 7.24, les points $A, B, C, P$ sont cocycliques.

*Troisième partie* — En reprenant la démonstration de la première partie, on voit que les droites $a, b, c$ sont concourantes si et seulement si l'homographie $\alpha = \bar{\varphi} \circ \sigma$ est une involution (où $\bar{\varphi}$ est la restriction de $\varphi$ à $d_\infty$). D'après l'exercice 7.24, cette condition est réalisée si et seulement si les points fixes de $\bar{\varphi}$ sont conjugués par rapport à ceux de $\sigma$. Si tel est le cas, la propriété de la deuxième partie reste évidemment vraie. Les transformations affines qui répondent à la question sont donc celles qui ont des points fixes à l'infini orthogonaux ; ce sont les transformations « symétriques ».

**6.17** On considère le faisceau $\mathcal{F}$ des cercles passant par $A$ et $B$. Soit $\delta$ l'involution que donne $\mathcal{F}$ sur $d$. D'après le théorème de Desargues, il existe deux cercles de $\mathcal{F}$ tangents à $d$, les points de contact étant les points fixes de $\delta$. Traçons un cercle $\Omega$ passant par $A$ et $B$ et coupant $d$ en $C, C'$. L'involution $\delta$ échange $C$ et $C'$ et le point à l'infini de $d$ a pour image le point $S = d \cap AB$. Pour construire les points fixes de $\delta$, on peut appliquer l'exercice : on construit une tangente $ST$ issue de $\delta$ au cercle $\Gamma$. Le cercle de centre $S$ et passant par $T$ coupe $d$ aux points cherchés. Il existe des solutions réelles si et seulement si $\overline{SA} \cdot \overline{SB} < 0$.

**6.18** Étudions le cas générique, la discussion étant laissée au soin du lecteur. On connaît la construction classique : on fait passer par $A$ et par $B$ un cercle $\Gamma'$ qui coupe $\Omega$ en $M$ et $N$ ; la droite $MN$ coupe $AB$ en $K$ ; de $K$, on mène les tangentes à $\Omega$ ; les points de contact $T$ et $T'$ donnent les solutions, les cercles $ABT$ et $ABT'$ répondent à la question. L'intérêt de cet exercice est de justifier cette construction dans le langage des faisceaux de coniques.

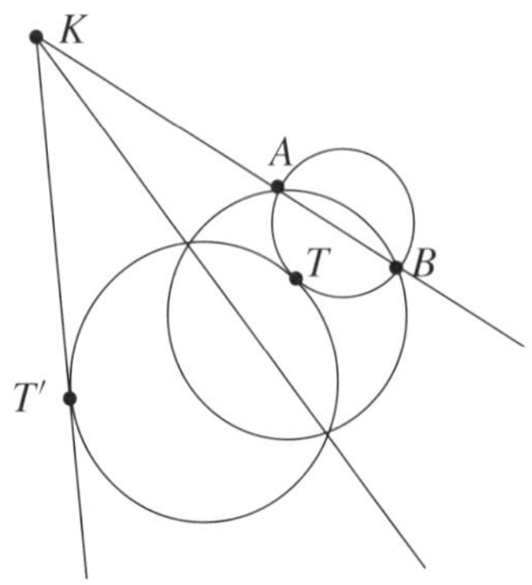


**Figure S.23.**

Le faisceau engendré par les cercle $\Omega$ et $\Gamma'$ donne sur $AB$ l'involution de Desargues $\delta$ : $K$ en est le point central et $\delta$ échange $A$ et $B$ ainsi que les points d'intersection $U, V$ (réels ou imaginaires) de $\Omega$ et de $AB$ ; l'involution $\delta'$ définie sur $AB$ par le faisceau des coniques tangentes en $T$ à la droite $TK$, échange $I$ et $\infty_{AB}$ ainsi que $U$ et $V$. Aussi $\delta'$ coïncide avec $\delta$ et alors, le cercle tangent en $T$ à $TK$ et passant par $A$ passe par $B$ (théorème 6.1).

**6.19**

*Première partie* — En composant l'homothétie de centre $A$ qui transforme $\Gamma_1$ en $\Sigma_1$ avec l'homothétie de centre $B$ transformant $\Sigma_1$ en $\Gamma_2$, on obtient une homothétie $\alpha$ transformant $\Gamma_1$ en $\Gamma_2$ ; son centre est aligné avec $A$ et $B$. De même, $CD$ contient le centre d'une homothétie transformant $\Gamma_1$ en $\Gamma_2$. Vu la disposition des points $A, B$ et $C, D$, il n'est pas difficile de voir que $AB$ et $CD$ passent par le même centre d'homothétie. On démontre de manière analogue que le point $Q = AC \cap BD$ est centre d'une homothétie $\beta$ transformant $\Sigma_1$ en $\Sigma_2$.

*Deuxième partie* — L'homothétie $\alpha$ transforme $A, C$ en $A', C'$ qui appartiennent à $\Gamma_2$ ; la droite $A'C'$ est parallèle à $AC$. L'homothétie $\beta$ transforme $A, B$ en $A'', B''$ qui appartient à $\Sigma_2$ ; la droite $A''B''$ est parallèle à $AB$. Il résulte immédiatement de cela que les involutions définies sur la droite de l'infini par les quadrangles $A'C'BD$, $A''B''CD$ et $abcd$ sont égales. L'exercice 7.24 montre alors que les points $A, B, C, D$ appartiennent à un même cercle.

*Troisième partie* — La propriété demandée provient de l'exercice 7.20.

**6.20** Souvent, pour mieux apprécier la nature d'un problème il est recommandé de le dynamiser en faisant varier des éléments de la figure.

Suivant ce conseil, nous allons déplacer le point $P$ sur le diamètre $OP$.

Lorsque $P$ est sur la directrice de $F$, $PF$ est orthogonale à $p$ (exercice 7.35) ; alors $Q$ est en $F$ et $R, F, F'$ sont sur le cercle de diamètre $RR'$ où $R' = p \cap b$, $b$ étant le petit axe de $\Sigma$. Pour résoudre notre problème, il suffira de montrer que les cercles de diamètres $RR'$ forment un faisceau de points fixes $F$ et $F'$ ; pour cela, nous établirons que la correspondance $R \to R'$ est une involution ; en effet, soit $U$ le point de l'infini de $p$, qui reste fixe quand $P$ varie sur $OP$, et $V$ le point à l'infini de la direction orthogonale. On passe de $R$ à $R'$ par :

la projection de $b$ sur $OP$ à partir de $V$, suivie de l'homographie de $QP$ sur $U^*$, $P \to p$ et enfin de la projection de $U^*$ sur $b$. Cette homographie est une involution car elle échange, à l'évidence $O$ et $\infty_b$. La démonstration s'achève sans difficulté.

Ensuite, le lecteur cherchera une solution plus simple.

**6.21** Ce résultat a été démontré élémentairement dans l'exercice 7.26. Nous le démontrerons ici en nous appuyant sur le dual du théorème de Desargues. Soit $M$ un point de $\Gamma$ distinct de $A$ ; les droites $AM'$ et $A'M$ se coupent en un point $K$ de l'axe $a$. Soient $P$ le pôle de $a$ par rapport à $\Gamma$ et $Q = AA' \cap MM'$. Nous allons nous placer dans le cas où $a$ coupe $\Gamma$ en deux points $U$ et $V$ laissant au lecteur le soin d'adapter la démonstration au cas où $a$ est tangente à $\Gamma$.

De simples considérations de polarité montrent que les droites $QP$ et $QK$ sont conjuguées harmoniques par rapport aux droites $AA'$ et $MM'$ et par rapport aux droites $QU$ et $QV$. Les droites $QU$ et $QV$ sont homologues dans l'involution $\delta^*$ de $Q^*$ définie par le faisceau tangentiel des coniques tangentes à $QU$ en $U$ et à $QV$ en $V$. La droite $QP$ est une droite fixe de $\delta^*$, donc aussi $QK$ conjuguée de $QP$ par rapport à $QU$ et $QV$. Il s'ensuit que les droites $AA'$ et $MM'$ sont homologues pour $\delta^*$. D'après le dual du troisième théorème de Desargues, ces droites sont tangentes à une conique du faisceau.

**6.22** Ce résultat est une application immédiate du dual du troisième théorème de Desargues. Il suffit de remarquer que les coniques dégénérées du faisceau tangentiel engendré par le quadrilatère sont formées par les sommets opposés et que le pôle de la droite de l'infini par rapport à l'une de ces coniques est le milieu du segment constitué par les points qui la définissent.

**6.23** Pour montrer que les droites $a, b, c$ sont concourantes, nous appliquerons le théorème de Desargues. Pour montrer que le point de concours est sur le cercle $A'B'C'$, nous utiliserons l'exercice 7.24. Soient $U, V$ les points à l'infini de la droite $d$ et de la direction orthogonale à celle de $d$. Les points à l'infini des droites $a, b, c$ sont les conjugués, rapport aux points $U$ et $V$, des points à l'infini des côtés $BC, CA, AB$. Comme les côtés du triangle $A'B'C'$ sont parallèles à ceux du triangle $ABC$, on peut affirmer que les points à l'infini des droites $a, b, c$ et les points à l'infini des côtés $B'C', C'A', A'B'$ se correspondent respectivement dans l'involution $\delta$ de points fixes $U, V$. D'après le deuxième théorème de Desargues, les droites $a, b, c$ sont concourantes. Comme les droites qui contiennent $U$ et $V$ sont orthogonales, $\delta$ échange les points cycliques et d'après l'exercice 7.24, les points $A', B', C', P$ sont cocycliques.

**6.24** Nous nous appuierons sur le théorème 3.9 et sur l'exercice 7.26. Soient $U, V$ les points à l'infini de $d$ et de la direction orthogonale. L'homographie $\alpha$ de la droite de l'infini qui, aux points à l'infini des droites $a, b, c$, associe ceux des côtés $BC, CA, AB$ peut se décomposer en produit de l'involution canonique $\sigma$ et de l'involution $\theta$ de points fixes $U$ et $V$. Comme les involutions $\sigma$ et $\theta$ échangent leurs points fixes, elles commutent (exercice 7.7). Il en résulte que $\alpha$ est une involution. D'après le deuxième théorème de Desargues, les droites $a, b, c$ sont concourantes en un point $P$. Il est immédiat de vérifier que $\alpha$ commute avec $\sigma$, ce qui prouve que les points $A, B, C, P$ sont cocycliques (exercice 7.24).

**6.25** On vérifie sans aucune peine que l'involution $\delta'$ induite sur $d_\infty$ par le quadrangle $A'B'C'D'$ coïncide sur $\infty_{A'B'}$ et sur $\infty_{B'D'}$ avec le produit $\gamma \circ \delta \circ \beta$ où $\beta, \gamma, \delta$ sont les involutions définies sur $d_\infty$ par les quadrangles $ABA'B'$, $ABCD$ et $CDC'D'$. Comme $\beta, \delta, \gamma$ échangent les points cycliques, il en est de même de $\delta'$. D'après l'exercice 7.24, les points $A'B'C'D'$ sont cocycliques (*cf.* théorème de Miguel, problème 8.11).

**6.26** Soit $\mathcal{F}$ le faisceau engendré par deux paraboles et $\delta$ l'involution de Desargues déterminée par $\mathcal{F}$ sur la droite de l'infini ; les points à l'infini de ces paraboles, dans la direction de leur axe, sont les points fixes de $\delta$ car, par définition, une parabole est tangente à $d_\infty$. D'après l'exercice 7.24.2, $\mathcal{F}$ contient un cercle si et seulement si les points fixes de $\delta$ sont orthogonaux donc, si et seulement si les axes des paraboles sont orthogonaux.

# Appendice

# Rappel de quelques définitions

## A.1 ESPACES PROJECTIFS

Un espace projectif de dimension $n$ est l'ensemble des droites vectorielles (sous-espaces de dimension 1) d'un espace vectoriel $E$ de dimension $n+1$. Cet ensemble se note $\mathbb{P}(E)$. On peut dire encore que $\mathbb{P}(E)$ est le quotient de $E \dot{-} \{0\}$ par la relation d'équivalence $\mathcal{R}$ telle que $X \mathcal{R} Y$ s'il existe un scalaire $\lambda \neq 0$ tel que $Y = \lambda X$.

### Plan projectif. Droites projectives

- Lorsque $\dim E = 3$, on dit que $\mathbb{P}(E)$ est un plan projectif.
- Lorsque $\dim E = 2$, on dit que $\mathbb{P}(E)$ est une droite projective.

(voir [B], tome I, 4.1).

### Carte affine. Droite de l'infini. Points à l'infini

- Une carte affine de $\mathbb{P}(E)$ est un hyperplan affine $F$ de $E$.
- Un point de $\mathbb{P}(F')$, où $F'$ désigne le sous-espace vectoriel de $E$ parallèle à $F$, est une direction dans $F$. On dit que c'est un point à l'infini de $F$. L'espace projectif apparaît donc comme l'espace affine $F$ complété par un point à l'infini dans chaque direction.
- La droite projective $\mathbb{P}(F')$ est la droite de l'infini de $\mathbb{P}(E)$ relative à la carte $F$ ; elle est notée $d_\infty$. Le point à l'infini de la droite $AB$ est noté $\infty_{AB}$.

***Remarque A.14.*** Dans cet ouvrage, un plan affine est toujours identifié à une carte affine d'un plan projectif (voir [B], tome I, p. 51).

## Repère projectif

Un repère projectif de l'espace projectif de dimension $n$ est une famille de $n+2$ points de $\mathbb{P}(E)$ telle que pour toute sous-famille de $n+1$ points qu'on peut en extraire, les droites vectorielles qui définissent ces points, engendrent l'espace vectoriel $E$. Cela équivaut à dire qu'il est possible de choisir des générateurs $e_0, \dots, e_{n+1}$ des droites vectorielles tels que $e_0, \dots, e_n$ soit une base de $E$ et tels que $e_{n+1} = e_0 + \cdots + e_n$.

Dans un plan projectif, quatre points forment un repère projectif quand ils ne sont pas trois à trois alignés. On dit alors qu'ils forment un quadrangle.

## Coordonnées homogènes

Soit $M$ un point de $\mathbb{P}(E)$ et $U \in E$ un vecteur qui engendre $M$. Les coordonnées $(X_0, X_1, \dots, X_n)$ de $U$ par rapport à une base $e_0, e_1, \dots, e_n$ de $E$ sont des *coordonnées homogènes de* M.

Les coordonnées homogènes $(X_0, X_1, \dots, X_n)$ et $(Y_0, Y_1, \dots, Y_n)$ définissent le même point $M$ de $\mathbb{P}(E)$ si et seulement si il existe un scalaire $\lambda \neq 0$ tel que $(Y_0, Y_1, \dots, Y_n) = \lambda(X_0, X_1, \dots, X_n)$.

## Complexifié d'un espace projectif réel

C'est l'espace projectif $\mathbb{P}(E_{\mathbb{C}})$ défini à partir de l'espace vectoriel $E_{\mathbb{C}}$ obtenu par tensorisation de $E$ par les complexes :

$$E_{\mathbb{C}} = \mathbb{C} \underset{\mathbb{R}}{\otimes} E.$$

On peut décrire plus simplement le complexifié $E_{\mathbb{C}}$ de l'espace vectoriel réel $E$ en considérant l'espace vectoriel réel $E \times E$ sur lequel on définit la multiplication suivante par un nombre complexe $\alpha + i\beta$ :

$$(\alpha + i\beta)(U, V) = (\alpha U - \beta V, \beta U + \alpha V).$$

On a une inclusion canonique de $E$ dans $E \times E$ définie par $U \mapsto (U, 0)$, ce qui revient à autoriser l'écriture $U = (U, 0)$. Comme on a :

$$(0, V) = i(V, 0)$$

on peut alléger l'écriture en posant :

$$(U, V) = U + iV.$$

La conjugaison $U + iV \mapsto U - iV$ dans $E_{\mathbb{C}}$ induit une bijection involutive de $E_{\mathbb{C}}$ sur lui-même. On dit alors que les vecteurs $U + iV$ et $U - iV$ sont conjugués dans $E_{\mathbb{C}}$. Les vecteurs réels de $E_{\mathbb{C}}$ sont les vecteurs de la forme $U + i0$ ; ce sont aussi les vecteurs invariants par conjugaison.

Cette involution se transporte sur l'espace projectif $\mathbb{P}(E_{\mathbb{C}})$. L'injection canonique $E \to E \times E$ permet d'identifier $\mathbb{P}(E)$ à la partie de $\mathbb{P}(E_{\mathbb{C}})$ des points invariants par la conjugaison (c'est-à-dire réels).

***Remarque A.15.*** La conjugaison n'est pas une homographie de $\mathbb{P}(E_{\mathbb{C}})$ !

Si $V_1, V_2, \ldots, V_n$ est une base de $E$, les vecteurs $(V_1, 0), (V_2, 0), \ldots, (V_n, 0)$ forment une base de $E_{\mathbb{C}}$. Les points de $E \subset E_{\mathbb{C}}$ sont les points dont toutes les coordonnées sont réelles.

Si $H \subset E$ est un sous-espace vectoriel de $E$, l'ensemble des vecteurs de la forme $U + iV$ où $U$ et $V \in H$ est un sous-espace vectoriel de $E_{\mathbb{C}}$ qui s'identifie au sous-espace $H_{\mathbb{C}}$.

### Points cycliques d'un plan projectif

Si $(X, Y, Z)$ est un système de coordonnées homogènes pour le complexifié d'un plan projectif réel où $Z = 0$ est une équation de la droite de l'infini, les points $I = (1, i, 0)$ et $J = (1, -i, 0)$ sont appelés les points cycliques de la droite de l'infini.

### Involution canonique. Orthogonalité

C'est l'involution de la droite de l'infini qui a pour points fixes les points cycliques. Deux points homologues pour l'involution canonique sont appelés orthogonaux. Deux droites d'une carte affine dont les points à l'infini sont orthogonaux sont dites orthogonales. Une droite qui passe par l'un des points cycliques est dite isotrope. Si $D$ est un point de la carte, la projection de l'involution canonique $\sigma$ sur $0^*$ est encore appelée l'involution canonique de $0^*$ et se note $\sigma^*$ (l'application $\sigma^*$ se réalise en faisant « pivoter » un angle droit autour de 0).

## A.2 ÉQUATION D'UNE DROITE

Soit $d$ une droite du plan projectif $\mathbb{P}(E)$. Elle correspond à un pan vectoriel de $E$ sur lequel s'annulent les formes linéaires $\Phi = \lambda\varphi$. On dit alors que $\Phi$ est l'équation de la droite $d$. Par abus de langage, nous dirons encore que $\varphi$ est *une* équation de $d$.

Dans une base de $E$, on peut écrire :

$$\varphi(M) = UX + VY + WZ\,.$$

Notons encore que $\mathbb{P}(K)$ est isomorphe à $\mathbb{P}(E^*)$ si $K$ est l'espace vectoriel des polynômes homogènes du premier degré à trois variables. De cette manière, $\mathbb{P}(K)$ s'identifie à l'ensemble des droites de $\mathbb{P}(E)$.

## A.3 CONIQUES D'UN PLAN PROJECTIF

Soient $\mathbb{P}(E)$ un plan projectif, $Q(E)$ l'espace des formes quadratiques définies sur $E$ et $\mathbb{P}\big(Q(E)\big)$ l'espace projectif issu de $Q(E)$. Un élément de $\mathbb{P}\big(Q(E)\big)$ s'appelle une conique de $\mathbb{P}(E)$. Si $\Gamma = \lambda q$ est une telle conique, on dit que $\Gamma$ est son équation. Par abus de langage, on dit encore que $q$ est *une* équation de $\Gamma$. Les points de $\mathbb{P}(E)$ où $q$ s'annule forment l'image de $\Gamma$. Dans le cadre réel ou complexe que nous nous sommes fixés, l'usage que nous ferons des coniques nous autorise à identifier une conique et son image (voir [B], tome IV, 14.1.6).

Si on choisit une base de $E$, la valeur de $q(M)$ est donnée par un polynôme homogène du second degré à trois variables donné par la formule matricielle :

$$(X, Y, Z)S \begin{pmatrix} Y \\ Y \\ Z \end{pmatrix}$$

où $S$ est une matrice symétrique. Nous dirons encore que ce polynôme est *une* équation de la conique $\Gamma$.

***Remarque A.16.*** L'usage que nous faisons des coniques nous autorise à identifier une conique et son image (voir [B], *loc. cit.*).

### Conique propre

C'est une conique dont une équation vérifie la condition $\det q \neq 0$.

### Points conjugués par rapport à une conique

Soient $\Gamma$ une conique d'un plan projectif, $q$ une équation et $\tilde{q}$ la forme polaire de $q$ :

$$\tilde{q}(U, V) = \frac{1}{2}\big(q(U+V) - q(U) - q(V)\big).$$

Deux points $M$ et $N$ de $\mathbb{P}(E)$ sont conjugués par rapport à $\Gamma$ si et seulement si $\tilde{q}(U, V) = 0$, en prenant pour $U$ un représentant de $M$ et pour $V$ un représentant de $N$ dans l'espace vectoriel $E$.

### Polaire d'un point par rapport à une conique

L'ensemble des conjugués d'un point $M$ par rapport à une conique $\Gamma$ est une droite projective de $\mathbb{P}(E)$ appelée la polaire de $M$ par rapport à la conique.

### Pôle d'une droite par rapport à une conique propre

Lorsque la conique $\Gamma$ est propre, on peut associer à chaque droite $d$ de $\mathbb{P}(E)$ un unique point $M$ de $\mathbb{P}(E)$ qui admet $d$ pour polaire : ce point s'appelle le pôle de $d$.

### Polarité

De la définition des points conjugués par rapport à une conique découlent immédiatement les propriétés suivantes :

- Réciprocité polaire : « Si $M$ est sur la polaire de $P$, la polaire de $M$ passe par $P$. »
- Conséquence immédiate : « Si $P$ et $Q$ sont les pôles des droites $p$ et $q$, alors $PQ$ est la polaire du point $p \cap q$. »

- En particulier, si les points $P$ et $Q$ appartiennent à la conique, les droites $p$ et $q$ sont tangentes.
- Soient $p$ une droite et $P$ son pôle par rapport à une conique $\Gamma$. L'application de $p$ dans $P^*$ qui a tout point $M$ de $p$ associe sa polaire $m$ est une homographie.
- Avec les notations précédentes, l'application $M \mapsto M' = m \cap p$ est une involution. Si $\{U, V\} = p \cap \Gamma$, les points $U$ et $V$ sont les points fixes de cette involution. On a donc : $(U, V, M, M') = -1$.
- D'autres propriétés importantes liées à la polarité sont traitées dans les exercices.

## Tangente à une conique

Si $M$ appartient à l'image d'une conique $\Gamma$, la polaire de $M$ par rapport à $\Gamma$ s'appelle la tangente en $M$ à $\Gamma$.

## Foyers d'une conique

Un foyer d'une conique $\Gamma$ est un point du plan projectif d'où l'on peut mener à $\Gamma$ deux tangentes qui passent par les points cycliques.

## Centre d'une conique

C'est le pôle de la droite de l'infini.

## Diamètre d'une conique

C'est une droite qui passe par le centre de la conique.

## Diamètres conjugués

Ce sont deux diamètres dont les points à l'infini sont conjugués par rapport à la conique.

## Axes d'une conique

Ce sont deux diamètres conjugués orthogonaux.

## Ellipse, hyperbole, parabole

Dans une carte affine réelle, une conique qui coupe respectivement la droite de l'infini en zéro, deux et un point double est appelée ellipse, hyperbole, parabole. On retiendra que — dans un plan projectif (réel ou complexe) — il n'y a qu'un seul type de conique propre comme le montre la classification des formes quadratiques.

# Bibliographie


[B] M. Berger, *Géométrie I, II, III et IV*, Paris, CEDIC, Fernand Nathan, 1977.

[C] M. Chasles, *Traité des sections coniques I*, Paris, Gauthier-Villars, 1985.
M. Chasles, *Les trois livres de porismes d'Euclide*, Paris, Mallet-Bachelier, 1860.

[CC] H. Commissaire et G. Cagnac *Cours de mathématiques spéciales I et II*, Paris, Masson, 1936.

[DC] R. Deltheil et D. Caire *Complément de géométrie*, Paris, J.-B. Baillère et Fils, 1951.

[D] E. Duporcq, *Premiers principes de géométrie moderne*, Paris, Gauthier-Villars, 1938, pp. 59–71.

[K] B. Kerekjarto, *Les fondements de la géométrie II*, Paris, Gauthier-Villars, 1966.

[M] C. Michel, *Compléments de géométrie moderne*, Paris, Vuibert, 1926, pp. 52, 59, 80 et 99.

[NAM] *Nouvelles annales de mathématiques*, Paris, Gauthier-Villars.

[P] J.-V. Poncelet, *Applications d'analyse et de géométrie*, Paris, Mallet-Bachelier, 1862.

[Y] I.-M. Yaglom, *Geométric Transformations III*, New York, Rondom House, Singer, 1973.

# Index

## D



## E



## F



## G

045234-(I)-(1,5)-OSB 80°-HYP

STEDI, 1, boulevard Ney, 75018 Paris - Tél. 01.40.38.65.40
Dépôt légal, Imprimeur, n° 6638
Dépôt légal : octobre 2000
*Imprimé en France*